汉译世界学术名著丛书

道德情操论

〔英〕亚当·斯密 著

蒋自强 钦北愚
朱钟棣 沈凯璋 译

胡企林 校

创于1897 商务印书馆 The Commercial Press

Adam Smith
THE THEORY OF MORAL SENTIMENTS
London, 1833
本书根据伦敦 1833 年版译出

汉译世界学术名著丛书
出 版 说 明

我馆历来重视移译世界各国学术名著。从五十年代起，更致力于翻译出版马克思主义诞生以前的古典学术著作，同时适当介绍当代具有定评的各派代表作品。幸赖著译界鼎力襄助，三十年来印行不下三百余种。我们确信只有用人类创造的全部知识财富来丰富自己的头脑，才能够建成现代化的社会主义社会。这些书籍所蕴藏的思想财富和学术价值，为学人所熟知，毋需赘述。这些译本过去以单行本印行，难见系统，汇编为丛书，才能相得益彰，蔚为大观，既便于研读查考，又利于文化积累。为此，我们从 1981 年至 1997 年先后分七辑印行了名著三百种。现继续编印第八辑。到 1998 年底出版至 340 种。今后在积累单本著作的基础上仍将陆续以名著版印行。由于采用原纸型，译文未能重新校订，体例也不完全统一，凡是原来译本可用的序跋，都一仍其旧，个别序跋予以订正或删除。读书界完全懂得要用正确的分析态度去研读这些著作，汲取其对我有用的精华，剔除其不合时宜的糟粕，这一点也无需我们多说。希望海内外读书界、著译界给我们批评、建议，帮助我们把这套丛书出好。

商务印书馆编辑部

1998 年 3 月

译者序言

亚当·斯密(1723—1790)不仅是一位经济学大师,而且是一位杰出的伦理学家。他一生从事学术研究,留下了两部传世佳作——《国民财富的性质和原因的研究》(以下简称《国富论》)与《道德情操论》。他在《国富论》中建立的“富国裕民”的古典经济学体系,已为我国思想理论界所熟知,但他在《道德情操论》中阐明的以“公民的幸福生活”为目标的伦理思想,却很少引起我国思想理论界的关注;特别是这两部著作之间的关系,长期以来未被人们正确理解。早在19世纪中叶德国历史学派的经济学家就提出了所谓的“亚当·斯密问题”,即《道德情操论》和《国富论》对比悬殊、相互矛盾的问题。他们认为,斯密在《道德情操论》中把人们的行为归结于同情,而在《国富论》中却把人们的行为归结于自私。他们说,斯密在《道德情操论》中把同情作为社会行为的基础,而在《国富论》中,由于受到法国“唯物主义”思想家的影响,从利他的理论转向利己的理论。从此以后,几乎所有论及亚当·斯密著作和思想的论著,差不多都把斯密看作是伦理学上的利他主义者,经济学上的利己主义者。这种观点,似乎成了研究亚当·斯密的传统“信条”。例如,在我国流行颇广的卢森贝所著《政治经济学史》就认为,斯密在《道德情操论》中“研究道德世界的出发点是同情心”,而

“他研究经济世界的出发点”则“是利己主义”[1]。这种所谓的“亚当·斯密问题”,其实是出于对斯密著作的误解,尤其是对《道德情操论》的误解。

这里,仅就斯密生平和《道德情操论》的创作及修订再版,以及《道德情操论》和《国富论》的关系,即所谓的“亚当·斯密问题”,作一概述。[2]

一、斯密生平和《道德情操论》的创作及修订再版

1723年6月5日,亚当·斯密出生于苏格兰法夫郡的卡柯尔迪。他的父亲是当地海关的审计员,在斯密出生前几个月就去世了。母亲是大地主的女儿,一直活到90岁,仅比斯密早死6年。斯密生前丧父,童年体质孱弱多病,又无兄弟姐妹,一生未曾娶妻,同母亲相依为命。在长达60年的岁月中,斯密对母亲孝顺侍奉,报答了她的养育之恩。

斯密接受启蒙教育是在卡柯尔迪市立学校,这所学校在相当有名望的戴维·米勒的领导下,造就了一批卓越人才。幼年的斯密在学校中以对书籍的热爱和超人的记忆而引人瞩目。斯密在卡柯尔迪度过了中小学生活。工场手工业和外贸相当发达的卡柯尔

[1] 卢森贝:《政治经济学史》(3卷本)第1卷,三联书店1979年版,第243页。

[2] 关于斯密在《道德情操论》中所阐明的伦理思想,我们已在“经济自由主义理论大师的道德情操观——亚当·斯密《道德情操论》内容概述”一文中作过论述,该文载《马克思主义来源研究论丛》第17辑,商务印书馆1995年版,第340—356页。

迪，使斯密对苏格兰社会有了一个朦胧的认识。

1737 年，斯密以出色的成绩进入格拉斯哥大学学习。他在该校的 3 年中，学习了拉丁语、希腊语、数学和伦理学等课程。他当时最喜欢的是数学和自然哲学，然而，这却不是他在其中显示才华的科学。出类拔萃的道德哲学教授哈奇森以渊博学识与高尚人格给斯密留下了深刻的印象。哈奇森似乎注意到了他的天资，把 16 岁的斯密介绍给了当时正在写作《人性论》的哲学家大卫·休谟。

1740 年，斯密作为斯内尔奖学金的获得者被推荐到牛津大学深造。在那里，他致力于钻研拉丁语和希腊语的古典著作，认真研究了《人性论》等当代和古代伟大思想家的作品，打下了坚实的古典哲学与当代哲学的基础。

1748 年秋，他担任爱丁堡大学讲师。1749 年编写过一份经济学讲义。在 1750—1751 年的冬天，讲授过一学期经济学。1751 年，他被选为格拉斯哥大学的逻辑学教授。从 1752 年起，他又继承他的老师——哈奇森博士任该校的道德哲学教授，直到 1764 年辞去教职为止。他经常回忆起这 13 年，说这是他"一生中最有用和最幸福"[1]的时期。这个时期是他学术思想形成的重要时期。

1759 年 4 月，斯密以《道德情操论》为题出版了他的伦理学名著。在斯密那个时代，"道德情操"这个词是用来说明人（被设想为本能上是自私的动物）的令人难以理解的能力，即作出判断克制私利的能力。斯密在《道德情操论》中，就是阐明具有利己主义本性

---

〔1〕 杜格尔德·斯图尔特：《亚当·斯密的生平和著作》，商务印书馆 1983 年版（下同），第 7 页。

的个人怎样控制他的感情或行为，尤其是自私的感情或行为，以及怎样建立一个有确立行为准则必要的社会。

《道德情操论》出版后，亚当·斯密在格拉斯哥最后 4 年的学术研究，向着两个重点方向发展。其一，继续深入研究伦理道德理论。在这方面，他听取了一些研究哲学的朋友们的意见，对《道德情操论》作了较大修改，于 1761 年出了第二版。他在这一版中所作出的具有重大价值的修改，是他发展了有关公正的旁观者的理论，明确指出良心是一种社会关系的产物。其二，加强了对法学和政治经济学的研究，于 1763 年在格拉斯哥大学作了《关于法律、警察、岁入及军备的演讲》。[1] 斯密在这个演讲中，论证在经济自由的条件下，资本主义经济关系能够迅速地推动财富的积累，并围绕这个中心，初步分析了当时英国经济生活的基本问题，阐述了政治经济学的一系列基本原理，从而确定了他经济研究的总的方向及其经济理论体系的中心思想。因此，可以把斯密在这次演讲中所阐明的基本思想，看作是他后来在《国富论》中所建立的古典政治经济学体系的雏形。

《道德情操论》和《关于法律、警察、岁入及军备的演讲》这两部著作，是亚当·斯密在教授生涯中进行学术研究所取得的两项重要成果。

1763 年 11 月，斯密接受英国财政大臣查尔斯·汤申德的聘请，辞去了大学教授职务，作为汤申德的养子年轻的巴克勒公爵出

〔1〕 亚当·斯密亲自撰写的这份演讲稿，在他逝世前已销毁，后来，埃德温·坎南根据一个大学生的听课笔记整理成《关于法律、警察、岁入及军备的演讲》一书，于 1896 年出版，它反映了亚当·斯密的道德哲学讲稿第三、第四部分的一些内容。

国旅行的家庭教师，进行了为期近 3 年(1764 年 2 月至 1766 年 10 月)的欧洲大陆之行。在此期间，他访问了法国和瑞士的一些重要城市，考察了各地的经济、政治和社会状况，开展了广泛的学术交流活动。

1764 年 3 月至 8 月，斯密陪同这位年轻的公爵先后访问了法国的南方城市图卢兹、波尔多和蒙彼利埃。在这期间，斯密感到比较空，于是他就在长期酝酿、构思的基础上，根据他已积累的资料，开始撰写他的经济学著作。1764 年 7 月 5 日，斯密在图卢兹给休谟的信中写道："为了消磨时光，我已开始写一本书。"[1]他在这封信中所讲的已开始写的这本书，就是《国富论》。

1765 年 10 月至 12 月，斯密访问了日内瓦。他怀着很大的兴趣观察了瑞士的共和制度，并多次到离日内瓦约 7 公里的费尔奈会见法国著名启蒙思想家伏尔泰，并同他就政治制度问题交换意见。

在这次欧洲大陆之行中，对斯密获益最大的是对巴黎的访问。他在巴黎逗留的十个月间(1765 年 12 月—1766 年 10 月)，曾会见了许多著名的思想家和政治家，如百科全书派成员狄德罗、达朗贝、孔狄亚克、霍尔巴赫、爱尔维修，重农主义者魁奈、杜尔哥、奈穆尔、老米拉波等。在形形色色的沙龙、定期或不定期的宴会等社交场合以及个人交往中，斯密经常同他们交谈经济学、哲学、文学、政治等方面的问题，从中汲取了不少思想资料。在经济理论方面，对

〔1〕 转引自约翰·雷：《亚当·斯密传》，商务印书馆 1983 年版(下同)，第 160 页。

斯密影响较大的是魁奈和杜尔哥，在巴黎期间，斯密还曾将他正在创作中的《国富论》一书的某些观点，征求过魁奈、杜尔哥等重农主义者的意见。

1766年11月初，斯密从巴黎回到了伦敦。在伦敦停留的半年时间内，他曾利用当时刚刚建立的英国博物馆所藏的丰富资料，继续进行《国富论》中所要论述的一些重要问题的研究，其中包括殖民地行政管理问题的研究等。1767年5月他回到了自己的出生地卡柯尔迪，直到1773年4月的7年间，他一直在从事《国富论》的著述工作。

1773年春，斯密携带已经完成的初稿前往伦敦，原来打算稍加修订和润饰便交给出版商出版，但是，他在那里看到了许多新的资料，包括1774年以后杜尔哥特地寄给他的被称为"稀世珍本"的《关于课税的备忘录》，特别是1773年以后不断加剧的北美殖民地对英国殖民统治的反抗和1775年爆发的美国独立战争，引起了他对殖民地问题的极大关注。为此，他决心继续进行自己的研究，而不急于发表此书，他又用了3年时间阅读资料，继续研究有关问题，对初稿进行了广泛的修改和补充。到1776年3月9日，《国富论》这部经济学巨著终于问世了。斯密在《国富论》中创立了富国裕民的古典经济学体系，这在经济思想史上具有划时代的意义。

斯密在创作《国富论》的过程中，并没有完全放下伦理道德理论的研究。正当斯密从法国和伦敦搜集了有关资料回到卡柯尔迪集中精力着手撰写《国富论》之际，1767年，他又修订出版了《道德情操论》第三版。在这一版中，实质性的修改虽较少，但和第二版相比改动还是相当多的。这一版特别值得一提的，是他将《论语言的起源》这篇蕴涵着巨大才能的文章,首次附印于该版的第437—478页中。

1774年,当《国富论》进入定稿阶段时,斯密又修订出版了《道德情操论》第四版。在这一版中,也作了一些实质性的和非实质性的修改,其中包含一些有关词汇现代化的修改。

1778年1月,由于巴克勒公爵的举荐,亚当·斯密被诺思首相任命为苏格兰海关专员及苏格兰盐税专员。斯密在担任这两项公职期间,从未停止过学术研究和著述活动。在任职的第一年,他就利用担任海关和盐税专员所获得的实际知识,增补、修订了《国富论》中有关论述公共事务的部分,出版了该书的第二版。

1781年,斯密又修改了《道德情操论》中不完美的细节,出版了该书的第五版。

1784年,斯密又根据从事海关专员所获得的确切资料,更详细地论述了苏格兰的渔业奖励制度、特许公司和非特许公司以及东印度公司等有关部分,出版了《国富论》第三版。

1786年,亚当·斯密又为《国富论》增写了《序论及全书设计》置于卷首,出版了该书的第四版,这是斯密生前审订的最后一个《国富论》版本。

斯密的《国富论》和《道德情操论》这两部学术名著所取得的巨大成就及其对社会发展所产生的深远影响,给他的母校格拉斯哥大学增添了光彩。为此,格拉斯哥大学师生在1787年11月和1788年11月两次推选斯密担任该校名誉校长(每次当选任期一年),给了他极高的荣誉。

斯密为了报答人民对他的奖励,实现他理想的"文明社会",热切地希望能做更多的事情、写作更多的东西。他曾对一位朋友说起，除了伦理学和经济学著作外，他还打算写关于文学、哲学和修辞学方面的以及关于法律、政治理论和科学发展史方面的大部头著作；试图建立一个庞大的理论体系，系统地阐明生存在宇宙中的这个无限而又联系着的人类活动体系的整个过程，以及人类社会这架大机器的运行机制；揭示作为自然的人和作为社会的人的本性及其生活的终极目的、过程和形态。可是，他年事已高，身体愈来愈衰弱，实际上已不可能实现自己的全部写作计划了。为此，他深感遗憾地说："我原打算写更多的东西，我的原稿中有很多可以利用的材料，但现在已经不可能了。"〔1〕

斯密在其生命的最后几年里，仅完成了《道德情操论》第六版的修订工作。这次修订是该书 1759 年出版以来规模最大的，也是最具有实质性的一次修订，这是他长期深思熟虑的结果。1788 年 3 月 15 日，斯密在致托马斯·卡德尔的信中谈到这次修订的情况时说："我现在正在紧张地专心用功"对《道德情操论》的"每一部分作增补和订正"，其中特别是：增写了第一卷第三篇第三章《论由钦佩富人和大人物，轻视、怠慢穷人和小人物的这种倾向引起的道德情操的败坏》；重新改写了第三卷的第二、第三章，在这两章的新增材料中包含对良心、公正的旁观者理论的进一步发展以及对"自我控制"这一主题的论述；增写了整个第六卷，论述了道德理论的实际运用，尤其是对谨慎、正义、仁慈和自我控制等美德的论述；重新改写了第七卷第一篇第一章，将散见于以前各版中的斯多葛哲学，

---

〔1〕 转引自约翰·雷：《亚当·斯密传》，第 393 页。

集中起来进行论述，并更充分地解释了其他有关学派的学说，在这一卷第四篇的新增材料中，还进一步阐述了他关于诚实与欺骗的观点。在这一版的开头，斯密还有一个题为《告读者》的新增前言，简要地介绍了本版所作的主要改动情况，以及重申他为什么仍要保留该书最后一段，即关于撰写阐明法和政府一般原则的著作的愿望。

由于斯密意识到这次修订是对《道德情操论》的最终审订，是使该书“定型”，成为一个最完美的版本，因此，他做得非常细致。他在 1788 年 3 月 15 日致托马斯·卡德尔的信中写道：“我是个迟钝、非常迟钝的作者，每一篇作品在我能勉强满意它之前，至少要写上六七遍。”因此，修订工作进展缓慢，交稿日期比预期的要迟得多，大约在 1789 年 12 月才修订完毕，到 1790 年斯密逝世前几个月，这个新版本才出版。这一版新增内容的“极大部分是斯密在重病之下写成的”[1]。这说明贯串在这个新增部分中的道德原理，对斯密产生了多么大的兴趣与责任。正如杜格尔德·斯图尔特所说：“这些崇高的真理在他年轻时离开学院之际，第一次激起了他的天才的热情，他最后的精神努力也是寄托在这方面的。”[2]

1790 年 7 月 17 日，斯密在爱丁堡与世长辞。

〔1〕 杜格尔德·斯图尔特：《亚当·斯密的生平和著作》，第 63—64 页。

〔2〕 同上书，第 64 页。

二、《道德情操论》和《国富论》的关系
——简评所谓“亚当·斯密问题”

以上介绍了斯密的生平和《道德情操论》的创作及修订再版情况。下面在此基础之上，结合本书中阐明的伦理思想，谈谈我们对所谓“亚当·斯密问题”的看法。我们认为，《道德情操论》和《国富论》这两部名著之间存在着密切的联系，其论述的侧重点虽有所不同，但就本质而言，却是一致的。这种一致性，主要表现在以下三个方面：

（一）从《道德情操论》和《国富论》的交替创作、修订及其整个研究、写作计划来看，绝不能否认斯密学术思想体系在本质上的一致性。

上面，我们在论述斯密生平和《道德情操论》的创作、修订再版过程时，已提到 1752—1764 年间斯密在格拉斯哥大学主持的道德哲学讲座中，曾充分利用他在爱丁堡大学讲授经济学时所编写的讲义，以及他参加格拉斯哥经济学俱乐部等学术活动中所得到的启发与资料；而《道德情操论》和《国富论》又都是在他的道德哲学讲稿的基础上创作而成的。1759 年 4 月，斯密对道德哲学讲稿第二部分进行加工整理，以《道德情操论》为书名首次出版了对其一生具有重大影响的著作。这部杰出著作不仅从现在所说的伦理道德的角度，而且从哲学、法学、心理学和经济学的角度，对有关资本主义社会生产关系的各个领域作了探讨。从 1759 年到 1774 年，

《道德情操论》共出了四种不同的版本(第一版 1759 年,第二版 1761 年,第三版 1767 年,第四版 1774 年)。在对该书这四个不同版本进行修订的过程中,斯密又在道德哲学讲稿第四部分以及他 1763 年在格拉斯哥大学所作的关于法律、警察、岁入及军备的演讲的基础上,酝酿创作了《国富论》。《国富论》初版于 1776 年问世。1778 年,他又修订出版了《国富论》第二版。《国富论》出版之后,斯密并没有停止对《道德情操论》的修订工作,1781 年,他就出版了《道德情操论》第五版。1784 年和 1786 年出版了《国富论》第三、第四版后,在他生命的最后一年,即 1790 年,他又最终完成了《道德情操论》第六版的重大修改和出版工作。

从《道德情操论》和《国富论》的交替创作、修订再版过程,可以看出这两部著作之间存在着密切的联系,绝不能任意把它们割裂开来,以至对立起来看待。《道德情操论》第六版中吸收了《国富论》的一些内容,是显而易见的。

《道德情操论》和《国富论》不仅是斯密进行交替创作、修订再版的两部著作,而且是其整个写作计划和学术思想体系的两个有机组成部分。《道德情操论》所阐述的主要是伦理道德问题,《国富论》所阐述的主要是经济发展问题,从现在的观点看来,这是两门不同的学科,前者属于伦理学,后者属于经济学;但按照当时苏格兰大学中的学科分类法,以及在斯密的学术思想体系中,它们则属于"道德哲学"这一门学科,而且不是这门学科的全部,只是该学科的两个构成部分。当时苏格兰"道德哲学"这门学科,实际上包括了后来社会科学的许多门学科。斯密在格拉斯哥大学讲授这门课程的内容,就包括神学、伦理学、法学和政治学四大部分,而政治学这一部分，又包括了当时所称的政治经济学。这部由四个互相联系的部分所组成的庞大讲稿，构成了斯密学术思想体系的基础和出发点。

斯密原来计划要分部地研究和写出“道德哲学”这一学科的全部内容，以揭示作为自然的人和作为社会的人的本性及其生活的终极目的、过程和形态，从而建立一个庞大的学术思想体系；即使他到了晚年，眼看已不可能实现其全部写作计划，他仍坚持想实现他所谓的“道德哲学”的实用部分，即伦理学、法学和政治学部分。他在1790年临终前几个月，为《道德情操论》第六版写的新增前言《告读者》中写道：“在本书第一版的最后一段中，我曾说过，我将在另一本论著中努力说明法律和政治的一般原理……不仅涉及正义，而且涉及警察，国家岁入，军备，以及其他任何成为法律对象的东西。在《国民财富的性质和原因的研究》中，我已部分地履行了这一诺言，至少在警察，国家岁入和军备问题上。我长期以来所计划的关于法学理论的部分……虽然我年事已高，很难指望如愿以偿地完成这个大事业，但我并没有完全放弃这个计划……因而我把30多年前写的这段话未加改动地放在这里。”[1]斯密的这一论述清楚地表明：他把《国富论》看作是自己在《道德情操论》中论述的思想的继续发挥。因此，我们不能认为这两部著作之间存在什么基本矛盾。

(二) 从对人的行为动机的分析来看，《道德情操论》和《国富论》都是从人的利己本性出发的。

〔1〕 本书第1—2页。

在《道德情操论》中，斯密谈到本性贪婪和自私的地主的行为动机时说："富人只是从这大量的产品中选用了最贵重和最中意的东西。他们的消费量比穷人少；尽管他们的天性是自私的和贪婪的，虽然他们只图自己方便，虽然他们雇用千百人来为自己劳动的唯一目的是满足自己无聊而又贪得无厌的欲望……"[1]。在《国富论》中，斯密又谈到唯利是图的资本家的行为动机。他说："把资本用来支持产业的人，既以牟取利润为唯一目的，他自然总会努力使他用其资本所支持的产业的生产物能具有最大价值，换言之，能交换最大数量的货币或其他货物。"[2]

在斯密看来，个人利益是人们从事经济活动的出发点；而从利己出发从事经济活动的人，就是斯密所假设的"经济人"（主要是指资本家）。正因为斯密把利己主义作为"经济人"活动的根据，所以，西方某些研究者既把斯密看成是古典经济学的主要代表人物，又把他看作是一个信奉"适者生存"的被现金交易关系和残忍的竞争所支配的理论家。

当然，斯密本人是否认这种说法的。他在《道德情操论》中把这种基于个人利益的利己主义称为"自爱"（Self-Love）。他指出，支配人类行为的动机有自爱、同情心、追求自由的欲望、正义感、劳动习惯和交换倾向等；人们自爱的本性是与同情心相伴随的，然而，人在本能上又是自私的，总是在自爱心的引导下追求自己的利益，从而妨碍同情心的充分发挥。他还肯定了利己心的社会作用。

---

〔1〕 本书第231—232页。

〔2〕 亚当·斯密：《国民财富的性质和原因的研究》下卷，商务印书馆1974年版（下同），第27页。

他认为,“自爱”是人类的一种美德,它绝不能跟“自私”相混淆。他把人们追求自身利益的“自爱”看成是一切经济活动的必要条件。斯密在《道德情操论》和《国富论》中,就从这种“经济人”活动的利己主义出发,探讨了人类沉湎于“对财富的追求”的原因。他认为,原因主要有这样两个:

第一,人性的本能迷恋发明、改良和革新。斯密把人们追求财富的动因首先归于人与自然的关系。他认为,“经济人”天生具有一种创造欲望和创新能力,它驱使他展开经济活动,促使财富增加。斯密以有的人对时间的准确性并不严格,对手表计时的准确性却十分挑剔为例,来论证人天生具有的创造性,或曰对发明、改良和革新的“迷恋”。斯密认为,正是这种“迷恋”激起了人们辛勤工作的热情,鼓励着人类去创造物质文明和精神文明。他在《道德情操论》中写道:“天性很可能以这种方式来欺骗我们。正是这种蒙骗不断地唤起和保持人类勤劳的动机。正是这种蒙骗,最初促使人类耕种土地,建筑房屋,创立城市和国家,在所有的科学和艺术领域中有所发现、有所前进。这些科学和艺术,提高了人类的生活水平,使之更加丰富多彩;完全改变了世界面貌,使自然界的原始森林变成适宜于耕种的平原,把沉睡荒凉的海洋变成新的粮库,变成通达大陆上各个国家的行车大道。”[1]斯密对人们追求利得的这种论述,在他的《国富论》中是当作一种常识加以接受,并进行发挥的。

第二,为追求财富而“极度”地工作是出于实现和维持他的社

〔1〕 本书第231页。

会地位的需要。在斯密看来，人需要同伴的同情，而同伴的同情更倾向于同情自己的快乐而不是悲伤，所以在旁观者面前，每个人都把夸耀财富、掩饰贫穷作为动机。他说："按照我们所说的人生的伟大目标，即改善我们的条件而谋求的利益"，就是"引人瞩目、被人关心、得到同情、自满自得和博得赞许"。他认为，人们肉体所需的必需品，"最低级劳动者的工资就可以满足"，他们之所以拼命追求财富，是由于"虚荣而不是舒适或快乐"[1]。他说："富人因富有而洋洋得意，这是因为他感到他的财富自然而然地会引起世人对他的注意。……相反，穷人因为贫穷而感到羞辱。……尽管这会产生一种约束力，……然而，人们认为，这使大人物变成众人羡慕的客观对象，并补偿了因追求这种地位而必定要经历的种种辛苦、焦虑和对各种欲望的克制"[2]；为了取得它，宁可失去"一切闲暇、舒适和无忧无虑的保证"[3]。从斯密的这些论述看来，他实际上是从人与人之间的关系出发来研究人们追求财富的动因的；但他却把人类经济活动的动因归于道德的、情感的因素，这就使他的研究偏离了正确轨道。这正是斯密的阶级局限性的反映。尽管在《国富论》中着重了经济因素的分析，他的这些弱点得到一定程度的克服，但在《道德情操论》中它却表现得非常明显。在斯密看来，只有资本主义生产关系才是合理的完美的，因此，他把资本主义生产关系人格化的"经济人"（主要是指资本家）描绘成富有"同情心"并有种种美德的人。

---

〔1〕 本书第61页。

〔2〕 本书第61—62页。

〔3〕 本书第62页。

无论怎样，斯密在《道德情操论》中论证“经济人”的出发点，和《国富论》是相同的，一致的，即都是从人的利己主义的本性出发的。例如，他在《道德情操论》中写道：“毫无疑问，每个人生来首先和主要关心自己。”[1]他把改善自身生活条件看作“人生的伟大目标”。这种论述在《国富论》中发展成为表述自利行为动机的名言：“我们每天所需要的食料和饮料，不是出自屠户、酿酒家或烙面师的恩惠，而是出于他们自利的打算。”[2]可见，《道德情操论》和《国富论》这两部著作，在论述的语气、论及范围的宽狭、细目的制定和着重点上虽有不同，如对利己主义行为的控制上，《道德情操论》寄重托于同情心和正义感，而在《国富论》中则寄希望于竞争机制；但对自利行为动机的论述，在本质上却是一致的。在《道德情操论》中，斯密是把“同情”作为道德判断核心的，而其作为行为的动机则完全是另一回事。他承认有种种行为动机，不仅有一般的行为动机，而且有善良的行为动机。这些动机包括自爱，这也就是《国富论》开头所说的自利，而不是“自私”。他是在轻蔑的意义上使用“自私”这个词的，他把“自私”和“贪婪”相提并论，而赞扬“对我们自己个人幸福和利益的关心”[3]。

在斯密生活的那个时代，“道德情操”这一短语，是用来说明人（被设想为在本能上是自私的动物）的令人难以理解的能力，即能判断克制私利的能力。因此，斯密竭力要证明的是：具有利己主

〔1〕 本书第102页。

〔2〕 亚当·斯密：《国民财富的性质和原因的研究》上卷，商务印书馆1972年版，第14页。

〔3〕 本书第401页。

义本性的个人（主要是指追逐利润的资本家）是如何在资本主义生产关系和社会关系中控制自己的感情和行为，尤其是自私的感情和行为，从而为建立一个有必要确立行为准则的社会而有规律地活动。斯密在《国富论》中所建立的经济理论体系，就是以他在《道德情操论》的这些论述为前提的。

（三）《道德情操论》和《国富论》之间的有机联系，还集中表现在斯密对那只“看不见的手”的统一论述中。

斯密对利己心的论述，十分强调“看不见的手”的作用。“一只看不见的手”[1]这一著名短语，在《道德情操论》和《国富论》中各出现一次。在《道德情操论》中，他写到富人为了满足自己贪得无厌的欲望，雇用千百人来为自己劳动，“但是他们还是同穷人一起分享他们所作一切改良的成果，一只看不见的手引导他们对生活必需品作出几乎同土地在平均分配给全体居民的情况下所能作出的一样的分配，从而不知不觉地增进了社会利益，并为不断增多的人口提供生活资料。”[2]这只“看不见的手”被描述为对财富的追求或获取欲。这种获取欲是从荣辱之心一类的私利出发的，是受人们的个人感情和爱好驱使的，但是，人们在这只“看不见的手”的指引下追求狭小的私人目的时，却始料未及地实现着增进人类福利的更大的社会目的。在《国富论》中，斯密谈到，把资本用来支持

---

〔1〕 斯密首次使用“看不见的手”(invisible hand)这一短语是在《天文学》III 2中，在写到早期宗教思想时，他谈到，只有不合常规的偶然事件是神奇的力量引起的。“火燃烧起来，水得到补充；重的物体下降，轻的物体上升，这是它自身性质的必然；也不是朱庇特的这只看不见的手曾觉察到而作用于这些物体。”(见《亚当·斯密著作和通信集》第1卷，《道德情操论》，第184页注7)

〔2〕 本书第232页。

产业的人，通常既不打算促进公共利益，也不知道自己能在什么程度上促进这种利益，他所盘算的只是自己的利益，而在这场合，“像在其他许多场合一样，他受一只看不见的手的指导，去尽力达到一个并非他本意想要达到的目的，也并不因为事非出于本意，就对社会有害。他追求自己的利益，往往使他能比真正出于本意的情况下更有效地促进社会的利益。”〔1〕在这里，这只“看不见的手”是用来比喻说明竞争过程的有益后果的。而在《道德情操论》中，这只“看不见的手”却被用来说明另外的问题，即对财富的获取欲本身如何实现促进人类福利这一更大的社会目的。可见，在《道德情操论》中，这只“看不见的手”所起的作用比在《国富论》中所起的作用更为基本。

在斯密看来，人们从事经济活动是从个人利益出发的，而在那只“看不见的手”的指引下，对个人利益的追求必将促进社会繁荣。社会利益就是以个人利益为基础的。斯密的这一理论反映了当时资本主义经济发展的要求，他力图以人与人之间的“经济联系”来抨击封建主义超经济强制的不合理性。同时，也正是由于那只“看不见的手”的存在和发生作用，使社会经济达到“自然平衡”。因此，一些西方学者认为，斯密是一位早期控制论思想的实践者。

斯密在论述通过那只“看不见的手”达到社会经济“自然平衡”的同时，还论述了通过那只“看不见的手”达到人类社会政治平衡的思想。斯密认为，在现实世界中，不仅存在着协调不同人的经济利益的问题，而且还存在着协调不同人的政治价值的问题。在《道

---

〔1〕 亚当·斯密：《国民财富的性质和原因的研究》下卷，第27页。

德情操论》第二卷第三章中，他首先指出，在人们可以幸福地生存的社会里，希腊式的感情——爱、友谊和感激之情占据优势；然后，他进一步考虑到在缺乏这种感情的社会是如何继续存在的？表面上他承认神的存在。他说过，对伟大宇宙体系的管理，对一切有理性和感觉生命的普遍幸福的关心，是神而不是人类的事。实际上，他是以神的存在和人们“跟神的协作，并尽其所能地促成神的意图”来论证那只“看不见的手”在政治平衡中的作用。他明确指出，人类社会即使缺乏希腊式的感情，但是通过社会法规的建立，“可以在人们相互之间缺乏爱或感情的情况下，像它存在于不同的商人中间那样，存在于不同的人中间；并且，虽然在这一社会中，没有人负有任何义务，或者一定要对别人表示感激，但是社会仍然可以根据一种一致的估价，通过完全着眼于实利的互惠行为而被维持下去。”〔1〕这里，斯密通过互利的交换的现实来阐明其政治观点。他坚信在人类社会的政治生活中，也存在一只“看不见的手”。他表面上虽然承认上帝的存在，实际上却否定宗教原则是人类行为唯一的合宜动机。他说：“在人类社会这个大棋盘上每个棋子都有它自己的行动原则。”〔2〕这个原则就是斯密所强调的利己主义原则。而且，社会法规正是作为那只“看不见的手”的具体表现，使不同利益的人得以和平共处，达到人类社会政治生活的平衡。

从以上的简要分析可以看出，“看不见的手”是一种对从利己出发的活动进行调节、从而使私利与公益协调的力量。这种力量

〔1〕 本书第107页。
〔2〕 本书第303页。

在经济生活中表现为经济规律，在政治生活中表现为社会法规；它的作用是实现经济均衡、政治均衡。这种思想，可以说是一种早期的控制论思想和社会均衡思想。

总之，《道德情操论》和《国富论》这俩杰出著作在本质上是一致的。无论是对其学术思想体系和对人的行为动机的分析，还是对那只“看不见的手”的论述，都涉及人的本性是利己的。因此，所谓“亚当·斯密问题”实际上是由于误解其著作而产生的。那种把他看成在《道德情操论》中“研究道德世界的出发点是同情心”，在《国富论》中“研究经济世界的出发点是利己主义”的观点，不仅割裂了这两部著作之间的有机联系，而且曲解了斯密的学术思想体系。

目　　录

第 三 篇

第 二 卷

论优点和缺点；或，报答和惩罚的对象

第 一 篇

第　二　篇

第　三　篇

第　三　卷

第 四 卷

论效用对赞同情感的作用

第 五 卷

习惯和风气对有关道德赞同和不赞同情感的影响

第 六 卷

论有关美德的品质

第 三 篇

第 四 篇

告读者

自从很久以前即1759年初《道德情操论》第一版问世以来，我想到了其中可作的一些修改，以及有关该学说的种种很好的说明。但是，我一生中的种种偶然事件必然使我全神贯注于各种工作，直到现在都妨碍我常想以小心谨慎和专心致志的态度进行的修订这一著作的工作。读者将在这一新版中，在第一卷第三篇的最末一章中，以及在第三卷第四篇的第一章中，看到我已作出的主要改动。第六卷，正如它在新版中呈现的那样，完全是新写的。我把大部分论述斯多葛哲学的段落集中在第七卷中，而在以前各版中，它们散见于此书的不同部分。同样地，我尽力更充分地解释、更明确地考察那著名流派的某些学说。在同一卷的第四篇也是最后一篇中，我已集中给予诚实的责任和原则少量附加的评论。此外，在该书的其他部分，也有少量不重要的其他改动和修订。

在本书第一版的最后一段中，我曾说过，我将在另一本论著中努力说明法律和政治的一般原理，以及它们在不同的社会时代和时期所经历过的不同革命；其中不仅涉及正义，而且涉及警察，国家岁入，军备，以及其他任何成为法律对象的东西。在《国民财富的性质和原因的研究》中，我已部分地履行了这一诺言，至少在警察，国家岁入和军备问题上。我长期以来所计划的关于法学理论的部分，迄今由于现在还在阻止我修订本书的同样工作而无法完成。我承认，虽然我年事已高，很难指望如愿以偿地完成这个大事业，但我并没有完全放弃这个计划，从打算做到自己能做的事情这种责任感出发，我希望能继续完成它，因而我把 30 多年前写的这段话未加改动地放在这里。

第一卷

论行为的合宜性

（本卷共三篇）

第一篇[1] 论合宜感

第一章 论同情

无论人们会认为某人怎样自私,这个人的天赋中总是明显地存在着这样一些本性,这些本性使他关心别人的命运,把别人的幸福看成是自己的事情,虽然他除了看到别人幸福而感到高兴以外,一无所得。这种本性就是怜悯或同情,就是当我们看到或逼真地想象到他人的不幸遭遇时所产生的感情。我们常为他人的悲哀而感伤,这是显而易见的事实,不需要用什么实例来证明。这种情感同人性中所有其他的原始感情一样,绝不只是品行高尚的人才具备,虽然他们在这方面的感受可能最敏锐。最大的恶棍,极其严重地违犯社会法律的人,也不会全然丧失同情心。

由于我们对别人的感受没有直接经验,所以除了设身处地的想象外,我们无法知道别人的感受。当我们的兄弟在受拷问时,只要我们自己自由自在,我们的感觉就不会告诉我们他所受到的痛苦。它们绝不、也绝不可能超越我们自身所能感受的范围,只有借助想象,我们才能形成有关我们兄弟感觉的概念。这种想象力也

---

〔1〕 译者说明:正文中星号(＊)为著者注;阿拉伯数码加六角括号为译者注。

不能以另外的方式帮助我们做到这一点，它只能告诉我们，如果身临其境的话，我们将会有什么感觉。我们的想象所模拟的，只是我们自己的感官的印象，而不是我们兄弟的感官的印象。通过想象，我们设身处地地想到自己忍受着所有同样的痛苦，我们似乎进入了他的躯体，在一定程度上同他像是一个人，因而形成关于他的感觉的某些想法，甚至体会到一些虽然程度较轻，但不是完全不同的感受。这样，当他的痛苦落到我们身上，当我们承受了并使之成为自己的痛苦时，我们终于受到影响，于是在想到他的感受时就会战栗和发抖。由于任何痛苦或烦恼都会使一个人极度悲伤，所以当我们设想或想象自己处在这种情况之中时，也会在一定程度上产生同我们的想象力的大小成比例的类似情绪。

如果认为这还不够清楚的话，那么大量明显的观察可以证实，正是由于我们对别人的痛苦抱有同情，即设身处地地想象受难者的痛苦，我们才能设想受难者的感受或者受受难者的感受的影响。当我们看到对准另一个人的腿或手臂的一击将要落下来的时候，我们会本能地缩回自己的腿或手臂；当这一击真的落下来时，我们也会在一定程度上感觉到它，并像受难者那样受到伤害。当观众凝视松弛的绳索上的舞蹈者时，随着舞蹈者扭动身体来平衡自己，他们也会不自觉地扭动自己的身体，因为他们感到如果自己处在对方的境况下也必须这样做。性格脆弱和体质孱弱的人抱怨说，当他们看到街上的乞丐暴露在外的疮肿时，自己身上的相应部位也会产生一种瘙痒或不适之感。因为那种厌恶之情来自他们对自己可能受苦的想象，所以如果他们真的成了自己所看到的可怜人，并且在自己身体的特定部位受到同样痛苦的影响的话，那么，他们对那些可怜人的病痛抱有的厌恶之情会在自身特定的部位产生比其他任何部位更为强烈的影响。这种想象力足以在他们娇弱的躯体中产生其所抱怨的那种搔痒和不适之感。同样，最强健的人看到溃烂的眼睛时，他们自己的眼睛也常常由于相同的原因产生一种非常明显的痛感；眼睛这一器官在最强壮的人身上，要比最虚弱的人身上的其他任何部位更为脆弱。

引起我们同情的也不仅是那些产生痛苦和悲伤的情形。无论当事人对对象产生的激情是什么，每一个留意的旁观者一想到他的处境，就会在心中产生类似的激情。我们为自己关心的悲剧或罗曼史中的英雄们获释而感到的高兴，同对他们的困苦感到的悲伤一样纯真，但是我们对他们的不幸抱有的同情不比对他们的幸福抱有的同情更真挚。我们同情英雄们对在困难之时未遗弃他们的那些忠实朋友所抱有的感激之情；并且极其赞同他们对伤害、遗弃、欺骗了他们的背信弃义的叛徒们所抱有的憎恨之情。在人的内心可能受到影响的各种激情之中，旁观者的情绪总是同他通过设身处地的想象认为应该是受难者的情感的东西相一致的。

"怜悯"和"体恤"是我们用来对别人的悲伤表示同感的词。"同情"，虽然原意也许与前两者相同，然而现在用来表示我们对任何一种激情的同感也未尝不可。

在某些场合，同情似乎只来自对别人一定情绪的观察。激情在某些场合似乎可以在转瞬间从一个人身上感染到另一个人身上，并且在知道什么东西使主要当事人产生这种激情之前就感染他人。例如，在一个人的脸色或姿态中强烈地表现出来的悲伤或快活，马上可以在旁观者心中引起某种程度相似的痛苦或欣喜之情。一张笑脸令人赏心悦目;悲苦的面容则总是令人伤感。

但并非情况总是这样,或并非每一种激情都是如此。有一些激情的表露,在我们获悉它由以产生的事情之前,引起的不是同情,反而是厌恶和反感。发怒者的狂暴行为,很可能激怒我们去反对他本人而不是他的敌人。因为我们不知道他发怒的原因,所以也就不会体谅他的处境,也不会想象到任何类似它所激发的激情的东西。但是,我们清楚地看到他对其发怒的那些人的情况,以及后者由于对方如此激怒而可能遭受的伤害。因此,我们容易同情后者的恐惧或愤恨,并立即打算同他们一起反对使他们面临危险的那个发怒者。

倘若正是这些悲伤或高兴的表情使我们产生一定程度的相似情绪,这是由于这些表情使我们心中浮起有关落在我们所看到的人头上的好的或坏的命运的一般念头;由于这些激情足以使我们有所感动。悲伤或高兴只影响感觉到那些情绪的人,它们的表露不像愤恨的表情那样能使我们心中浮起有关我们所关心的任何他人以及其利益同他对立的人的念头。因此,有关好的或坏的命运的一般念头会引起我们对遭遇这种命运的人的某种关切;而有关暴怒的一般念头却激不起我们对被触怒的人的任何同情。天性似乎教导我们更为反对去体谅这种激情。在知道发怒的原因之前,我们对此都是打算加以反对的。

甚至在知道别人悲伤或高兴的原因之前,我们对它们的同情也总是很不充分的。很明显,一般的恸哭除了受难者的极度痛苦之外并没有表示什么,它在我们身上引起的与其说是真正的同情,毋宁说是探究对方处境的好奇心以及对他表示同情的某种意向。

我们首先提出的问题是：你怎么啦？在这个问题待到解答之前，虽然我们会因有关他不幸的模糊念头而感到不安，并为弄清楚对方的不幸遭遇而折磨自己，但是我们的同情仍然是无足轻重的。

因此，同情与其说是因为看到对方的激情而产生的，不如说是因为看到激发这种激情的境况而产生的。我们有时会同情别人，这种激情对方自己似乎全然不会感到，这是因为，当我们设身处地地设想时，它就会因这种设想而从我们自己的心中产生，然而它并不因现实而从他的心中产生。我们为别人的无耻和粗鲁而感到羞耻，虽然他似乎不了解自己的行为不合宜；这是因为我们不能不因自己做出如此荒唐的行为而感到窘迫。

对人性稍存的那些人来说，在使人面临毁灭状态的所有灾难中，丧失理智看来是最可怕的。他们抱着比别人更强烈的同情心来看待人类的这种最大的不幸。但那个可怜的丧失理智的人却也许会又笑又唱，根本不觉得自己有什么不幸。因此，人们看到此种情景而感到的痛苦并不就是那个患者感情的反映。旁观者的同情心必定完全产生于这样一种想象，即如果自己处于上述悲惨境地而又能用健全理智和判断力去思考（这是不可能的），自己会是什么感觉。

当一个母亲听到她的婴孩在疾病的折磨中呻吟而不能表达他的感受的时候，她的痛苦是什么呢？在她想到孩子在受苦时，她把自己的那种无助的感觉，把对孩子的疾病难以逆料的后果的恐惧同婴孩的实际的无助联系起来了。由此，在她自己的忧愁中，产生了有关不幸和痛苦的极为完整的想象。然而，婴孩只是在这时感到不适，病情并不严重，以后是完全可以痊愈的，缺乏思虑和远见就是婴孩免除恐惧和担心的一副良药。但是成人心中的巨大痛苦，一旦滋长起来却是理性和哲理所无法克制的。

我们甚至同情死者，而忽视他们的境况中真正重要的东西，即等待着他们的可怕的未来，我们主要为刺激我们的感官但对死者的幸福不会有丝毫影响的那些环境所感动。我们认为，死者不能享受阳光，隔绝于人世之外，埋葬在冰凉的坟墓中腐烂变蛆，在这个世界上销声匿迹，很快在最亲密的朋友和亲属的感伤和回忆中消失，这是多么不幸啊！我们想，自己确实不能对那些遭受如此可怕灾难的人过多地表示同情。但当他们处在被人遗忘的危险之中时，我们的同情溢美之词似乎就倍增了；通过我们加在死者记忆中的虚荣感，为了自己的悲切，我们尽力人为地保持自己有关他们不幸的忧郁回忆。我们的同情不会给死者以安慰，似乎更加重了死者的不幸。想到我们所能做的一切都是徒劳的，想到我们无论怎样消除死者亲友的悲哀，无论怎样消除他们对死者的负疚和眷恋之情，也不会给死者以安慰，只会使我们对死者的不幸感到更加悲伤。死者的幸福绝不会因之而受到影响；也不会因之而扰乱自己静谧的安眠。认为死者自然具有阴沉而又无休无止的忧郁心理，这种想法盖起源于我们与因他们而产生的变化的联系之中，即我们对那种变化的自我感觉之中；起源于我们自己设身处地，以及把我们活的灵魂附在死者无生命的躯体上——如果允许我这样说的话；由此才能设想我们在这种情况下所具有的情绪。正是这个虚幻的想象，才使我们对死亡感到如此可怕。这些有关死后情况的设想，在我们死亡时绝不会给我们带来痛苦，只是在我们活着的时候才使我们痛苦。由此形成了人类天赋中最重要的一个原则，对死亡的恐惧——这是人类幸福的巨大破坏者，但又是对人类不义的巨大抑制；对死亡的恐惧折磨和伤害个人的时候，却捍卫和保护了社会。

第二章　论相互同情的愉快

不管同情的原因是什么，或者它是怎样产生的，再也没有比满怀激情地看到别人的同感更使我们高兴，也没有比别人相反的表情更使我们震惊。喜欢从一定的细腻的自爱之心来推断我们全部情感的那些人，根据他们的原则，自以为全然说明了这种愉快和痛苦的原因。他们说，一个人感到自己的软弱和需要别人帮助时，看到别人也有这种感觉，就会高兴，因为他由此而确信会得到那种帮助；反之，他就不高兴，因为他由此而认定别人会反对自己。但是，愉快和痛苦的感觉总是瞬息即逝的，并且经常发生在那种毫无意义的场合，因而似乎很明显，它们不能从任何利己的考虑中产生。当一个人尽力去逗引同伴之后，环顾四周发现除了自己之外没有一个人对他的俏皮话发笑，他就感到屈辱；相反，同伴们的欢笑则使他至为愉快。他把同伴们的感情同自己的感情一致看成是最大的赞赏。

虽然他的愉快和痛苦的确有一部分是这样产生的，但是愉快似乎并非全部来自同伴们表示同情时所能增添的欢笑之中，痛苦似乎也不是全部来自他得不到这种愉快时的失望。当我们反复阅读一本书或一首诗以致不能再从自己的阅读中发现任何乐趣时，我们依然可以从为同伴朗读中得到乐趣。对同伴来说，它充满着新奇的魅力。我们体会到在他心中而不再能在我们心中自然地激发起来的那种惊讶和赞赏;我们与其说是用自己的眼光,不如说是从同伴的角度来仔细玩味它们所描述的思想,并由于我们的乐趣跟同伴一致而感到高兴。相反,如果同伴似乎没有从中得到乐趣,我们将感到恼火,并且在向同伴朗读它们时也不再能得到任何愉快。这里的情况与前面的事例相同。毫无疑问,同伴的欢乐使我们高兴,他们的沉默也的确使我们失望。虽然这在一种场合给我们带来了愉快,而在另一种场合给我们带来了痛苦,但是,任何一者都绝不是愉快或痛苦的唯一原因;而且,虽然我们的感情与别人相一致看起来是愉快的一个原因,它们之间的相背似乎是痛苦的一个原因,但是不能由此说明产生愉快和痛苦的原因。朋友们对我的高兴所表示的同情由于它使我更加高兴而确实使我感到愉快,但是他们对我的悲伤所表示的同情,如果只是使我更加悲伤,就不会给我带来什么快乐。不管怎样,同情既增加快乐也减轻痛苦。它通过提供另一种使人满足的源泉来增加快乐,同时通过暗示当时几乎是唯一可接受的合意感情来减轻痛苦。

因而可以说:我们更渴望向朋友诉说的是自己不愉快的激情而不是愉快的激情;朋友们对前者的同情比对后者的同情更使我们感到满足,他们对前者缺乏同情则更使我们感到震惊。

当不幸者找到一个能够向他倾诉自己悲痛的原因的人时,他们是多么宽慰啊!由于他的同情,他们似乎解除了自己的一部分痛苦,说他同不幸者一起分担了痛苦也并非不合适。他不仅感到与不幸者相同的悲痛,而且,他好像分担了一部分痛苦,感到减轻了不幸者的重压。然而,通过诉说自己的不幸,不幸者在某种程度上重新想到了自己的痛苦。他们在回忆中又想起了使自己苦恼的那些情况。因而眼泪比从前流得更快，又沉浸在种种痛苦之中。但是，他们也明显地由此得到安慰，因为他们从对方同情中得到的乐趣更能弥补剧烈的悲痛，这种痛苦是不幸者为了激起同情而重新提起和想到的。相反，对不幸者来说，最残酷的打击是对他们的灾难熟视无睹，无动于衷。对同伴的高兴显得无动于衷只是失礼而已，而当他们诉说困苦时我们摆出一副不感兴趣的神态，则是真正的、粗野的残忍行为。

爱是一种令人愉快的感情，恨是一种不愉快的感情；因此我们希望朋友同情自己的怨恨的急切心情，甚于要求他们接受自己友谊的心情。虽然朋友们很少为我们可能得到的好处所感动，我们也能够原谅他们，但是，如果他们对我们可能遭到的伤害似乎漠不关心，我们就完全失去了耐心。我们对朋友不同情自己的怨恨比他们不体会自己的感激之情更为恼火。对我们的朋友来说，他们容易避免成为同情者，但对同我们不和的人来说，他们几乎不可能避免成为敌人。我们很少抱怨他们同前者不和，虽然由于那一原因有时爱同他们进行别扭的争论；但是如果他们同后者友好相处，我们同他们的争论就非常认真了。爱和快乐这两种令人愉快的激情不需要任何附加的乐趣就能满足和激励人心。悲伤和怨恨这两种令人苦恼和痛心的情绪则强烈地需要用同情来平息和安慰。

无论怎样，因为当事人对我们的同情感到高兴，而为得不到这种同情感到痛心，所以我们在能够同情他时似乎也感到高兴，同样，当我们不能这样做时也感到痛心。我们不仅赶去祝贺取得成功的人，而且赶去安慰不幸的人；我们在同能充分同情其心中的一切激情的人的交谈中所感到的快乐，好像极大地补偿了一看到他的境况就使我们感到的苦恼。相反，感到自己不能同情对方总是不愉快的；并且，发现自己不能为对方分忧会使我们感到痛心，而不会为免于这种同情的痛苦而感到高兴。如果我们听到一个人为自己遭到不幸大声痛哭，而设想这种不幸落在自己身上时不可能产生如此剧烈的影响，我们就会对他的悲痛感到震惊；并且，因为我们对此不能体谅，就把它看作胆小和软弱。另一方面，另一个人因交了一点好运而过于兴奋和激动，按照我们的看法就会对此表示愤怒。我们甚至对他的高兴表示不满；并且，因为我们不能赞同它，就把它看作轻率和愚蠢。如果同伴们听到一个笑话大声笑个不停，超出了我们认为应有的分寸，我们甚至会大发脾气。

第三章 论通过别人的感情同我们自己的感情是否一致，来判断它们是否合宜的方式

在当事人的原始激情同旁观者表示同情的情绪完全一致时，它在后者看来必然是正确而又合宜的，并且符合它们的客观对象；相反，当后者设身处地发现前者的原始激情并不符合自己的感受时，那么，这些感情在他看来必然是不正确而又不合宜的，并且同激起这些感情的原因不相适应。因此，赞同别人的激情符合它们的客观对象，就是说我们完全同情它们；同样，不如此赞同它们，就是说我们完全不同情它们。一个对加害于我表示不满，并看到我确实同他一样对此表示愤恨的人，必然赞同我的愤恨。一个对我

的悲痛一直保持同情的人，不能不承认我伤心是合乎情理的。那个对同一首诗或同一幅画表示赞美而且同我的看法确实一致的人，必然认为我的赞美是正确的。那个对同一个笑话发笑，并且与我一起大笑的人，没有理由否认我的笑声是合宜的。相反，在这些不同的情况下，那个与我的感受不同、也不能体会我的情绪的人，不可避免地会非难我的情感，这是因为他的感情同我的感情不一致。如果我的仇恨超过了朋友相应能有的义愤，如果我的悲伤超过了朋友们所能表示的最亲切的体恤之情，如果我对他的赞美太高或者太低以致同他本人不相吻合，如果当他仅仅微笑时我却放声大笑，或者相反，当他放声大笑时我却仅仅微笑；在所有这些场合，一旦他在对客观对象的研究中开始注意到我是如何受此影响的，就必然会按照我们感情之间的或多或少的差别，对我产生或多或少的不满：在上述所有场合，他自己的情感就是用来判断我的情感的标准和尺度。

赞同别人的意见就是采纳它们，采纳它们就是赞同它们。如果同样的论点使你信服也使我信服，我自然赞同你的说理；如果不是这样，我自然不会对此表示赞同；我也不能想象自己会赞同你的意见而不接受它。因此，人们都承认，是否赞同别人的意见不过是说它们同自己的意见是否一致。就我们对别人的情感或激情是否赞同而言，情况也是这样。

确实，在一些场合，我们似乎表示赞同而没有任何同情或一致的情感；因而，在这些场合，赞同的情感似乎与这种一致的感觉有所不同。然而稍加注意，我们就将相信，即使在这些场合，我们的赞同最终也是建立在同情或这种一致的基础上的。我将从极其普通的事情中举出一个例子，因为在这些事情中人们的判断不大容易为错误的体系所曲解。我们经常会对一个笑话表示赞同，并且认为同伴的笑声十分正确而又合宜，虽然我们自己没有笑，因为或许我们是处在悲伤的情绪之中，或许注意力恰好为其他事物所吸引。可是，我们根据经验知道，什么样的笑话能在大多数场合令人发笑，并知道它属于哪一类。虽然就当时的心情来说，我们不可能轻易地对此表示谅解，但是由于我们感到在大多数场合自己会由衷地同大家一样发笑，所以我们赞同同伴的笑声，感到这种笑声对于客观对象来说是自然的和相称的。

对其他一切激情来说，同样的情况也经常会发生。在街上，一个陌生人带着极为苦恼的表情从我们身边走过；并且我们马上知道他刚刚得到父亲去世的消息。在这种情况下，我们不可能不赞成他的悲痛。然而也经常会发生这样的情况，即：我们并不缺乏人性，可是我们非但不能体谅他这种强烈的悲痛，而且几乎不能想象对他表示最起码的一点点关心。我们也许根本不认识他和他的父亲，或者正忙于其他事务，没有时间用我们的想象力描述必然使他感到忧伤的各种情况。可是，根据经验，我们了解这种不幸必然会使他如此悲痛，而且我们知道，如果我们花时间充分地在各个方面考虑他的处境，我们就会毫无疑问地向他表示最深切的同情。正是在意识到这种有条件的同情的基础上，我们才赞同他的悲痛。即使在并未实际发生那种同情的那些场合也是如此；在这里，一如在其他许多场合，从我们的情感通常同它一致的我们以前的经验中得到的一般规则，会纠正我们当时不合宜的情绪。

产生各种行为和决定全部善恶的内心情感或感情，可以从两个不同的方面或两种不同的关系来研究：首先，可以从它同产生它的原因，或同引起它的动机之间的关系来研究；其次，可以从它同它意欲产生的结果，或同它往往产生的结果之间的关系来研究。

这种感情相对于激起它的原因或对象来说是否恰当，是否相称，决定了相应的行为是否合宜，是庄重有礼还是粗野鄙俗。

这种感情意欲产生或往往产生的结果的有益或有害的性质，决定了它所引起的行为的功过得失，并决定它是值得报答，还是应该受到惩罚。

近年来，哲学家们主要考察了感情的意向，很少注意到感情同激起它们的原因之间的关系。可是，在日常生活中，当我们判断某人的行为和导致这种行为的情感时，往往是从上述两个方面来考虑的。当我们责备别人过分的爱、悲伤和愤恨时，我们不仅考虑它们往往产生的破坏性后果，而且还考虑激起它们的那些微小原因。或许，他所喜爱的人并非如此伟大，他的不幸并非如此可怕，惹他生气的事并非如此严重，以致能证明某种激情如此强烈是有道理的。但假如引起某种激情的原因从各方面来说与它都是相称的，我们就会迁就或可能赞同他的激烈情绪。

当我们以这种方式，来判断任何感情与激起它们的原因是否相称的时候，除了它们和我们自己的一致的感情之外，几乎不可能利用其他的规则或标准。如果我们设身处地地想一想，就会发现它所引起的情感同我们的情感吻合一致，由于同激起它们的客观对象相符相称，我们就自然赞同这些感情；反之，由于过分和不相称，我们就自然不会对此表示赞成。

一个人的各种官能是用来判断他人相同官能的尺度。我用我的视觉来判断你的视觉,用我的听觉来判断你的听觉,用我的理智来判断你的理智,用我的愤恨来判断你的愤恨,用我的爱来判断你的爱。我没有、也不可能有任何其他的方法来判断它们。

第四章 续前章

在两种不同的场合,我们可以通过别人的情感同我们自己的情感是否一致来判断它们是否合宜;一是当激起情感的客观对象被认为与我们自己或我们判断其情感的人没有任何特殊关系时;二是当它们被认为对我们当中的某个人有特殊影响时。

1. 关于那些被认为与我们自己或我们判断其情感的人没有任何特殊关系客观对象;当对方的情感无论何处都跟我们自己的情感完全一致时,我们就认为他是一个品性风雅,鉴赏力良好的人。美丽的田野,雄伟的山峰,建筑物的装饰,图画的表达方式,论文的结构,第三者的行为,各种数量和数字的比例,宇宙这架大机器以它神秘的齿轮和弹簧不断产生不断展现出来的种种现象;所有这些科学和鉴赏方面的一般题材,都是我们和同伴认为跟谁都没有特殊关系的客观对象。我们会以相同的观点来观察它们,并且没有必要为了同有关的客观对象达到感情和情感上最完美的一致而对它们表示同情,或者想象由此引起的情况的变化。尽管如此,我们还是常常会受到不同的影响,这要么是我们不同的生活习惯使自己容易对复杂客观对象的各个部分给予不同程度的注意造成的,或者是我们的智能对这些客观对象具有不同程度的天赋敏锐感造成的。

当同伴对这类对象的情感和我们对它们的情感明显和容易一致，以及对此我们或许从来没有发现过某个人会和我们不同时，毫无疑问，虽然我们必然会赞同他，然而他似乎不应该因此而得到赞扬和钦佩。但是当他们的情感不仅同我们的感情一致，而且引导我们的情感时，当他在形成感情时似乎注意到我们所忽略的许多事情，并且面对着这些客观对象的各种情况调整了自己的感情时，我们就不仅会表示赞同，而且会对其不寻常和出乎意料的敏锐和悟性感到惊讶和奇怪，他由此似乎应该得到高度的钦佩和称赞。这种为惊讶和奇怪所加深的赞许，构成了宜于称做钦佩的情感，对这种情感来说，称赞是其自然的表达方式。一个人断定如花的美人比最难看的畸形者好看，或者二加二等于四，当然会为世人所赞同，但肯定不会令人钦佩。只是那种具有欣赏力的人的敏锐和精确的鉴别能力——他们能识别美人和畸形者之间那种几乎察觉不到的细微差异；只是那种熟练的数学家多方面的精确性——他们能轻易地解答最错综复杂和纠缠不清的数学比例；只是那些科学和鉴赏方面的泰斗——他们引导着我们的感情，他们广博和卓越的才能使我们惊讶得瞠目结舌，只有他们才激起我们的钦佩，看来应该得到我们的称赞；我们对所谓明智睿见的赞扬，很大一部分就是建立在这一基础之上。

有人认为，这些才能的有用性，是最先赢得我们称赞的东西；毫无疑问，当我们注意到这一点时，会赋予这些才能以一种新的价值。可是，起初我们赞成别人的判断，并不是因为它有用，而是因为其恰当正确、符合真理和实际情况；很显然，我们认为别人的判断富有才能不是因为其他理由，而是因为我们发现自己的判断跟它是一致的。同样,起初鉴赏力表示赞同,也不是因为其有用,而是因为其恰当和精确,同鉴赏的对象正好相称。有关这一切才能的有用性概念,显然是一种事后的想法,而不是最先赢得我们称赞的那些东西。

2. 关于以某种特殊方式影响我们或我们判断其情感的人的那些客观现象,要保持这种和谐一致就既很困难,同时又极为重要。对于落在我身上的不幸或伤害,我的同伴自然不会用同我用来看待它们的一样的观点来对待它们。它们对我的影响更为密切。我们不是站在同观察一幅画、一首诗或者一个哲学体系时所站的一样的位置来观察它们,因此我们容易受到极其不同的影响。但是,我多半会宽容自己的同伴对于同我和他都无关的一般客观对象所具有的情感同我的情感不一致,而不大会宽容自己的同伴对于像落在我身上的不幸或伤害那样的同我关系密切的事物所具有的情感同我的情感不一致。虽然你看不起我所赞赏的那幅画、那首诗,甚或那个哲学体系,但是我们为此而发生争论的危险却很小。我们中间没有人会合乎情理地过多关心它。它们跟我们中间的随便哪一个人都无关紧要;所以,虽然我们的观点也许相反,但是我们的感情仍然可以非常接近。而就你我都受到特殊影响的那些客观对象而言,情况就大不相同了。尽管你的判断就思辨来说,你的情感就爱好来说同我完全相反,我仍然很可能宽容这些对立;并且如果我有心调和,还可以在你的谈话中甚至在这些题材上找到一些乐趣。但是,如果你对我遭到的不幸既不表示同情也不分担一部分使我发狂的悲伤;或者你对我所蒙受的伤害既不表示义愤也不分担一部分使我极度激动的愤恨,我们就不能再就这些题材进行交谈。我们不能再互相容忍。我既不会支持你的同伴,你也不会支持我的同伴。你对我的狂热和激情会感到讨厌,我对你的冷漠寡情也会发怒。

在所有这种情况下,旁观者与当事人之间可能存在着某些一致的情感。首先,旁观者必定会尽可能努力把自己置于对方的处境之中,设身处地地考虑可能使受害者感到苦恼的每一种细小情况。他会全部接受同伴的包括一切细节在内的事实;力求完善地描述他的同情赖以产生的那种想象中变化了的处境。

然而作了这样的努力之后,旁观者的情绪仍然不易达到受难者所感受的激烈程度。虽然人类天生具有同情心,但是他从来不会为了落在别人头上的痛苦而去设想那必然使当事人激动的激情程度。那种使旁观者产生同情的处境变化的想象只是暂时的。认为自己是安全的,不是真正的受难者的想法,硬是频繁地在他脑海里出现。虽然这不至于妨碍他们想象跟受难者的感受多少有些相似的激情,但是妨碍他们想象跟受难者的感情激烈程度相近的任何情况。当事人意识到这一点,但还是急切地想要得到一种更充分的同情。他渴望除了旁观者跟他的感情完全一致之外所无法提供的那种宽慰。看到旁观者内心的情绪在各方面都同自己内心的情绪相符,是他在这种剧烈而又令人不快的激情中可以得到的唯一安慰。但是,他只有把自己的激情降低到旁观者能够接受的程度才有希望得到这种安慰。如果我可以这样说,他必须抑制那不加掩饰的尖锐语调,以期同周围人们的情绪保持和谐一致。确实,旁观者的感受与受难者的感受在某些方面总会有所不同,对于悲伤的同情与悲伤本身从来不会全然相同;因为旁观者会隐隐意识到，同情感由以产生的处境变化只是一种想象，这不仅在程度上会降低同情感，而且在一定程度上也会在性质上改变同情感，使它成为完全不同的一种样子。但是很显然，这两种情感相互之间可以保持某种对社会的和谐来说足够的一致。虽然它们决不会完全协调，但是它们可以和谐一致，这就是全部需要或要求之所在。

为了产生这种一致的情感，如同天性教导旁观者去设想当事人的各种境况一样，天性也教导后者在一定程度上去设想旁观者的各种境况。如同旁观者不断地把自己放在当事人的处境之中，由此想象同后者所感受到的相似的情绪那样，当事人也经常把自己放在旁观者的处境之中，由此相当冷静地想象自己的命运，感到旁观者也会如此看待他的命运。如同旁观者经常考虑如果自己是实际受难者会有什么感觉那样，后者也经常设想如果自己是他处境唯一的旁观者的话，他会如何被感动。如同旁观者的同情使他们在一定程度上用当事人的眼光去观察对方的处境那样，当事人的同情也使他在一定程度上用旁观者的眼光去观察自己的处境，特别是在旁观者面前和在他们的注视下有所行动时更是这样；并且，因为他作了这样的设想以后，其激情比原来的激情大为减弱，所以在他面对旁观者之后，在他开始想到他们将如何被感动并以公正而无偏见的眼光看待他的处境之后，他所感觉的激烈程度必然会降低。

因此，不管当事人的心情如何被人扰乱，某个朋友的陪伴会使他恢复几分安宁和镇静。一同他见面，我们的心就会在一定程度上平息和安静下来。同情的效果是瞬息发生的；所以我们会立即想到他将用来观察我们处境的那种眼光，并开始用相同的眼光来观察自己的处境。我们并不期望从一个泛泛之交那里得到比朋友更多的同情；我们也不能向前者揭示能向后者诉说的所有那些详细情况；因此，我们在他的面前显得非常镇静，并且倾注心力于那些他愿意考虑的有关我们处境的概要说明。我们更不期望从一伙陌生人那里得到更多的同情，因此我们在他们面前显得更为镇静，并且总是极力把自己的激情降低到在这种特殊的交往之中可以期待赞同的程度。这也不仅仅是一种装出来的样子；因为如果我们能在各方面控制自己，则一个点头之交在场确实比一个朋友在场更能使我们平静下来，一伙陌生人在场确实比一个熟人在场更能使我们平静下来。

因此不管什么时候，如果心情不幸失去控制的话，那么交际和谈话是恢复平静的最有效的药物；同样也是宁静、愉快心情最好的保护剂，宁静的心情对自足和享受来说是不可或缺的。隐居和好深思的人，常在家中郁闷地想自己的悲伤事或生气事，虽然他们较为仁慈、宽宏大量并具有高尚的荣誉感，但却很少具有世人所常有的那种平静心情。

第五章　论和蔼可亲和令人尊敬的美德

在这两种不同的努力，即旁观者努力体谅当事人的情感和当事人努力把自己的情绪降低到旁观者所能赞同的程度这样两个基础上，确立了两种不同的美德。在前一种努力的基础上，确立了温柔、有礼、和蔼可亲的美德，确立了公正、谦让和宽容仁慈的美德；而崇高、庄重、令人尊敬的美德，自我克制、自我控制和控制各种激情——它们使我们出乎本性的一切活动服从于自己的尊严、荣誉和我们的行为所需的规矩——的美德，则产生于后一种努力之中。

旁观者的同情心似乎反映出他对同自己交往的那些人的全部情感，他为他们的灾难感到悲伤，为他们受到的伤害表示不平，为他们的好运感到高兴，他看来是何等和蔼可亲啊！如果我们设身处地地想一下他的同伴们的处境，我们就会同情他们对他的感激，并体会他们从一个如此充满深情的朋友的亲切同情中肯定会得到的那种安慰。并且，由于相反的原因，其冷酷无情的心只是同情自己，而对别人的幸福或不幸无动于衷的人，看来又是多么令人厌恶啊！在这种场合，我们也体谅他的态度在同他交往的每一个普通人身上所引起的痛苦，特别是在我们最容易同情的那些不幸者和受害者身上所引起的痛苦。

另一方面，我们从那些在自己的处境中尽力做到心境平静和自制——这构成了一切激情的尊严并使自己的激情降低到别人能够体谅的程度——的人的行为中，可以感到多么高尚的礼貌和情理啊！我们厌恶那喧扰不已的悲痛——它缺乏细腻之情，用叹息、眼泪和讨厌的恸哭来要求我们给予同情。但是我们对有节制的悲哀、那种无声而恢弘的悲痛却表示敬意，这种悲痛只是在红肿的眼睛、颤抖的嘴唇和脸颊以及隐约的但是感人的全部行为的冷漠中才能发现。它使我们同样地沉默。我们对它表示敬意，抱着不安的心情注意我们的一切行为，唯恐我们不得体的举止扰乱这种和谐的宁静——它需要作出巨大的努力来保持。

同样，蛮横无理和狂暴的愤怒，在我们听任猛烈的怒火无休止地发作时，是最令人讨厌的客观对象。但是我们钦佩那种高尚和大度的憎恨，它不是按照受害者心中容易激起的狂怒，而是根据公正的旁观者心中自然引起的义愤来抑制随着最大伤害而来的愤恨；这种高尚和大度的憎恨不允许言语、举止超出这很合乎情理的情感所支配的程度；甚至在思想上，也既不图谋进行比每个普通人乐见其实现的那种报复更大的任何报复，又不想施加比每个普通人乐见其实现的那种惩罚更重的任何惩罚。

因此，正是这种多同情别人和少同情自己的感情，正是这种抑制自私和乐善好施的感情，构成尽善尽美的人性；唯有这样才能使人与人之间的情感和激情协调一致，在这中间存在着人类的全部情理和礼貌。如同像爱自己那样爱邻居是基督教的主要教规一样，仅仅像爱邻居那样爱自己，或者换一种结果相同的说法，仅仅像邻居能爱我们那样爱自己，也成了自然的主要戒律。

如同鉴赏力和良好的判断力，当它们被认为是那种应加赞扬和钦佩的品质时，应该是指一种不常遇到的细腻感情和锐利的洞察力那样，情感和自我控制的美德也不被理解为存在于一般的品质之中，而是存在于那些绝非寻常的品质之中。仁爱这种和蔼可亲的美德确实需要一种远比粗俗的人所具有的优越的情感。宽宏大量这种崇高的美德，毫无疑问需要更高程度的自我控制，它远非凡人的菲薄力量所能做到。一如平常的智力之中无才智可言，普通的品德中也无美德可言。美德是卓越的、绝非寻常的高尚美好的品德，远远高于世俗的、一般的品德。和蔼可亲的美德存在于一定程度的情感之中，它以其高雅、出人意料的敏感和亲切而令人吃惊。令人敬畏和可尊敬的美德存在于一定程度的自我控制之中，它以其使人惊异地优越于人类天性中最难抑制的激情而令人吃惊。

在这一方面，在那些应该得到钦佩和赞颂的品行和那些只应该得到赞同的品行之间，存在着很大的差别。在许多场合，最完美合宜的行为，只需要具备大部分凡夫俗子所具有的普通程度的情感或自我控制就行了，有时甚至连这种程度的自我控制也不是必要的。举一个非常粗俗的例子，例如，在普通场合，当我们饥饿的时候吃东西当然是完全正当和合宜的。因此，每个人都会表示赞同。然而说吃东西就是德行，却是再荒唐不过的了。

相反，在那些并不是最合适的行为中往往会存在一种值得注意的美德；因为这些行为在一些场合可能比人们所能合理地期望的更加接近于尽善尽美，在这些场合，要达到尽善尽美是极其困难的；在需要竭尽全力进行自我控制的那些场合，就常出现这种情况。有些情况对人类的天性发生的影响如此剧烈，以致像这样不完善的生灵所有的最大程度的自我控制，不能完全抑制人类虚弱的叫声，不能把强烈的激情降低到公正的旁观者完全可能体谅它们的适当程度。因此，在这种情况下，受难者的行为虽然不是完全合宜，但仍然可以得到一些称赞，甚至在一定意义上可以称作有道德的行为。这些行为还可以表明大部分人所不能做到的宽大和高尚的努力；虽然它未达到尽善尽美，但是同在这种困难场合通常可以看到或可以预料的行为相比，仍然大大接近于尽善尽美。

在这种情况下，当我们决定对某一行为进行责备或称赞的程度时，经常会运用两个不同的标准。第一是关于完全合宜和尽善尽美的概念。在那些困难情况下，人类的行为从来不曾，或不可能达到完全合宜和尽善尽美；人们的行为同它们相比，总是显得应该受到责备和不完美的。第二是关于同这种尽善尽美接近的程度或相距多远的概念，这是大部分人的行为通常达到的标准。无论什么行为超过了这个标准，不管它同尽善尽美相距多远，似乎都应该得到称赞；无论什么行为达不到这个标准，就应该受到责备。

我们还以同样的方式来判断所有那些致力于想象的艺术作品。当一个批评家研究大师们的诗歌和绘画等作品时，有时可以在自己心中运用这一作品和其他作品从未达到过的尽善尽美这一概念作为标准来加以考察；并且，只要他用这个标准来同大师的作品相比，他就除了缺点和不完美之外什么也看不到。但是，如果他开始考虑这位大师的作品在其他性质相同的作品中应占的地位，他就必然会把它同一个非常不同的标准，即这一特殊艺术中通常达到的一般优秀程度相比；而当他运用这个新的尺度来判断它时，因为它同大部分可以与之媲美的作品相比更显得接近于尽善尽美，所以常常应该得到最高的赞赏。

第二篇　论各种不同的适宜的激情程度

引　言

显然，同我们有特殊联系的客观对象所激发的每一种激情的合宜性，即旁观者能够赞同的强度，必定存在于某种适中程度之内。如果激情过分强烈，或者过分低落，旁观者就不会加以体谅。例如，个人的不幸或受到的伤害所引起的悲伤和愤恨容易变得过分强烈，并且大多数人都是如此。同样，它们也可以过分低落，虽然这种情况较少发生。我们把这种过分的激情称为软弱和暴怒，而把过分低落的激情叫做迟钝、麻木不仁和感情贫乏。除了见到它们时感到惊讶和茫然失措之外，我们都不能加以体谅。

然而，这种蕴涵着有关合宜性观点的适中程度因各种不同激情而各不相同。它在某些激情之中显得强烈，而在另一些激情之中显得低落。有些感情不宜强烈地表现出来，即使在公认为我们不可避免地会极为强烈地感受到它们的场合也是如此。另外有些极其强烈地表现出来的激情，或许即使其本身并不一定达到如此强烈的程度，在许多场合仍然是极其合乎情理的。前一种激情因某种理由而很少得到或得不到同情;后一种激情因另一种理由却得到最大的同情。如果考察人性中所有的各种激情,我们将发现人们把各种激情看作是合宜或不合宜的,完全是同他们意欲对这些激情表示或多或少的同情成比例的。

第一章　论从肉体产生的各种激情

1. 对于因肉体的某种处境或意向而产生的各种激情,作任何强烈的表示,都是不适当的,因为同伴们并不具有相同的意向,不能指望他们对这些激情表示同情。例如,强烈的食欲,虽然在许多场合不仅是自然的,而且是不可避免的,但总是不适当的;暴食通常被看作是一种不良的习惯。然而,对于食欲甚至也存在某种程度的同情。看到同伴们胃口很好地吃东西会感到愉快,而所有厌恶的表示都是令人生气的。一个健康人所习惯的肉体的意向,使得他的胃口很容易——如果允许我这样粗俗地表达的话——同某一个人保持一致而同另一个人却不一致。当我们在一本关于围困的日记或一本航海日记中,读到对极度饥饿的描写时,我们会对由此引起的痛苦产生同情。我们设想自己身处受难者的环境之中,从而很容易想象必然使他们痛苦的忧伤、害怕和惊恐。我们自己在一定程度上也感受到这些激情,因此产生同情;但是即使在这种场合,由于我们阅读这种描写时并没有真的感到饥饿,就不能合宜地被说成是对他们的饥饿表示同情。

造物主使得两性结合起来的情欲也是如此。虽然这是天生最炽热的激情,但是它在任何场合都强烈地表现出来却是不适当的,即使是在人和神的一切法律都认为尽情放纵是绝对无罪的两个人之间也是如此。然而,对于这种激情,人们似乎还会产生某种程度的同情。像跟男人交谈那样去和女人谈话是不合宜的;人们希望和她们交往会使我们更加高兴,更加愉快,并且更加彬彬有礼;而对女性冷漠无情,则使人在一定程度上变得可鄙,甚至对男人来说也是如此。

这就是我们对肉体所产生的各种欲望所抱有的反感;对这些欲望的一切强烈的表示都是令人恶心和讨厌的。据一些古代哲学家说,这些是我们和野兽共有的激情,由于它们和人类天性中独特的品质没有联系,因而有损于人类的尊严。但是还有许多我们和野兽共有的其他激情,诸如愤恨、天然的感情,甚至感激之情,却不因此而显得如此令人难受。我们在看到别人肉体的欲望时感到特别厌恶的真实原因,在于我们不能对此表示谅解。至于自己感受到这些欲望的人,一俟这种欲望得到了满足,他对激起它们的客观对象就不再欣然赞同了,甚至它的出现常常会使他感到讨厌;他徒劳地到处寻找刚才还使他欣喜若狂的魅力,现在他可能会像别人一样对自己的激情毫不同情。我们吃过饭以后,就会吩咐撤去餐具;我们会以同样的方式对待激起最炽烈、最旺盛欲望的客观对象,如果它们正是肉体所产生的那些欲望的客观对象的话。

人们恰如其分地称为节制的美德存在于对那些肉体欲望的控制之中。把这些欲望约束在健康和财产所规定的范围内,是审慎的职责。但是把它们限制在情理、礼貌、体贴和谦逊所需要的界限内,却是节制的功能。

2. 正是由于同样的理由,肉体的疼痛无论怎样不可忍受,大叫大喊总是显得缺乏男子气概和有失体面。然而,即使肉体的疼痛,也会引起深刻的同情。如前所述,当我看到有人要猛击一下他人的腿或手臂时,我会自然而然地蜷缩和收回自己的腿或手臂;当这一击真的落下时,我在一定程度上也感受到这一击,并像受难者一样因此受到伤害。可是,我所受到的伤害毫无疑问是极其轻微的,因此,如果他大喊大叫的话,由于我不能体谅他,我肯定会看不起他。从肉体产生的一切激情都是这样:不是丝毫不能激起同情,就是激起这样一种程度的同情,它同受难者所感受到的剧烈程度完全不成比例。

对那些从想象中产生的感情来说,则完全是另外一种情况。我的身躯只可能因我同伴身上发生的变化而受到轻微的影响;但是我的想象却很容易适应,如果可以这样说的话,我很容易设身处地地设想我所熟悉的人们的形形色色的想象。由于这一原因,失恋或雄心未酬同最大的肉体不幸相比可以引起更多的同情。那些激情全部产生于想象之中。那个倾家荡产的人,如果他很健康,就不会感到肉体上的痛苦。他所感到的痛苦只是从想象中产生的,这种想象向他描述了很快袭来的尊严的丧失,朋友的怠慢,敌人的蔑视,从属依赖、贫困匮乏和悲惨处境等等;我们由此对他产生更加强烈的同情,因为同我们的肉体因对方肉体上的不幸而可能受到的影响相比,我们的想象也许更容易因对方的想象而受到影响。

失去一条腿同失去一个情人相比,通常会被认为是一种更为真实的灾难。但是,以前一种损失为结局的悲剧却是荒唐的。后一种不幸,不论它可能显得怎样微不足道,却构成了许多出色的悲剧。

没有什么东西会像疼痛那样很快被人忘掉。它一经消失，全部痛苦也就随之而去，就是想到它也不再给我们带来任何不快。这样，我们就不能理解先前怀有的忧虑和痛苦。一个朋友不经意说出的一句话会使我们久久不自在。由此造成的痛苦绝不因这句话的结束而消失。最先使我们心烦的不是感觉的对象，而是想象的概念。由于引起我们不自在的是概念，所以直到时间和其他偶然的事情在某种程度上把它从我们的记忆中抹去为止，因想到它而产生的想象将持续不断地使我们烦恼和忧虑。

疼痛如果不带有危险，就绝不会引起极其强烈的同情。虽然我们对受难者的痛苦不表示同情，但是对他的害怕却表示同情。然而，害怕是一种完全来自想象的激情，这种想象以一种增加我们忧虑的变化无常和捉摸不定的方式，展现我们并未真正地感受到，而今后有可能体验到的东西。痛风或者牙痛，虽然疼痛异常，却得不到多少同情；很危险的疾病，虽然没有什么疼痛，却引起最深切的同情。

有些人一看到外科手术就会昏晕和恶心呕吐；而且划破肌肉所引起的肉体疼痛似乎会在他们中间激起最强烈的同情。我们想象产生于外部原因的痛苦，比我们想象来自内部身心失调的痛苦更为生动和明确。当邻居为痛风或胆结石所折磨时，我几乎不能够形成有关他的痛苦的概念；但是我非常清楚地知道他因一次剖腹手术、一个伤口或者一处骨折而必然遭受的痛苦。然而，这些客观对象对我们产生如此强烈的影响，其主要原因就是我们对它们具有新奇感。一个曾目睹十来次解剖和同样多次截肢手术的人，以后看到这类手术就不当一回事，甚至常常无动于衷。我们即使读过或者看过不下五百个悲剧，对于它们向我们展示的客观对象的感受，也不会减退到如此彻底的程度。

一些希腊悲剧企图通过表现肉体上的巨大痛苦来引起同情。菲罗克忒忒斯[1]因遭受极大痛苦而大声叫喊并昏厥过去，希波吕托斯[2]和海格立斯[3]都是在最严重的折磨下行将断气时出现在我们面前的，这种折磨似乎连刚毅的海格立斯也难以忍受。可是，在所有这些情况下，吸引我们的不是疼痛而是其他一些事实。合乎想象的不是菲罗克忒忒斯疼痛的双脚，而是使我们受到感染并弥漫于令人着迷的悲剧、弥漫于罗曼蒂克荒野的孤寂。海格立斯和希波吕托斯的极度痛苦之所以吸引人，仅仅是因为我们预见到死亡是他们的结局。如果那些英雄重新复活，我们就会认为其受苦的表现非常荒唐。以一次绞痛的痛苦为主题的悲剧算是什么悲剧啊！痛苦并不会因此而更为剧烈。通过表现肉体痛苦来引起同情的这种企图，可以看作对希腊戏剧已经作出榜样的合宜性的严重违反。

我们对肉体的痛苦并不感到同情，是忍受痛苦时坚忍和忍耐克制的合宜性的基础。受到极其严重的折磨的人，毫无软弱的表现，不发出呻吟声，不发泄我们完全不能体谅的激情，这样的人得到我们高度的钦佩。他的坚定使其同我们的冷漠和无动于衷协调一致。我们钦佩并完全赞同他为此目的所作的高尚努力。我们赞成他的行为，并且根据自己对人类天性中的共同弱点的体会，对此

---

〔1〕 菲罗克忒忒斯，希腊神话中的人物，是英雄赫刺克勒斯的朋友。

〔2〕 希波吕托斯，希腊神话中的人物，死于其父的诅咒。

〔3〕 海格立斯，希腊神话中的大力士。

感到惊奇，不知他何以能如此行动以致博得人们的赞赏。惊奇和叹服混合并激发出来的赞赏，构成了人们合宜地称为钦佩的情感，如前所述，赞扬是钦佩的自然表达方式。

第二章 论由于想象的某种特殊倾向或习惯而产生的那些激情

甚至从想象产生的各种激情，即产生于某种特殊倾向或习惯的激情，虽然可以被认为是完全自然的，但也几乎得不到同情。人类的想象，不具备特殊的倾向，是不可能体谅它们的；这种激情，虽然在一部分生活中几乎是不可避免的，但总有几分是可笑的。两性之间长期的倾心爱慕自然而然地产生的那种强烈的依恋之情，就属于这种情况。我们的想象没有按那位情人的思路发展，所以不能体谅他的急切心情。如果我们的朋友受到伤害，我们就容易同情他的愤恨，并对他所愤怒的人产生愤怒。如果他得到某种恩惠，我们就容易体谅他的感激之情，并充分意识到他恩人的优点。但是，如果他堕入情网，虽然我们可以认为他的激情正如任何一种激情一样合理，但绝不认为自己一定要怀有这种激情，也不会为他对其怀有过这种激情的同一个人这样做。除了感到这种激情的人以外，对每一个人来说，它同客观对象的价值似乎完全不成比例；爱情虽然在一定的年龄是可原谅的，因为我们知道这是自然的，但总是被人取笑，因为我们不能体谅它。一切真诚而强烈的爱情表示，对第三者来说都显得可笑，虽然某个男人对他的情人来说可能是美好的伴侣，但对其他人来说却不是这样。他自己常意识到这一点；只要他继续保持这种清醒的意识，就会尽力以嘲弄和奚落的方式来对待自己的激情。这是我们愿意听人陈述这种激情的唯一方式，因为我们自己只愿以这种方式谈论它。我们渐渐讨厌考利[1]和佩特拉克[2]的严肃、迂腐而又冗长的爱情诗，它们没完没了地夸张强烈的依恋之情；但奥维德[3]的明快、贺拉斯[4]的豪爽却总是令人喜欢。

但是，虽然我们对这种依恋之情不抱有真正的同情，虽然我们在想象中也从来没有做到对那个情人怀有某种激情，然而由于我们已经或准备设想这种相同的激情，所以我们容易体谅那些从它的喜悦之中滋生出来的对幸福的很大希望，以及担心失恋的极度痛苦。它不是作为一种激情，而是作为产生吸引我们的其他一些激情——希望、害怕以及各种痛苦——的一种处境吸引我们；一如在一本航海日记所作的描述中，吸引我们的不是饥饿，而是饥饿所引起的痛苦。虽然我们没有恰当地体谅情人的依恋之情，但我们却容易赞同他从这种依恋之情中产生的对罗曼蒂克幸福的期待。在一定的境况下，我们感到这种期待对于一个因懒惰而松懈的、因欲望很强烈而疲劳的心灵来说是多么自然，渴望平静和安宁，希望在满足那种扰乱心灵的激情之后找到平静和安宁，并想象一种安静的、隐居的田园生活，即风雅的、温和的和热情的提布卢斯[5]兴

---

〔1〕 考利(1618—1667)，英国诗人。

〔2〕 佩特拉克(1304—1374)，意大利文艺复兴时代的诗人和学者，以写十四行诗著名。

〔3〕 奥维德(公元前43—公元7?)，罗马诗人。

〔4〕 贺拉斯(公元前65—公元前8)，罗马诗人、讽刺家。

〔5〕 提布卢斯(公元前54—公元前18)，罗马诗人。

致勃勃地描述的生活；一种如同诗人们所描写的“幸福岛”中的生活，一种充满友谊、自由和恬静的生活；不受工作、忧虑和随之而来的所有扰乱人心的激情的影响。甚至当这种景象被描绘成所希望的那样而不是所享受的那样时，也会对我们具有极大的吸引力。那种混合着爱情基础或许就是爱情基础的肉体的激情，当它的满足远不可及或尚有一段距离时，就会消失；但是当它被描绘成唾手可得的东西时，又会使所有的人感到讨厌。因此，幸福的激情对我们的吸引力比担心和忧郁的激情对我们的吸引力小得多。我们担忧这种不管怎样自然和令人高兴的希望可能落空；因而体谅情人的一切焦虑、关切和痛苦。

因此，正是在一些现代悲剧和恋爱故事中，这种激情显示出极为惊人的吸引力。在悲剧《孤儿》中扣人心弦的与其说是卡斯塔里埃[1]和莫尼弥埃[2]的爱情，不如说是那种爱情所引起的痛苦。那位通过在一幕非常安全的场景下直陈两人之间的相互爱慕来介绍两位情人的作者，会引起哄笑而不是同情。虽然这种场景竟然载入一幕悲剧之中，多少总是不合宜的，但观众们仍能忍受，这并不是因为对剧中所表现的爱情抱有任何同情，而是因为他们关注自己预见到的随同爱情的满足可能到来的危险和波折。

社会法律强加在女性身上的节制，使得爱情在她们看来更特别痛苦，也正因为这样，它才更为深切动人。我们迷恋于《菲德

〔1〕 卡斯塔里埃，《孤儿》剧中人物（男）。
〔2〕 莫尼弥埃，《孤儿》剧中人物（女）。

拉》[1]的爱情，恰如在同名法国悲剧中表现出来的那样，尽管一切放纵的行为和罪过随之而来。在一定程度上可以说，正是那些放纵的行为和罪过使得爱情受到我们的欢迎。她的恐惧，她的羞涩，她的悔恨，她的憎恶，她的失望，因此而变得更加自然和动人。所有这些由爱情场面引出的次要感情（如果允许我如此称呼它们的话）必然变得更狂热炽烈；确切地说，我们同情的仅仅是这些次要的感情。

然而，在同客观对象的价值极不相称的一切激情中，爱情是唯一显得既优雅又使人愉快的一种激情，甚至对非常软弱的人们来说也是如此。首先，就爱情本身来说，虽然它或许显得可笑，但它并不天然地令人讨厌；虽然其结果经常是不幸的和可怕的，但其目的并不有害。其次，虽然这种激情本身几乎不存在合宜性，但随同爱情产生的那些激情却存在许多合宜性。爱情之中混杂着大量的人道、宽容、仁慈、友谊和尊敬；对所有这些别的激情，我们都抱有强烈的同情，即使我们意识到这些激情有点过分也是如此。其原因如下。我们对它们所感到的同情，使随之而来的爱的激情不会不令人感到愉快，并且尽管许多罪恶随之而来，在我们的想象中还是可以忍受；虽然爱的激情在一方身上必然导致最终的毁灭和声名狼藉，而在另一方那里不会带来致命的损害，但随之而来的几乎总是工作的无能，职责的疏忽，对名誉甚至对普通名声的轻视。尽管如此，被认为同爱的激情一起产生的敏感和宽容的程度，仍使它变成许多人追求虚荣的客

---

〔1〕《菲德拉》，古罗马的塞内加（约公元前4—公元65）所著的一部悲剧。

观对象;而且,他们如果真的感到爱的激情,也喜欢表露出自己能够想到怎么做是不光彩的。

正是由于同样的理由,我们谈论自己的朋友,自己的学习,自己的职业时,必须有一定的节制。所有这些都是我们不能期望以相同于自己的同伴吸引我们的程度来吸引他们的客观对象。并且正是由于缺乏这种节制,人类中的这一半就很难同另一半交往。一个哲学家只能和一个哲学家做伴;某一俱乐部的成员也只能和自己的那一小伙人为伍。

第三章 论不友好的激情

另有一类激情,虽然来自想象,但在我们能够体谅它们之前,或者认为它们是通情达理或合适的之前,总是一定把它们大大降低到未开化的人性可能产生它们的程度。这就是各种不同形式的憎恶和愤恨之情。我们对于所有这类激情的同情,为感觉到这些激情的人和成为这些激情的客观对象的人所分享。这两者的利益是直接对立的。我们对感到这些激情的人所怀有的同情可能唤起自己的希望,对后者的同情可能导致自己担心。由于他们两者都是人,所以我们对两者都表示关心;并且对一方可能遭受痛苦的担心,减弱了对另一方已经遭受痛苦的愤怒。因此,我们对受到挑衅的人的同情,必定达不到他自然激发的激情的地步,不仅是因为那些使所有富于同情的激情低于原来激情的一般原因,而且是因为那个独特的特殊原因,即我们对另外一个人的相反的同情。因此,必须使愤恨所自然达到的程度低于几乎一切其他激情,才能变得合乎情理并使人同意。

同时,人类对于别人所受的伤害具有一种非常强烈的感受能力。我们对悲剧或浪漫文学中的恶徒感到的愤慨,一如我们对其中的英雄感到的同情和喜爱。我们憎恨伊阿古[1],一如我们尊敬奥赛罗[2]。我们对伊阿古受到的惩罚感到的高兴,也一如我们对奥赛罗的不幸感到的悲伤。但是,虽然人类对自己的兄弟所受的伤害抱有如此强烈的同情,他们对这种伤害的愤怒仍往往不会大于受害者对此表示的愤怒。在绝大多数场合,倘若被害者并不显得缺乏勇气,或者他克制的动机不是害怕,那么他越是忍耐,越是温和,越是人道,人们对伤害他的那个人的愤怒也就越强烈。被害者温和可亲的品质加剧了人们对残忍的伤害的感觉。

然而,这些激情被看成是人类天性中不可缺少的组成部分。一个温顺地忍受和顺从侮辱,既不想抵制也不图报复的人,会被人看不起。我们不能够体谅他的冷漠和迟钝,把他的行为称为精神萎靡,并且如同被他敌手的侮辱激怒一样,真的被这种行为激怒。即使一般群众看到某人甘心忍受侮辱和虐待,也会对此感到愤怒。他们希望看到对这种侮辱的愤恨,希望看到受害者对此表示愤恨。他们向他大声叫喊要他自卫或向对方复仇。如果他的愤怒终于激发出来,他们就会热忱地向他欢呼,并对此表示同情。他的愤怒激起他们对他的敌人的愤怒,他们欣喜地看到轮到受害者来攻击他的敌人,并且倘若这种复仇并不过火,他们就像自己受到这种伤害

〔1〕 伊阿古,莎士比亚的悲剧《奥赛罗》中的反面人物。

〔2〕 奥赛罗,莎士比亚的悲剧《奥赛罗》中的男主角。

一样，真正地为受害者的复仇感到高兴。

但是，虽然人们承认那些激情对个人的作用具有侮辱和伤害自己的危险；虽然这些激情对公众的作用像后面要说明的那样，同保护正义以及实施平等一样，并不是不大重要的；但这些激情本身仍然存在一些令人不快的东西，这种东西使它们在另外一些人身上的表现成为我们嫌恶的自然对象。对任何人表示的愤怒，如果超出了我们所感到的受虐待程度，那就不仅被看作是对那个人的一种侮辱，而且被看成是对所有同伴的粗暴无礼。对同伴们的尊敬，应该使我们有所克制，从而不为一种狂暴而令人生厌的情绪所左右。这就是这些令人愉快的激情的间接效果；直接效果就是对它们所针对的那个人的伤害。但是对（人们的）想象来说，使各种客观对象变得令人愉快或者不快的是直接效果而不是间接效果。对公众来说，一座监狱肯定比一座宫殿更为有用，监狱的创建人通常受一种比宫殿的创建人更为正确的爱国精神指导。但是，一座监狱的直接效果——监禁不幸的人——是令人不快的；并且想象要么不为探索间接效果而耗费精力，要么认为它们距离太远而不受其影响。因此，一座监狱将总是一个令人不快的客观对象；它越是适合预期的目的，就越是如此。相反，一座宫殿总是令人愉快的；可是它的间接效果可能常常不利于公众。它可能助长奢侈豪华，并树立腐朽的生活方式的榜样。然而，它的直接效果——住在里面的人所享受的舒适、欢乐和华丽都是令人愉快的，并使人们产生无数美好的想法，那种想象力通常都以这些直接效果为依据，因而很少再深入探究一座宫殿所具有的更为长远的后果。以油漆或粉泥仿制的乐器或农具等纪念品，成为我们大厅和餐厅中一种常见和令人愉快的装饰品。由外科手术器械、解剖刀、截肢刀组成，由截骨用的锯子、钻孔用的器械等组成的同样一种纪念品，则可能是荒诞而又令人震惊的。可是，外科手术器械总是比农具擦得更为铮亮，并且通常比农具更好地适用于其预期的目的。它们的间接效果——病人的健康——也是令人愉快的；但由于它们的直接效果是疼痛和受苦，所以见到它们，总使我们感到不快。武器是令人愉快的，虽然它们的直接效果似乎是同样疼痛和受苦。然而这是我们敌人的疼痛和痛苦，对此我们毫不表示同情。对我们来说，武器直接同有关勇敢、胜利和光荣的令人愉快的想法相联系。因此，它们本身就被设想成服装中最精华的部分，它们的仿制品就被设想成建筑物上最华丽的一部分装饰品。人的思想品质也是如此。古代斯多葛哲学的信奉者认为：由于世界被一个无所不知、无所不能和心地善良的神全面地统治着，每一单独的事物都应看作宇宙安排中的一个必需部分，并且有助于促进整体的总的秩序和幸福；因此，人类的罪恶和愚蠢，像他们的智慧或美德一样，成为这个安排中的一个必需部分，并且通过从邪恶中引出善良的那种永恒的技艺，使其同样有助于伟大的自然体系的繁荣和完美。不过，无论这种推测可能怎样深入人心，也不能够抵消我们对罪恶的出乎本性的憎恨——罪恶的直接效果是如此有害，而它的间接效果则相距太远以致无法以人们的想象力来探索。

我们正在研究的这些激情也存在相同的情况。它们的直接效果是如此令人不快，以致当它们极其正当地激发出来时，仍然使我们感到有点讨厌。因此，如前所述，正是这些激情的表现，在我们得知激起它们的原因以前，使我们不愿意也不打算同情它们。当我们在远处听到痛苦的惨叫声时，不会容许自己对发出这种声音的人漠不关心。当这种声音一传到我们耳中，我们就会关切他的命运，并且如果这种情况继续下去，我们几乎会身不由己地飞跑过去帮助他。同样，见到一副笑脸，人们的心情甚至会由忧郁变为欢乐和轻快，从而使人们乐于表示同情，并且分享其所表现的喜悦；人们会感到自己原来那种忧虑、抑郁的心情，顷刻之间豁然开朗和兴奋起来。但是，就仇恨和愤恨的表现来说，情况却全然不同。当我们在远处听到刺耳、狂暴和杂乱的发怒声时，我们既感到恐惧也感到嫌恶。我们不会像向由于疼痛和痛苦而叫喊的人飞跑过去那样，向这种声音奔去。女人和神经脆弱的男人，虽然知道自己不是愤怒的客观对象，也会吓得颤抖不已。不过，他们是由于设身处地地设想才怀有恐惧之情。甚至那些意志坚强的人也感到烦恼；的确，虽然这种烦恼不足以使他们产生害怕情绪，但是足以使他们愤愤不平；因为愤怒是他们设身处地地设想才会感到的一种激情。就仇恨而言，情况也是如此。光是表示怨恨只会使人厌恶作这种表示的人。这两种激情都是我们生来就嫌恶的。它们显示出的那种令人不快和猛烈狂暴的迹象绝不会激起、也绝不会导致我们的同情，反而经常阻碍我们表示同情。悲伤并不比这些激情更为有力地使我们为在其身上见到悲伤之情的那个人所吸引，如果我们不知道这些激情的起因，就会嫌恶和离开他。使人们互相隔阂的那些很粗暴和很不友好的情绪难以感染，很少传递，好像正是天意。

当音乐模仿出悲伤或快乐的调子时，它或者在我们身上现实地激发这些激情，或者至少使得我们处在乐于想象这些激情的心情之中。但是，当音乐模仿出愤怒的音调时，却使我们产生恐惧。快乐、悲伤、热爱、钦佩、忠诚等都是天然地具有音乐性的激情。它们天生的调子都是柔和、清晰和悦耳的；它们自然而然地以被有规则的停顿区别开来的乐段表达出来，并很容易有规则地再现和重复。相反，愤怒的声音，以及与此类似的一切激情的声音，都是刺耳和不和谐的。表现它们的乐段也都不规则，有时很长，有时又很短，并且被不规则的停顿区别开来。因此，音乐很难模仿所有这些激情；而确实模仿这些激情的音乐并不非常令人愉快。整个演奏可以由模仿和善的令人愉快的激情的音乐组成而不会有任何不合宜。要是全部由模仿仇恨和愤恨的音乐组成，就会成为一次古怪的演奏。

如果那些激情使旁观者感到不快，那么对感受到这些激情的人来说也是不愉快的。仇恨和愤怒对高兴愉快的心情极为有害。正是在那些激情的感受之中，存在着某些尖刻的、具有刺激性的和使人震动的东西，存在着某些使人心烦意乱的东西，这些东西全然有害于心灵的平静和安宁——这种平静和安宁对幸福来说是必不可少的，它又凭借感激和热爱这种相反的激情而大为增进。宽宏大量和仁慈的人深感遗憾的不是由于与之相处的人的背信弃义和忘恩负义而受到的损失。无论他们可能损失什么，缺少它通常还是会非常幸福的。最使他们不快的是对自己产生背信弃义和忘恩负义的念头；并且在他们看来，这种念头所引起的不和谐和不愉快的激情，构成了他们所受伤害的主要部分。

为了使愤恨的发泄变得完全令人愉快，为了使旁观者充分同情我们的报复，需要多少条件呢？首先，惹人恼火的事必须很严重，若不在某种程度上表示愤怒，就会受人鄙视。老叫人侮辱。较小的过错最好是不计较；再也没有什么比在每一细小事情上发火的刚愎倔强和吹毛求疵的脾气更为可鄙的了。我们应当根据有关愤恨的合宜性的意念、根据人类期待和要求于我们的意念而愤恨，而不是因为自己感受到那种令人不快的猛烈的激情而愤恨。在人心所能感到的激情中，我们最应怀疑愤恨的正义性，最应根据我们天生的合宜感仔细考虑是否可以放纵愤恨的激情，或最应认真考虑冷静和公正的旁观者会是什么感情。宽宏大量，或者对维持自己的社会地位和尊严的关心，是唯一能使这种令人不快的激情的表现高尚起来的动机。这种动机必然带有我们全部的风度和品行的特征。这种特征必定是朴实、坦白和直爽；有决断而不刚愎自用，气宇轩昂而不失礼；不仅不狂妄和粗俗下流，而且宽宏大量、光明磊落和考虑周到，甚至对触犯我们的人也是如此。简言之，我们全部的风度——用不着费力矫揉造作地表现这种风度——必然表明那种激情并没有泯灭我们的人性；如果我们顺从复仇的意愿，那是出于无奈，出于必要，是由于一再受到严重挑衅。愤恨如果受到这样的约束和限制，甚至可以认为是宽宏大量和高尚的。

第四章　论友好的激情

在大多数场合，就像我们刚才提到的使全部激情变得如此粗鄙和令人不快的一种不一致的同情那样，也存在着另一种与此对立的激情，对这些激情，剧增的同情几乎总是使其变得特别令人愉快和合适。宽宏、人道、善良、怜悯、相互之间的友谊和尊敬，所有友好的和仁慈的感情，当它们在面容或行为中表现出来，甚至是向那些同我们没有特殊关系的人表现出来时，几乎在所有的场合都会博得中立的旁观者的好感。旁观者对感到那些激情的人的同情，同他对成为这些激情对象的人的关心完全一致。作为一个人，他对后者的幸福所产生的兴趣，增加了他对另一个把感情倾注在同一对象身上的人所具有的情感的同情。因此，我们对仁慈的感情总是怀有最强烈的同情倾向。它们在各个方面似乎都使我们感到愉快。我们对感到这种仁慈感情的人和成为这种感情对象的人的满足之情都表示同情。就像成为仇恨和愤恨的对象比一个勇敢的人对敌人的全部暴行可能产生的害怕情绪更令人痛苦那样，在为人所爱的意识中存在的一种满足之情，对一个感觉细致灵敏的人来说，它对幸福比对他希望由此得到的全部好处更为重要。还有什么人比以在朋友之中挑拨离间，并把亲切的友爱转变成人类的仇恨为乐的人更为可恶呢？这种如此令人憎恨的伤害，其可恶之处又在什么地方呢？在于失去如果友谊尚存他们可望得到的微不足道的友爱相助吗？它的罪恶，在于使他们不能享受朋友之间的友谊，在于使他们丧失相互之间的感情，本来双方都由此感到极大的满足；它的罪恶，在于扰乱了他们内心的平静，并且中止了本来存在于他们之间的愉快交往。这些感情，这种平静，这种交往，不仅是和善和敏感的人，而且非常粗俗的平民也会感到对幸福比对可望由此得到的一切微小帮助更为重要。

爱的情感本身对于感受到它的人来说是合乎心意的，它抚慰心灵，似乎有利于维持生命的活动，并且促进人体的健康；它因意识到所爱的对象必然会产生的感激和满足心情而变得更加令人愉快。他们的相互关心使得彼此幸福，而对这种相互关心的同情，又使得他们同其他任何人保持一致。当我们看到一个家庭由于互相之间充满热爱和尊敬，那儿的父母和孩子彼此都是好伴侣，除了一方抱着尊重对方感情的心情，另一方抱着亲切的宽容态度进行的争论之外，没有任何其他的争论；那儿的坦率和溺爱、相互之间善意的玩笑和亲昵表明没有对立的利益使得兄弟不和，也没有任何争宠使得姐妹发生龃龉，那儿的一切都使我们产生平静、欢乐、和睦和满意的想法，这一切会给我们带来什么样的乐趣呢？相反，当我们进入一个冲突争论使得其中一半成员反对另一半成员的家庭；那儿，在不自然的温文尔雅和顺从殷勤之中，猜疑显而易见，而突然的感情发作会泄露出他们相互之间的炽烈的妒忌，这种妒忌每时每刻都会冲破朋友们在场时加在他们身上的一切拘束而突然爆发出来，当我们进入这样一个家庭时，又会如何局促不安呢？

那些和蔼可亲的感情，即使人们认为过分，也绝不使人感到厌恶。甚至在友善和仁慈的弱点中，也有一些令人愉快的东西。过分温柔的母亲和过分迁就的父亲，过分宽宏和痴情的朋友，有时人们可能由于他们天性软弱而以一种怜悯的心情去看待他们，然而，在怜悯之中混合着一种热爱，除了最不讲理和最卑劣的人之外，绝不会带着憎恨和嫌恶的心情，甚至也不会带着轻视的心情去看待他们。我们总是带着关心、同情和善意去责备他们过度依恋。在极端仁慈的人中间存在着一种比其他任何东西更能引起我们怜悯的孤弱无能。这种仁慈本身并不包含任何使其变得低级卑俗或令人不快的东西。我们仅仅为它和世人不相适应而感到惋惜，因为世人不配得到它，也因为它必然使具有这种特性的人作为牺牲品而受虚伪欺诈的背信弃义者和忘恩负义者的作弄，并遭受痛苦和不安的折磨，而在所有的人中间，他最不应该遭受，而且通常也最难忍受这种痛苦和不安。憎恶和愤恨则完全相反。那些可憎的激情的过分强烈的发泄会把人变成一个普遍叫人害怕和厌恶的客观对象，我们认为应把这种人像野兽那样驱逐出文明社会。

第五章 论自私的激情

除了那两种相反的激情——友好的和不友好的激情之外，还存在另一种介乎两者之间的处于某种中间地位的激情；这种激情有时既不像前者那样优雅合度，也不像后者那样令人讨厌。人们由于个人交好运或运气不好而抱有的高兴和悲伤情绪，构成了这第三种激情。甚至在它们过分的时候，也不像过分的愤恨那样令人不快，因为从来不会有相反的同情会使我们反对它们；在同它们的客观对象极其相称的时候，也从来不会像公正的人道和正义的善行那样令人愉快；因为从来不会有双倍的同情引起我们对它们的兴趣。然而，在悲伤和高兴之间存在着这样的区别——我们通常极易同情轻度的高兴和沉重的悲哀。一个人，由于命运中的一些突然变化，所有的一切一下子提高到远远超出他过去经历过的生活状态之中，可以确信，他最好的朋友们的祝贺并不都是真心实意的。一个骤然富贵的人，即使具有超乎寻常的美德，一般也不令人愉快，而且一种嫉妒的情感通常也妨碍我们出自内心地同情他的高兴。如果他有判断力，他就会意识到这一点，不会因为自己交了好运而洋洋自得，而尽可能地努力掩饰自己的高兴，压抑自己在新的生活环境中自然激发的欣喜心情。他装模作样地穿着适合自己过去那种地位的朴素衣服,采取适合自己过去那种地位的谦虚态度。他加倍地关心自己的老朋友,并努力做到比过去更谦逊,更勤勉,更殷勤。以他的处境来说,这是我们最为赞同的态度;因为我们似乎希望:他应该更加同情我们对他幸福的嫉妒和嫌恶之情,而不是我们应该对他的幸福表示同情。他是很难在所有这些方面取得成功的。我们怀疑他的谦卑是否真心诚意,他自己对这种拘束也逐渐感到厌倦。因此,一般说来,不要多久他就会忘记所有的老朋友,除了一些最卑鄙的人之外,他们或许会堕落到做他的扈从;他也不会总是得到新的朋友;恰如他的老朋友由于他的地位变得比自己高而感到自己的尊严受到冒犯一样,他的新交发现他同自己地位相等也会感到自己的尊严受到了冒犯。只有坚持不懈地采取谦逊态度才能补偿对两者造成的屈辱。一般说来,他很快就感到厌倦,并为前者阴沉和充满疑虑的傲慢神气、后者无礼的轻视所激怒,因而对前者不予理睬,对后者动辄发怒,直到最后,他习以为常地傲慢无礼,因而再也不能得到任何人的尊敬。如果像我所认为的那样,人类幸福的主要部分来自被人所爱的意识,那么命运的突然改变就很难对幸福产生多大的作用。最幸福的是这样一种人:他逐渐提升到高贵的地位,此前很久公众就预料到他的每一步升迁,因此,高贵地位落到他的身上,不会使他产生过分的高兴,并且这合乎情理地既不会在他所超过的那些人中间引起任何对他的妒忌,也不会在他所忘记的人中引起任何对他的猜忌。

然而,人们更乐意同情产生于较不重要原因的那些轻度快乐、在极大的成功之中做到谦逊是得体的;但是,在日常生活的所有小事中，在我们与之度过昨夜黄昏的同伴中，在我们看表演中，在过去说过和做过的事情中，在谈论的一切小事中，在所有那些消磨人生的无关紧要的琐事中，则无论多么喜形于色也不过分。再也没有什么东西比经常保持愉快心情更为优雅合度，这种心情总是来自一种对日常发生的事情所给予的一切微小乐趣的特殊爱好。我们乐意对此表示同情；它使我们感到同样的快乐，并使每一件琐事以其向具有这种幸福心情的人显示的同样令人愉快的面貌出现在我们面前。因此，正是青春——欢乐的年华才如此容易使我们动情。那种快乐的倾向甚至似乎使青春更有生气，并闪烁于年轻而又美丽的眼睛之中，即使在一个性别相同的人身上，甚至在老年人身上，它也会激发出一种异乎寻常的欢乐心情。他们暂时忘记了自己的衰弱，沉湎于那些早已生疏的令人愉快的思想和情绪之中，而且当眼前这么多的欢乐把这些思想和情绪召回他们的心中时，它们就像老相识一样地占据了他们的心，——他们为曾经离开这些老相识而感到遗憾，并因为长期分离而更加热情地同它们拥抱。

悲伤则与此完全不同。小小的苦恼激不起同情，而剧烈的痛苦却唤起极大的同情。那个被每一不愉快的小事搞得焦躁不安的人；那个为厨师和司膳最轻微的失职而苦恼的人；那个感到在无论是给自己还是给别人看的最重要的礼仪之中存在每一不足之处的人；那个为亲密的朋友在上午相遇时没有向他道早安，也为他的兄弟在自己讲故事的全部时间内哼小调而生气的人；那个由于在乡下时天气不好，在旅行中道路恶劣，住在镇上时缺少同伴和一切公共娱乐枯燥无味而情绪不佳的人；这样的人，我认为，虽然可能有某些理由，但很难得到大量的同情。高兴是一种令人愉快的情绪，只要有一点理由，我们也乐意沉湎于此。因此，不论何时，只要不因妒忌而抱有偏见，我们就很容易同情他人的高兴。但是悲伤是一种痛苦的情绪，甚至我们自己不幸产生这种情绪，内心也自然而然地会抵制它和避开它。我们或者根本不会竭尽全力去想象它，或者一想到它就立即摆脱它。的确，当由于微不足道的事情而发生在我们自己身上时，对悲伤的嫌恶不会老是阻碍我们去想象它，而由于同样微不足道的事情发生在别人身上时，它却时常妨碍我们对此表示同情；因为我们同情的激情总是比自己原有的激情易于压制。此外，人类还存在一种恶念，它不仅妨碍人们对轻微的不快表示同情，而且在一定程度上拿它们消愁解闷。因此，当同伴在各方面受到逼迫、催促和逗弄时，我们喜欢取笑并乐于见到同伴的小小的苦恼。具有极其普通的良好教养的人们，掩饰任何小事可能使他们受到的痛苦；而熟谙社会人情世故的那些人，则主动地把这种小事变成善意的嘲笑，因为他知道同伴们会这样做。生活在现实世界中的人对于别人会如何看待同自己相关的每一件事情已养成一个习惯，这习惯使他把那些轻微的灾难看成在别人看来是同样可笑的，他知道同伴们肯定会这么看。

相反，我们对深重痛苦的同情是非常强烈和真诚的。对此不必举例。我们甚至为一个悲剧的演出而流泪。因此，如果你因任何重大灾难而苦恼，如果你因某一异常的不幸而陷入贫困、疾病、耻辱和失望之中，那么，即使这也许部分地是自己的过失所造成的，一般说来，你还是可以信赖自己所有朋友的极其真诚的同情，并且在利益和荣誉许可的范围内，你也可以信赖他们极为厚道的帮助。但是，如果你的不幸并不如此可怕，如果你只是在野心上小有挫折，如果你只是被一个情妇遗弃，或者只是受老婆管制，那么，你就等待你所有的熟人来嘲笑吧。

第三篇　论幸运和不幸对人们判断行为合宜性所产生的影响；以及为什么在一种情况下比在另一种情况下更容易得到人们的赞同

第一章　虽然我们对悲伤的同情一般是一种比我们对快乐的同情更为强烈的感情，但是它通常远远不如当事人自然感受到的强烈

虽然我们对悲伤的同情不太真诚，但是它比我们对快乐的同情更引人瞩目。“同情”这个词，就其最恰当和最初的意义来说，是指我们同情别人的痛苦而不是别人的快乐。一个已故的、机灵的和敏锐的哲学家曾认为必须通过争论去证明：我们对快乐具有一种真诚的同情，以及庆贺是人类天性的一种本能。我相信，绝没有人认为有必要去证明怜悯也是这样一种本能。

首先，我们对悲伤的同情在某种意义上比对快乐的同情更为普遍。虽然悲伤太过分，我们还是会对它产生某些同感。在这种情况下，我们所感到的确实不等于完全的同情，也不等于构成赞同之心的感情上的完美和谐与一致。我们不会跟受难者一道哭泣、

惊呼和哀伤。相反,我们感到他的软弱和他那过分的激情,但是因为他的缘故仍然会经常感到一种非常明显的关心。可是,如果我们完全不谅解和不赞同另一个人的快乐,我们就不会对其抱有某种关心或同情。那个因为得到我们所不赞同的过分的和毫无意义的快乐而手舞足蹈的人,是我们藐视和愤慨的对象。

此外,无论是心灵的还是肉体上的痛苦,都是比愉快更具有刺激性的感情。虽然我们对痛苦的同情远远不如受难者自然感受到的痛苦强烈,但是它同我们对快乐的同情相比,通常更为生动鲜明,正如我即将说明的那样,后者更接近于天生的、原始的快乐之情。

更重要的是,我们常常努力控制对别人悲伤的同情。无论什么时候,当我们没有注意到受难者时,为了自己的缘故会尽可能抑制这种同情,但是这并不总是成功的。相反的做法以及勉强的屈从必然会迫使我们对此特别注意。而对快乐的同情却从来不必采取这种相反的做法。如果在这种情况下存在某种妒忌,我们就绝不会对此感到丝毫的同情;如果不存在妒忌,我们就会毫不勉强地对此表示同情。相反,因为我们总是对自己的妒忌感到羞愧,所以当我们因为那种感情令人不快而无法这样做的时候,就经常假装、有时还真的愿意同情别人的快乐。也许,在我们心中真正觉得过意不去的时候,我们会说自己由于邻人交了好运而感到高兴。当我们不愿意对悲伤表示同情时,我们会经常感到它;而当我们乐于对快乐表示同情时,我们却往往不能感到它。因此,按照我们的想法,如下一点是理所当然的:对悲伤表示同情的倾向必定非常强烈,对快乐表示同情的倾向必定极其微弱。

然而，尽管存在这种偏见，我还是敢于断言：在不存在妒忌的情况下，我们对快乐表示同情的倾向比我们对悲伤表示同情的倾向更为强烈；同在想象中产生的对痛苦情绪的同情相比，我们对令人愉快的情绪的同情更接近于当事人自然感到的愉快。

对于我们全然不能赞同的那种过分的悲伤，我们多少有点宽容。我们知道，受难者需要作出巨大的努力才能把自己的情绪降低到同旁观者的情绪完全协调一致。因此，虽然他没有成功地做到这一点，我们多半还是原谅他。但是，我们对过分的快乐却不会这样宽容。因为我们认为，把它降低到我们能够完全同情的程度，并不需要作出如此巨大的努力。处于最大的不幸之中而能控制自己悲伤的人，看来应该得到最大的钦佩；但是诸事顺遂而同样能够控制自己快乐的人，却好像几乎不能得到任何赞扬。我们感到，在当事人必然感到的和旁观者完全能够赞同的之间，在前一种情况中存在的距离比在后一种情况中存在的距离更大。

还有什么可以增加一个身体健康、没有债务、问心无愧的人的幸福呢？对处于这种境况的人来说，所有增加的幸运都可以恰当地说成是多余的；如果他因此而兴高采烈，这必定是极为轻浮的轻率心理引起的。然而，这种情况可以很恰当地称为人类天然的和原始的状态。尽管当前世界上的不幸和邪恶使人深为悲痛，但这确实是很大一部分人的状况。因此，他们能够毫无困难地激发他们的同伴在处于这种境况时很可能产生的全部快乐之情。

不过，人们虽然不能为这种状况再增加什么，但能从中得到很多。虽然这种状况和人类最大的幸福之间的距离是微不足道的，但是它和人类最小的不幸之间的距离却大得惊人。因此，与其说不幸必然使受难者的情绪消沉到远远不如它的自然状态，不如说幸运能够把他的情绪提高到超过它的自然状态。所以，旁观者一定会发现完全同情别人的悲伤并使自己的感情同它完全协调一致比完全同情他的快乐更为困难；而且他在前一种情况下一定会比在后一种情况下更多地背离自己自然的和一般的心情。正是因为这样，虽然我们对悲伤的同情同对快乐的同情相比，前者常常是一种更富有刺激性的感情，但是它总是远远不如当事人自然产生的感情强烈。

对快乐表示同情是令人愉快的；无论哪里妒忌都不会同它对抗，我们心满意足地沉湎于那极度的欢乐之中。但是，同情悲伤却是令人痛苦的，因此我们作此表示总是很勉强*。当观看一场悲剧的演出时，我们尽可能避免对它所激发出来的悲伤表示同情。最后，仅仅在无法回避的时候才放弃努力。甚至在那个时候，我们也尽力在同伴面前掩饰自己的关心。如果我们流泪了，也会小心翼翼地擦去它们，唯恐不能体谅这种多愁善感之情的旁观者们把它看作是女人气和软弱的表现。因自己遭到不幸而请求我们同情的那个可怜的人，因为感到我们的谅解可能十分勉强，会带着担心犹豫的神情向我们诉说他的悲伤。他甚至掩盖了部分悲伤，并因

---

* 有人曾提出如下一点作为反对我的理由：在同情这个问题上，我断定赞同的感情总是令人愉快的，这同我承认有某种令人不快的同情的体系相矛盾。我的答复是，在有关赞同的情感中，存在着两种引人瞩目的东西：第一，旁观者表示同情的激情；第二，由于他看到自己的表示同情的激情同当事人的原始激情完全一致而产生的情绪。后一种情绪——其中当然存在有关赞同的情感——总是令人愉快和高兴的。前一种激情既可能是令人愉快的，也可能是令人不快的，这要视原始激情的性质而定，它的特征总会在一定程度上保留下来。

为人类心肠冷酷而羞于发泄出他的全部痛苦感情。那个因高兴和成功而放荡不羁的人恰恰相反。无论在哪里妒忌都不会引起我们对他的反感，他期望我们完全同情自己。因此，他不怕以大声欢呼来表达自己的高兴，充分相信我们会由衷地对他表示赞同。

为什么在朋友面前哭泣会比欢笑更使我们害羞呢？虽然我们可能经常有理由欢笑，同样有理由哭泣，但是我们总感到，旁观者更有可能对我们的快乐而不是对我们的痛苦表示同情。甚至当我们身负最可怕的灾难时，鸣冤叫屈也总是使人难以忍受。但是，胜利的狂喜并不总是粗野的。确实，谨慎往往告诫我们要以相当节制的态度去对待自己的成功，因为谨慎教我们避免这种狂喜而不是其他任何东西更易激起的妒忌。

下层民众从不妒忌比自己优越的胜利者或公开竞赛的参加者，其所发出的欢呼声多么热烈！面对一次死刑的判决，他们的悲伤通常又多么平静和有节制！在一次葬礼中，我们的哀伤表情通常只是某种做作的肃穆；但是，在一次施洗礼仪式或婚礼中，我们的欢乐总是出于内心而没有任何虚假。在这些场合以及所有这样的欢乐场合，我们的愉快虽然并不持久，但往往同当事人的愉快一样大。每逢我们热诚地向自己的朋友表示祝贺时，他们的高兴确实使我们同样高兴。这时，我们会像他们一样幸福，情绪高涨，内心充满真正的欢乐，眼里闪耀着快乐和满足之情，并且脸部的每一个表情和身体的每一个姿态都显得生动愉快。然而，当这种做法有损于人类的天性时，我们很少这样做。

相反，当我们安慰处在痛苦之中的朋友时，我们的感受又会比他们的感受少多少呢？我们坐在他们旁边，看着他们，当他们向我们诉说自己不幸的境况时，我们严肃而专心地听着。但是当他们的叙述不时被那些自然发作的激情打断（这种激情往往使他们在叙述中突然说不出话来）时，我们内心滋长的倦怠情绪和他们的激动又多么不协调啊！与此同时，我们可能感到他们的激情是自然的，并不比我们自己在相同的情况下可能具有的激情强烈。我们甚至可能在心灵深处责备自己缺乏感情，或许因此在自己身上激起一种人为的同情，不过，可以想象，假若这种人为的同情激发出来，它也总是极其脆弱和转瞬即逝的；并且，一般说来，一旦我们离开那个房间，它就会消失不见，一去不返。看来当神使我们承受自己的痛苦时，她认为有此已经足够，因此，不要求我们进一步去分担别人的痛苦，至多鼓励我们致力减轻别人的痛苦。

正是由于对别人的痛苦感觉迟钝，在巨大痛苦之中的高尚行为总是显得非常优雅合度。一个能在众多的小灾小难中保持愉快的人，他的举止总是彬彬有礼和惹人喜欢。但是，他似乎还胜过能够以这种态度忍受极为可怕的灾难的人。我们感到，为了使那些在他的处境中必然激动不已的剧烈情绪平静下来，需要作出巨大的努力。我们看到他能完全控制自己大为惊异。同时，他的坚定和我们的冷漠完全一致。他并不要求我们具有那种很强烈的感觉，这种感觉是我们发现自己不具有的，并为此深感羞辱。在他的情感和我们的情感之间存在着一种非常完美的一致，因此他的行为也极为合宜。根据我们对人类天性中通常具有的弱点的感受，我们不能合乎情理地认为他一定能坚持。我们看到那种能作出如此高尚和巨大努力的内心力量大为吃惊。同叹服和惊奇混合而激发出来的完全同情和赞同的感情，如同不止一次地提到的那样，构成了人们恰当地称为钦佩的感情。加图在遭到敌人的包围，无法抵抗又不愿投降的情况下，因奉行那个时代的高尚格言而陷入必死的境地；但是，他绝不因自己遭到不幸而畏缩，也绝不用不幸者悲痛欲绝的叫声，或我们总是很不愿意流的那种可耻的、引起人们同情的眼泪去哀求；相反，加图用男子汉的刚毅精神武装自己，就在捐躯之前，他以平时那种镇定的神态，为了朋友们的安全发出了一切必要的命令；对那个冷漠的伟大的布道者塞内加[1]来说，这显然是连众神也会带着愉快和钦佩的心情来注视的一种景象。

在日常生活中，每逢碰到这种英雄的高尚行为的榜样，我们总是深为感动。这样，我们很容易为这种具有英雄的高尚行为而自己似乎无所感受的人哭泣和流泪，而不会为那些不能忍受一切痛苦的软弱的人掉一滴眼泪。在上述特殊场合，旁观者表示同情的悲伤似乎超过了当事人的原始激情。当苏格拉底[2]喝下最后一服药水时，他的朋友全都哭了，而他自己却神情平静，显得极为轻松愉快。在所有这样的场合，旁观者没有也没有必要为克服自己充满同情的悲伤作出任何努力。他并不担心它会使自己做出什么过分和不合适的事情；相反地，他喜欢自己心中的那种感情，并且带着满足和自我赞赏的心情浸沉在自己的感情之中。因此，他愉快地沉迷于这种令人伤感的想法，它能够自然地促使自己关心朋友的灾难，或许，在这种亲切而充满悲伤的爱的激情之前，他从未对朋友产生过如此强烈的感情。但是，当事人却完全不是这样，他

〔1〕 塞内加(Seneca，公元前4？—公元65)，罗马政治家、哲学家和悲剧作家。

〔2〕 苏格拉底(Socrates，公元前469—公元前399)，希腊哲学家。

被迫尽可能不去注视在他的处境中必然是既可怕又令人不快的事情。他担心过分认真地注意那些情况，会由此受到十分强烈的影响，从而不再能适当地控制自己，或者使自己变成旁观者完全同情和赞同的对象。因此，他把自己的思想活动集中在那些只是令人愉快的事情上，集中在由于自己的行为壮烈和高尚而即将得到的赞扬和钦佩上。感到自己能作出如此高尚而又巨大的努力，感到自己在这种可怕的处境中仍能按照自己的意愿行事，他就会意气风发，陶醉在快乐之中，并能保持那种仿佛沉浸在胜利之中的狂喜。这样，他就使自己摆脱了不幸。

相反，那个由于自己的某种不幸而陷入悲伤沮丧之中的人，总是多少显得庸俗和卑劣。我们不可能设身处地地对他的自我同情表示同情（或许，如果我们处在他的境地，同样会同情自己）。因此，我们看不起他，如果有什么感情可能被认为是不公正的话，那么，这或许是由天性不可抗拒地决定的。从各方面来说，脆弱的悲伤绝不会显得令人愉快，除非当它来自我们对别人的同情，而不是来自我们对自己的同情时。一个儿子，在宠爱他而且值得他尊敬的父亲逝世之际，可能沉浸在这种悲伤之中而无可非议。他的悲伤主要建立在一种对他死去的父亲表示同情的基础上；而且我们也乐意体谅这种充满人情的感情。但是，如果他由于只涉及自己的不幸而听任上述脆弱的感情泛滥的话，那么他就再也得不到任何这样的宽容。即使他倾家荡产沦为乞丐，或者面临极为可怕的危险，甚至被带去公开处决，在绞台上流下一滴眼泪，在所有那些勇敢高尚的人看来，他也会使自己永远蒙受耻辱。他们对他的同情仍然是非常强烈和真诚的。但是，因为这种同情不会达到同这种过分的软弱相适应的程度，他们还是没有原谅这个在世人眼中显得如此脆弱的人。他们对于他的行为与其说是感到悲伤，不如说是感到羞耻。在他们看来，他由此给自己带来的耻辱是他的不幸之中最可悲的境遇。那个曾在战场上经常冒死亡危险的、勇敢的比朗公爵，当他看到国家被自己毁掉并回忆起因自己的轻率而不幸地失去爱戴和荣誉以致在绞台上流泪时，这种脆弱使他大无畏的名声蒙受多大的耻辱呢？

第二章 论野心的起源，兼论社会阶层的区别

我们夸耀自己的财富而隐瞒自己的贫穷，是因为人们倾向于同情我们的快乐而不是悲伤。我们不得不在公众面前暴露出自己的贫穷，并感到我们的处境虽然在公众面前暴露无遗，但是我们受到的痛苦却很少得到人们的同情，对我们来说，再也没有什么比这更为耻辱了。我们追求财富而避免贫困，主要不是出于这种对人类情感的关心。这个世界上所有的辛苦和劳碌是为了什么呢？贪婪和野心，追求财富、权力和优越地位的目的又是什么呢？是为了提供生活上的必需品吗？那么，最低级劳动者的工资就可以提供它们。我们看到工资为他们提供食物、衣服和舒适的住房，并且养活整个家庭。如果仔细地考察一下他的经济，我们就会发现：他把大部分工资都花在生活便利品上，这些便利品可以看成是奢侈品；并且，在特殊的场合，他甚至会为了虚荣和荣誉捐赠一些东西。那么，是什么原因使我们对他的情况感到嫌恶呢？为什么在上层生

活中受过教育的那些人，会把被迫跟他吃同样简单的伙食、住同样低矮的房屋、穿同样破旧的衣服——即使无需从事劳动——的生活，看得比死还坏呢？是他们认为自己的胃更高级些，还是认为在一所华丽的大厦里比在一座茅舍里能睡得更安稳些呢？情况恰恰相反，而且实际上是显而易见，谁都知道的，尽管没有人说出来过。那么，遍及所有地位不同的人的那个竞争是什么原因引起的呢？按照我们所说的人生的伟大目标，即改善我们的条件而谋求的利益又是什么呢？引人瞩目、被人关心、得到同情、自满自得和博得赞许，都是我们根据这个目的所能谋求的利益。吸引我们的，是虚荣而不是舒适或快乐。不过，虚荣总是建立在我们相信自己是关心和赞同的对象的基础上。富人因富有而洋洋得意，这是因为他感到他的财富自然而然地会引起世人对他的注意，也是因为他感到，在所有这些由于他的有利地位而很容易产生的令人愉快的情绪之中，人们都倾向于赞同他。想到这里，他的内心仿佛充满了骄傲和自满情绪。而且，由于这个缘故，他更加喜爱自己的财富。相反，穷人因为贫穷而感到羞辱。他觉得，贫穷使得人们瞧不起他；或者即使对他有所注意，也不会对他所遭受的不幸和痛苦产生同情。他为这两个原因而感到羞辱。因为，虽然被人忽视和不为人所赞同完全是两码事，但是，正如微贱使我们得不到荣誉和赞许的阳光照耀一样，感到自己不被人所注意必然会抑制非常令人愉快的希望，使得人类天性中最强烈的愿望落空。穷人走出走进无人注意，同被关闭在自己的小茅舍中一样默默无闻。那些微末的照料，以及其处境招来的令人难堪的关心，并不能提供挥霍寻欢的乐趣。他们不再把他放在眼里，或者即使他的极度痛苦使他们不得不注视他，那也只像是从他们中间藐视一个令人很不愉快的客观对象。幸运和得意的人对陷入不幸境地的人竟敢在他们面前傲慢无礼，并以其令人讨厌的惨状来扰乱自己的从容享受幸福，会感到惊奇。相反，享有地位和荣誉的人举世瞩目。人们都急切地想一睹他的风采，并想象（至少是抱同情态度）他的处境必然在他身上激起的那种高兴和狂喜。他的举动成为公众关注的对象，连一句话、一个手势人们也不会全然忽视。在盛大集会上，他成为他们注视的中心人物；他们似乎把全部激情都寄托在他的身上，以便得到他给予他们的鼓励和启示。如果他的行为不是全然荒诞可笑，他就时时刻刻有机会引起人们的注意，并使自己成为众人观察和同情的对象。尽管这会产生一种约束力，使他随之失去自由，然而，人们认为，这使大人物变成众人羡慕的客观对象，并补偿了因追求这种地位而必定要经历的种种辛苦、焦虑和对各种欲望的克制；为了取得它，宁可永远失去一切闲暇、舒适和无忧无虑的保证。

当我们以想象力易于描绘的那些迷人情调来考虑大人物的状况时，这几乎都是对一种完美和幸福状态的抽象的想象。正是这种状态在我们所有的空想和虚幻的梦想之中，被概略地描述成自己一切欲望的终极目标。因此，我们对那些处于这种状态的人的满足抱有一种特殊的同情。我们赞同他们的一切爱好，并促成他们的一切希望。我们认为，任何损害和毁坏这种令人愉快的状态的举动都多么令人遗憾！我们甚至希望他们永存于世；并简直不能想象死亡会最终结束这种完美的享受。我们认为，强迫他们从显贵的地位落向那个卑贱的、然而却是好客的家——这是神为他的孩子们提供的——是残酷的。“伟大的国王万寿无疆！”是一种恭维，虽然这是一种东方式的奉承，但如果经验没有使我们懂得它是荒谬的话，也会欣然作出这种荒谬的举动。落在他们头上的灾难，加在他们身上的伤害，在旁观者心中所激起的同情和愤恨，比起他对那些可能发生在别人身上的同样事情的感受来要多得多。只有国王的不幸才为悲剧提供合适的题材。在这方面，它们和情人们的不幸有些相像，两者都是在剧场里吸引我们的主要情节。因为，带有偏见的想象喜欢这两种情况有一个胜过其他一切的幸福结局，尽管所有的理智和经验可以告诉我们相反的东西。妨害或制止这种完美的享受，似乎是一切伤害中最残酷的一种。人们认为，企图杀害君主的卖国贼是一个比其他任何凶手更为残忍的人。内战[1]中所流的全部无辜的鲜血所引起的愤恨，尚不及人们对查理一世之死所产生的愤恨。一个不熟悉人类天性的人，看到人们对地位低下的人的不幸漠不关心，看到人们对地位比他们高的人的苦难感到遗憾和愤慨，就会产生这样的想法：地位较高的人同地位较低的相比，前者对痛苦更难忍受，他们在死亡时的痉挛也更令人可怕。

等级差别和社会秩序的基础，便是人们同富者、强者的一切激情发生共鸣的这一倾向。我们对地位高于自己的人所表现的顺从和尊敬，常常是从对他们的优越境遇的羡慕中，而不是从对他们给予善意的恩赐的任何期待中产生的。他们的恩惠可能只给予少数人；但他们的幸运却吸引了几乎所有的人。我们急切地帮助他们去实现一系列如此接近完美的幸福；并希望尽力使他们的虚荣心

〔1〕 指英王查理一世同议会的战争(1642—1649)。

和荣誉感得到满足，而不想得到任何报答。我们尊重他们的意愿并不是主要地，也不是全部建立在重视这种服从的效用、考虑到它能很好地维护社会秩序这种想法的基础上。即使在社会秩序似乎要求我们反对他们的意愿的时候，我们也无法这样做。国王是人民的仆从，如果公共利益需要的话，服从他们、抵制他们、废黜他们或惩罚他们，都合乎理性和哲学的原则；但这不是神的旨意。神会教导我们：为了他们自己而服从他们；在他们崇高的地位面前战栗不已并屈从他们；把他们的微笑看作一种足以补偿一切服务的报酬，并担心他们有所不满，即使没有其他不幸接踵而至，我们也会把这种不满当作极大的耻辱。要做到在各方面像一般百姓那样对待他们，并在普通的场合同他们辩论，需要有很大的勇气，很少有人仅凭别人的宽宏大量就有这种勇气，除非相互之间还非常亲密和熟识。最强烈的动机、最强烈的激情、恐惧、憎恶和愤恨，几乎都不足以抵消这种尊敬他们的自然倾向；他们的行为无论正确还是不正确，在人民以暴力来反抗他们或希望看到他们被惩罚、被废黜之前，必然已经引起所有这些非常强烈的感情。甚至当人民已经产生这些强烈感情的时候，也每时每刻会对他们产生恻隐之心，并且很容易回到尊敬他们的状态，人民已惯于把他们看作天生高于自己的人。他们不能忍受对自己君主的伤害，同情很快地代替了愤恨，他们忘掉了过去的激怒，重新奉行旧的忠君原则，带着曾经用来反对它的那种激情，为重新确立自己旧主人的已被破坏的权威而奔走出力。查理一世之死使王室家族得以复辟。当詹姆斯二世被平民在逃亡的船上抓住时，对他的同情几乎阻止了革命，使革命比以前更难继续下去。

大人物看来是否意识到：他们是以低廉的代价博得了公众的敬佩？或者是否想过，对他们来说，这必须同别人一样用汗水和鲜血才能换取？年轻的贵族是靠什么重大才能来维护他那阶层的尊严，使自己得到高于同胞的那种优越地位呢？是靠学问？勤劳？坚忍？无私？还是靠某种美德？由于注意自己的一言一行，他养成了注意日常行为中每一细节的习惯，并学会了按照极其严格的礼节履行所有那些微小的职责。由于他意识到自己是多么引人瞩目，人们是多么愿意赞同他的意愿，所以在无足轻重的场合，他的举止也带上这种意识所自然激发出来的翩翩风度和高雅神态。他的神态、举止和风度都显出那种对自己地位的优越感，这种优越感是生来地位低下的那些人从来不曾有过的。这些都是他打算用来更轻易地使人们服从他的权势，并按照他的愿望去支配他们的意志的伎俩；并且他很少受到挫折。这些靠地位权势推行的伎俩，在一般情况下足以左右世人。路易十四在他统治的大部分期间，不仅在法国而且也在全欧洲被看成是一个伟大君主的最完美的典型。然而，他靠了什么才能和美德才获得这种巨大的声誉呢？是靠他的全部事业的无懈可击、一以贯之的正义吗？是靠随之而来的巨大危险和困难，或者靠推行他的事业时所作的不屈不挠和坚持不懈的努力吗？是靠广博的学问、精确的判断或英雄般的豪迈气概吗？路易十四获得巨大声誉根本不是依靠这些品质。首先，因为他是欧洲最有权力的君主因而在诸王中间拥有最高的地位；其次，撰述其经历的历史学家说："国王壮实的身材，威严俊美的容貌，胜过所有的廷臣。他的声音庄严动人，赢得人心。但他在场时却令人生畏。他有一种独特的风度举止。这种风度举止只和他本人以及他的地位相称，在任何别的人身上，就会显得滑稽可笑。他使对他讲话的人局促不安，这使他暗中十分得意，并因此感到高人一等。有个老军官在他面前慌乱发窘，结结巴巴地恳求给予恩赐，他最后讲不下去了，说：'陛下，我在您的敌人面前不会像这样哆嗦的。'这个人毫不费力就得到他要求的东西。"靠他的地位、无疑也靠某种程度的、似乎并不比平凡的人高明多少的才能和美德推行的这些微不足道的伎俩，使这位国王在他这个时代得到人们的尊敬，甚至从后人身上得到对他死后声誉的巨大敬意。在他那个时代，在他的面前，同这些相比，其他美德似乎显不出什么优点。学问、勤勉、勇气和仁慈在它们面前都大为逊色，并失去了全部尊严。

然而，地位低下的人希望自己出名所靠的必然不是这种伎俩。礼貌全然是大人物的美德，它不会使他们以外的任何人受到敬重。通过日常行为中的上等礼节来模仿大人物的举止和冒充显贵的纨袴子弟，所得到的只是自己的愚蠢和放肆所招来的加倍的轻视。为什么那个非常注意自己神态举止的人，当他昂首挥臂摆出一副权贵的派头穿过房间时，人们都认为他根本不值一顾？显然，他做得过头了；他过分地显示出对自己重要性的注意，这种重要性是无人能够苟同的。最完美的谦逊和质朴，加上同对同伴的尊敬一致的不拘小节，应该是一个平民的行为的主要特征。如果他强烈地希望自己出名，他就必须依靠更重要的美德。他必须有相当于大人物的扈从的侍从，可是除了自己的体力劳动和脑力活动之外，他没有其他的财源来支付这些仆人的工资。因此，他必须培育如下美德。他必须具有较多的专业知识，十分勤勉地做好自己的工作，他必须吃苦耐劳，面对危险坚定不移，在痛苦中毫不动摇。他必须通过事业的艰难和重要，以及对事业的良好判断，通过经营事业所需要的刻苦和不懈的勤奋努力，来使公众看到这些才能。正直和明智，慷慨和直率，必然被用来描述他在所有普通场合的行为的特征。同时，他必定被推举去从事所有这样的工作、这些工作需以卓越的才能和美德恰当地进行，但能光荣地完成它们的那些人会得到高度的赞扬。富有进取心和野心而为其处境所抑制的人，是怀着什么样的急切心情到处寻找能使自己出名的好机会呢？没有什么事情能向他提供这种机会，似乎使他很不愉快。他甚至带着愉快的心情期待国外战争或国内冲突产生；暗自高兴地通过随之产生的一切骚乱和流血事件，观察出现那些有希望大显身手机会的可能性，抓住那种时机，他就可以引起人们对他的注意和赏识。相反，有地位和有声望的人，他的全部声誉存在于日常行为的合宜性之中。他满足于由此得到的微末名声。他没有才能去博得其他东西，也不愿让随同困难或危难而来的事情麻烦自己。在舞会上出风头，是他的巨大胜利。在风流韵事中取得成功，是他的最大成就。他对嫌恶公众的一切骚乱，这不是出于对人类的爱，因为大人物从来不把地位比他低下的人看作同胞；这也不是由于他缺乏勇气，因为在那种情况下他不大会胆怯；而是因为他意识到自己不具备在这类情况下所需要的美德，意识到公众的注意力肯定会从他身上转到别人身上。他也许会冒某一微小的危险，从事某一迎合时好的运动。但是，当他想到某种需要连续和长久地努力保持耐性、勤勉、刚毅和操心的境遇时，就会害怕得战栗起来。在出生高贵的那些人身上几乎见不到这些美德。因此，在所有的政府中，甚至在君主国中，在中等和下等阶层生活中受教育的人们虽然遭到所有那些出身高贵的人的妒忌和愤恨，但是由于自己的勤勉和才干而得到提拔，通常占据着最高的职位，管理着行政机关的一切事务。大人物见到他们，先是轻视，继而妒忌，最后以卑贱地表示屈服为满足，这种态度本来是他们希望别人向自己表露的。

正是丧失这种对人类感情的从容不迫的绝对控制，使高贵地位的降低变得如此不能忍受。当马其顿国王一家被保卢斯·埃米利乌斯在胜利中带走的时候，据说他们的不幸使得罗马人的注意力从征服者的身上转到了国王一家身上。看到王室儿童因为年纪还小而不了解自己的处境，旁观者深受感动，在公众的欣喜欢乐当中，带有极为微妙的悲伤和同情。在行列中接着出现的是马其顿国王；他像是一个神志不清和惊骇不已的人，由于遭受巨大的灾难而丧失全部情感。他的朋友和大臣跟在他的身后。当他们一道行走时，经常把目光投向那个失去权势的国王，并且一看见他，眼泪就夺眶而出。他们的全部行为表明：他们想到的不是自己的不幸，而全然是国王的更大痛苦。相反，高尚的罗马人却用一种轻视和愤慨的眼光看着他，认为这个人完全不值得同情，因为他竟会品质低劣到在这样的灾难中忍辱求生。可是，这是一种什么样的灾难呢？根据大部分历史学家的记载，他在一个强大而又人道的民族保护之下，在一种富足、舒适、闲暇和安全的状况中度过了余生。这种状况本身似乎是值得羡慕的，因为他甚至不会由于自己的愚蠢而失去这种舒适的生活。但是，他的周围不再有那班颂扬他的笨伯、谄媚阿谀者和扈从。这些人先前已习惯于在他的各种活动中随侍左右。他不再受到民众的瞻仰，也不再因他拥有权力而使自己成为他们尊敬、感激、爱护和钦佩的对象。他的意向不再对民众的激情产生影响。正是那难以忍受的灾难使国王丧失全部情感,使他的朋友忘却自己的不幸;气质高尚的罗马人几乎不能想象在这种灾难中还会有人品质低劣到忍辱求生。

罗斯福哥公爵说:“爱情通常会被野心取代,而野心却几乎没有被爱情取代过。”一旦人们心中充满了那种激情,它就既容不下竞争者,也容不下继任者。对惯常得到,甚至惯常希望得到公众钦佩的那些人来说,其他一切愉快的事情都会变得令人厌恶和失去魅力。一切遭人唾弃的政治家为了宽慰自己,曾经研究过如何抑制野心以及轻视他们再也得不到的那些荣誉,然而,有几人能够成功呢?他们中间的大部分人都无精打采地、懒洋洋地打发着日子,为自己毫无意义的念头感到烦恼,对私生活中的各种消遣缺乏兴趣。除了谈到他们过去的重要地位之外,了无乐趣;除了徒劳无益地忙于某一旨在恢复那种地位的计划之外,也丝毫得不到满足。你当真决定不用你的自由去换取一个气派十足的宫廷苦差,而自由自在、无所畏惧和独立自主地生活吗?要坚持这个可贵的决定似乎有一个办法,或许也只有一个办法。绝不挤进很难从那里退出的地方;绝不投身于具有野心的集团;也绝不把自己同主宰世界的那些人比较,他们早在你之前引起了一部分人的注意。

在人们的想象中,置身于普遍的同情和关注之中仿佛是非常重要的。这样,那个把高级市政官的妻子们分隔开来的重要物体——地位,成了一部分人生活中力求实现的目的,也成了一切骚动、忙乱、劫掠和不义的根源,它给世界带来了贪婪和野心。据说,有理智的人的确蔑视地位,就是说,他们不屑于扮演主要角色,对谁因不值一提的小事——最小的优点也比这种琐事重要——而在同伴面前受到指责也漠不关心。但是，谁也不会轻视地位、荣誉和杰出，除非他的做人标准远远高于普通人；除非他如此坚定地相信贤明和真正的哲理，以致当他的合宜行为使自己成为恰当的赞许对象时，深信自己并不在乎也不赞同这样一个不值一提的结果；或者，除非他如此惯常地认为自己卑下，沉沦于懒惰和醉汉似的冷漠之中，以致完全忘掉了欲望和几乎完全忘记了对优越地位的向往。

从这一意义上来说：正如成为人们庆贺和同情关心的当然对象是一种璀璨夺目的成功一样，再也没有什么事情比感到自己的不幸得不到伙伴们的同情，反而遭到他们的轻视和嫌恶更令人郁郁不乐。正因为这样，最可怕的灾难并不总是那些最难忍受的灾难。在公众面前表露自己小小的不幸往往比表露自己巨大的不幸更加丢脸。前者没有引起人们的同情；而后者虽然或许没有激起同受难者的痛苦相近的感情，但却唤起了一种非常强烈的同情。在后一种情况下，旁观者们同受难者的感情相差不远，这种不完美的同情为他忍受自己的痛苦提供了某种帮助。在一个绅士穿着肮脏和破烂的衣服在一次欢乐的集会上露面比他带着鲜血和伤口与会更加丢脸。后一种情况会引起人们的同情，而前一种情况则会引起他们的嘲笑。法官判处一个罪犯上颈手枷示众使他蒙受的耻辱，甚于判处他死刑。几年前，那个国王在队伍前鞭打一个普通军官，使这位军官受到无可挽回的耻辱。如果国王刺伤了他，那倒是一种轻得多的惩罚。根据有关荣誉的惯例，一次笞刑使人感到耻辱，而一处剑伤却并不如是，其理由是显而易见的。如果那个认为耻辱是最大的不幸的绅士受到那些较轻的惩罚，富有人情和高尚的人们就会认为他受到了最可怕的惩罚。因此，对那一阶层的人通常免除那些会带来耻辱的刑罚，在许多场合，法律要处死他们时，也要尊重他们的名誉。无论以什么罪名鞭打一个有地位的人或把他上颈手枷示众，都是除俄国以外的欧洲各国政府不能实行的残暴行为。

一个勇敢的人并不因被送上断头台而被认为是可鄙的，而上颈手枷示众却会这样。在前一种情况下，他的行为可能使自己受到普遍的尊敬和钦佩；在后一种情况下，却不会得到人们的喜爱。在前一种情况下，旁观者的同情支持了他，使他从羞耻中解脱出来，从那种只有他一个人感到不幸的感觉——这是一种最难忍受的情感——中解脱出来。在后一种情况下，得不到人们的同情，或者即使有的话，也不是由于他受到的痛苦，而是因为意识到没有人对他的痛苦表示同情所引起的。这种同情是为了他蒙受耻辱而不是为了他受到痛苦。那些可怜他的人，为他脸红并垂头丧气。虽然不是因为犯有罪行，他也同样颓丧，并感到自己是因受到惩罚才蒙受无可挽回的屈辱。相反，被判处死刑的人，由于人们肯定会看到他那受人尊敬和称赞的坚定面容，所以他也会带着那种刚毅的神色；如果罪名没有使他失去别人对他的尊敬，那么惩罚也绝不会使他失去这种尊敬。他不怀疑自己的处境会遭到人们的轻视或嘲笑，他不仅能恰当地表现出一种十分平静的神态，而且会露出一种胜利和愉快的样子。

卡迪纳尔·德·雷斯说："因为可以得到某种荣誉，所以巨大的危险有其诱人之处，即使在我们遭到失败的时候也是这样。但是，普通的危险除了可怕之外别无他物，因为丧失名誉总是伴随着失败。"他的格言和我们刚才就惩罚问题所作的论述具有相同的根据。

人类的美德不会屈服于痛苦、贫穷、危险和死亡，蔑视它们也无需作出最大的努力。但是，他的痛苦遭到侮辱和嘲笑，在胜利之中被俘，成为他人的笑柄，在这种情况下这种美德很难坚持如一。同遭到人们的轻视相比，一切外来的伤害都是易于忍受的。

第三章 论由钦佩富人和大人物，轻视或怠慢穷人和小人物的这种倾向所引起的道德情操的败坏

钦佩或近于崇拜富人和大人物，轻视或至少是怠慢穷人和小人物的这种倾向，虽然为建立和维持等级差别和社会秩序所必需，但同时也是我们道德情操败坏的一个重要而又最普遍的原因。财富和地位经常得到应该只是智慧和美德才能引起的那种尊敬和钦佩；而那种只宜对罪恶和愚蠢表示的轻视，却经常极不适当地落到贫困和软弱头上。这历来是道德学家们所抱怨的。

我们渴望有好的名声和受人尊敬，害怕名声不好和遭人轻视。但是我们一来到这个世界，就很快发现智慧和美德并不是唯一受到尊敬的对象；罪恶和愚蠢也不是唯一受到轻视的对象。我们经常看到：富裕和有地位的人引起世人的高度尊敬，而具有智慧和美德的人却并非如此。我们还不断地看到：强者的罪恶和愚蠢较少受到人们的轻视，而无罪者的贫困和软弱却并非如此。受到、获得和享受人们的尊敬和钦佩，是野心和好胜心的主要目的。我们面前有两条同样能达到这个我们如此渴望的目的的道路：一条是学

习知识和培养美德；另一条是取得财富和地位。我们的好胜心会表现为两种不同的品质：一种是目空一切的野心和毫无掩饰的贪婪；一种是谦逊有礼和公正正直。我们从中看到了两种不同的榜样和形象，据此可以形成自己的品质和行为：一种在外表上华而不实和光彩夺目；另一种在外表上颇为合式和异常美丽；前者促使每一只飘忽不定的眼睛去注意它；后者除了非常认真、仔细的观察者之外，几乎不会引起任何人的注意。他们主要是有知识和美德的人，是社会精英，虽然人数恐怕很少，但却是真正、坚定地钦佩智慧和美德的人。大部分人都是财富和显贵的钦佩者和崇拜者，并且看来颇为离奇的是，他们往往是不具偏见的钦佩者和崇拜者。

毫无疑问，我们对智慧和美德怀有的尊敬不同于我们对财富和显贵们所抱有的尊敬；对此加以区分并不需要极好的识别能力。但是，尽管存在这种不同，那些情感还是具有某种非常值得注意的相似之处。它们在某些特征上无疑是不同的，但是在通常的外部表现上看来几乎相同，因而粗心的观察者非常容易将两者混淆起来。

在同等程度的优点方面，几乎所有的人对富人和大人物的尊敬都超过对穷人和小人物的尊敬。绝大部分人对前者的傲慢和自负的钦佩甚于对后者的真诚和可靠的钦佩。或许，撇开优点和美德，说值得我们尊敬的仅仅是财富和地位，这几乎是对高尚的道德甚至是对美好的语言的一种亵渎。然而，我们必须承认：财富和地位几乎是不断地获得人们的尊敬；因此，在某些情况下它们会被人们当作表示尊敬的自然对象。毫无疑问，罪恶和愚蠢会大大贬损那些高贵的地位。但是，它们必须很大才能起这样的作用。上流社会人士的放荡行为遭到的轻视和厌恶比小人物的同样行动所遭到的小得多。后者对有节制的、合乎礼仪的规矩的仅仅一次违犯，同前者对这种规矩的经常的、公开的蔑视相比，通常更加遭人愤恨。

很幸运，在中等和低等的阶层中，取得美德的道路和取得财富（这种财富至少是这些阶层的人们能够合理地期望得到的）的道路在大多数情况下是极其相近的。在所有的中等和低等的职业里，真正的、扎实的能力加上谨慎的、正直的、坚定而有节制的行为，大多会取得成功。有时，这种能力甚至会在行为不端之处取得成功。然而，习以为常的厚颜无耻、不讲道义、怯懦软弱、或放荡不检，总会损害、有时彻底损毁卓越的职业才能。此外，低等和中等阶层的人们，其地位从来不会重要得超越法律。法律通常必然能吓住他们，使他们至少对更为重要的公正法则表示某种尊重。这种人的成功也几乎总是依赖邻人和同他们地位相等的人的支持和好评；他们的行为如果不那么端正，就很少能有所获。因此，"诚实是最好的策略"这句有益的古老谚语，在这种情况下差不多总是全然适用的。所以，在这种情况下，我们可能一般都希望人们具有一种令人瞩目的美德；就一些良好的社会道德而言，这些幸好是绝大部分人的情况。

不幸的是，在较高的阶层中情况往往并非如此。在宫廷里，在大人物的客厅里，成功和提升并不依靠博学多才、见闻广博的同自己地位相等的人的尊敬，而是依靠无知、专横和傲慢的上司们的怪诞、愚蠢的偏心；阿谀奉承和虚伪欺诈也经常比美德和才能更有用。在这种社会里，取悦于他人的本领比有用之才更受重视。在平静和安定的时代，当骚乱尚未临近时，君主或大人物只想消遣娱乐，甚至会认为他没有理由为别人服务，或者认为那些供他消遣娱乐的人足以为他效劳。上流社会的人认为那种傲慢和愚蠢的行为所表现的外表风度、浅薄的才能，同一个战士、一位政治家、一名哲学家或者一名议员的真正的男子汉式的美德相比，通常可以得到更多的赞扬。一切伟大的、令人尊敬的美德、一切既适用于市政议会和国会也适用于村野的美德，都受到了那些粗野、可鄙的马屁精的极端蔑视和嘲笑。这些马屁精一般都充斥于这种风气败坏的社会之中。当苏利公爵[1]被路易十三召去就某一重大的突然事件发表意见时，看到皇上恩宠的朝臣们交头接耳地嘲笑他那过时的打扮，这位老军人兼政治家说："当陛下的父亲不论何时让我荣幸地同他一起商量国家大事时，总是吩咐这种宫廷丑角退入前厅。"

正是由于我们钦佩富人和大人物、从而加以模仿的倾向，使得他们能够树立或导致所谓时髦的风尚。他们的衣饰成了时髦的衣饰；他们交谈时所用的语言成了一种时髦的语调；他们的举止风度成了一种时髦的仪态。甚至他们的罪恶和愚蠢也成了时髦的东西。大部分人以模仿这种品质和具有类似的品质为荣，而正是这种品质玷污和贬低了他们自己。爱虚荣的人经常显示出一种时髦的放荡的风度，他们心里不一定赞同这种风度，但或许他们并不真正为此感到内疚。他们渴望由于连他们自己也认为不值得称赞的

---

〔1〕 苏利公爵(Duke of Sully, 1559—1641)，法国国王亨利四世的顾问，在胡格诺战争中支持亨利反对天主教同盟，后又劝亨利改宗天主教，以摆脱困境。1559 年起任财政大臣，减征直接税，扩大间接税，以增加国库收入，并力图振兴农业。1610 年亨利四世被刺死后隐退。

什么东西而受到称赞，并为一些美德受到冷遇而感到羞愧，这些美德他们有时也会偷偷地实行并对它们怀有某种程度的真诚的敬意。正如在宗教和美德问题上存在伪君子一样，在财富和地位问题上也存在伪君子；恰如一个奸诈之徒用某种方式来伪装自己一样，一个爱好虚荣的人也善于用别的方式给人一种假象。他用地位比自己高的人用的那种马车和豪华的生活方式来装扮自己，没有想到任何地位比他高的人所值得称道的地方，来自同他的地位和财富相称的一切美德和礼仪，这种地位和财富既需要，也能够充裕地维持这种开支。许多穷人以被人认为富裕为荣，而没有考虑这种名声加给自己的责任（如果可以用如此庄严的名词来称呼这种愚行的话），那样，他们不久一定会沦为乞丐，使自己的处境比原先更加不如他们所钦佩和模仿的人的处境。

为了获得这种令人羡慕的境遇，追求财富的人们时常放弃通往美德的道路。不幸的是，通往美德的道路和通往财富的道路二者的方向有时截然相反。但是，具有野心的人自以为，在他追求的那个优越的处境里，他会有很多办法来博得人们对他的钦佩和尊敬，并能使自己的行为彬彬有礼，风度优雅；他未来的那些行为给他带来的荣誉，会完全掩盖或使人们忘却他为获得晋升而采用的各种邪恶手段。在许多政府里，最高职位的候选人们都凌驾于法律之上；因而，如果他们能达到自己的野心所确定的目标，他们就不怕因自己为获得最高职位而采用的手段而受到指责。所以，他们不仅常常通过欺诈和撒谎、通过拙劣卑鄙的阴谋和结党营私的伎俩，而且有时通过穷凶极恶的罪行、通过谋杀和行刺、通过叛乱和内战，竭力排挤、清除那些反对或妨碍他们获得高位的人。他们的失败往往多于成功；通常除因其犯下的罪行而得到可耻的惩罚之外一无所获。虽然他们应该为得到自己梦寐以求的地位而感到十分幸运，但是他们对其所期待的幸福总是极为失望。充满野心的人真正追求的总是这种或那种荣誉（虽然往往是一种已被极大地曲解的荣誉），而不是舒适和快乐。不过，在他自己和他人看来，他提升后的地位所带来的荣誉，会由于为实现这种提升而采用的卑鄙恶劣的手段而受到玷污和亵渎。虽然通过挥霍各种大量的费用，通过恣意放纵各种放荡的娱乐（这是堕落分子可怜的但经常采用的消遣方法），通过繁忙的公务，通过波澜壮阔和令人炫目的战争，他会尽力在自己和别人的记忆中冲淡对自己所作所为的回忆，但是这种回忆必然仍会纠缠不休。他徒劳无益地求助于那使人忘却过去的隐秘的力量。他一回想自己的所作所为，记忆就会告诉他，别人一定也记得这些事情。在一切非常浮华的盛大仪式之中，在从有地位者和有学问者那里收买来的那种令人恶心的阿谀奉承之中，在平民百姓颇为天真然而也颇为愚蠢的欢呼声中，在一切征服和战争胜利后的骄傲和得意之中，羞耻和悔恨这种猛烈报复仍然隐秘地纠缠着他；并且，当各方面的荣誉来到他身上时，他在自己的想象中看到丑恶的名声紧紧地纠缠着，它们每时每刻都会从身后向他袭来。即使伟大的恺撒，虽然气度不凡地解散了他的卫队，但也不能消除自己的猜疑。对法赛利亚的回忆仍然萦绕心头，无法甩脱。当他在元老院的请求下，宽大地赦免了马尔塞鲁斯的时候，他告诉元老院说，他不是不知道正在实施的杀害他的阴谋，但是因为他已享足天年和荣誉，所以他将心满意足地死去，并因此藐视一切阴谋。或许，他已享足了天年，但是，如果他希望得到人们的好感,希望把人们视为朋友,但却受到人们极端的仇视,如果他希望得到真正的荣誉,希望享有在同他地位相等的人的尊敬和爱戴之中所能得到的一切幸福,那么,他无疑是活得太久了。

第 二 卷

论优点和缺点；或，报答和惩罚的对象

（本卷共三篇）

第一篇　论对优点和缺点的感觉

引　言

另有一种起因于人类行为举止的品质，它既不是指这种行为举止是否合宜，也不是指庄重有礼还是粗野鄙俗，而是指它们是一种确定无疑的赞同或反对的对象。这就是优点和缺点，即应该得到报答或惩罚的品质。

前已提及，产生各种行为和决定全部善恶的内心情感或感情，可以从两个不同的方面，或者从两种不同的关系上来研究；首先，可以从它同激起它的原因或对象之间的关系来研究；其次，可以从它同它意欲产生的结果或往往产生的结果之间的关系来研究；我们也说过，这种感情相对于激起它的原因或对象来说是否恰当，是否相称，决定了相应的行为是否合宜，是庄重有礼还是粗野鄙俗；并且说过，这种感情意欲产生的或往往产生的有益的或有害的结果，决定了它所引起的行为的优点或缺点，受赏或受罚。在这一论著的前一部分中，我们已经对哪些方面构成我们关于行为是否合宜的感觉作了阐述。现在，我们着手研究哪些方面构成我们关于行为应当受赏或受罚的感觉。

第一章 任何表现为合宜的感激对象的行为，显然应该得到报答；同样，任何表现为合宜的愤恨对象的行为，显然应该受到惩罚

因此，对我们来说，下述行为显然要给予报答——它表现为某种情感的合宜而又公认的对象，那种情感最立即地和最直接地促使我们去报答别人，或者为之服务。同样，下述行为显然要受到惩罚——它也表现为某种情感的合适而又公认的对象，那种情感也立即和直接促使我们去惩处别人，或者处以刑罚。

立即和直接促使我们去报答的情感，就是感激；立即和直接促使我们去惩罚的情感，就是愤恨。

所以，对我们来说，下述行为显然要给予报答——它表现为合宜而又公认的感激对象；另一方面，下述行为显然要受到惩罚——它表现为合宜而又公认的愤恨对象。

报答，就是为了所得的好处而给予报答、偿还，报之以德。惩罚也是一种报答和偿还，虽然它是以不同的方式进行的；这是以恶报恶。

除了感激和愤恨之外，还有一些激情，它们引起我们对别人幸福和痛苦的关心；但是，没有任何激情会如此直接地引起我们为他人的幸福和痛苦而操劳。由于相识和平常关系融洽所产生的爱和尊敬，必然使我们对某人的幸运表示高兴，他是一个如此令人愉快的感情对象，因而必然使我们愿为促成这种幸运而助一臂之力。

然而,即使他没有我们的帮助而得到了这种幸运,我们的爱也会得到充分的满足。这种激情所渴望的一切就是看到他的幸福,而不考虑谁是他的幸运的创造者。但是,感激并不以这种方式得到满足。如果那个给过我们许多好处的人,没有我们的帮助而得到了幸福的话,那么,虽然我们的爱得到了满足,但是我们的感激之情却没有满足。在我们报答他之前,在我们在促成他的幸福起到作用之前,我们一直感到,对于他过去给予我们的种种服务来说,仍然是欠下了一笔债。

同样,在通常的不满中产生的憎恨和厌恶,经常导致我们对某人的不幸持幸灾乐祸的态度,他的行为和品质曾激起我们如此痛苦不快的激情。但是,厌恶和不快虽然压抑我们的同情心,并且有时甚至会使我们对别人的悲痛幸灾乐祸,然而如果在这种情况下并不存在愤恨,如果我们和朋友们都没有受到严重的人身攻击,那么这些激情自然不会使我们希望给他带来不幸。虽然我们可能并不害怕因插手于他的不幸而受到惩罚,但是我们宁愿它以另一种方式发生。对于一个在强烈的仇恨支配下的人来说,听到他所憎恶和痛恨的人死于一次偶然事件,或许会令人高兴。但是,如果他仍然具有一点正义感的话,那么这种激情虽然同美德相悖,甚至在他没有图谋的情况下,成为这次不幸事件的原因也将使他痛心疾首。正是这种自动作用于别人不幸的念头会更加异乎寻常地折磨自己。他甚至会恐惧地拒绝想象这样一个如此可憎的图谋;并且,如果可能想到自己会做出这样一桩穷凶极恶的事情,他就会开始用对待他所厌恶者的可憎眼光来看待自己。但是,愤恨完全与此相反:如果某人极大地伤害了我们,例如,他谋杀了我们的父亲或兄弟，不久之后死于一场热病，甚或因其他罪名而被送上断头台，那么，这虽然可以平息我们的仇恨，但是不会完全消除我们的愤恨。愤恨不仅会使我们渴望他受到惩罚，而且因为他对我们所作的特殊伤害而渴望亲手处置他。除非这个罪犯不仅轮到自己难受，而且为了那个因他而使我们受苦的特定罪恶而伤心，不然愤恨是不可能完全消除的。他应当为这一行为而感到懊丧和后悔，那样，其他人由于害怕受到同样的惩罚，就会吓得不敢去犯同样的罪行。这种激情的自然满足会自动地产生惩罚的一切政治结果：对罪犯的惩罚和对公众的儆戒。

因此，感激和愤恨是一种立即和直接引起报答和惩罚的情感。所以，对我们来说，谁表现为合宜而又公认的感激对象，谁就显然值得报答；谁表现为合宜而又公认的愤恨对象，谁就显然要遭到惩罚。

第二章 论合宜的感激对象和合宜的愤恨对象

作为合宜而又公认的感激对象或愤恨对象，除了作为那种看上去必然是合宜的而又得到公认的感激对象和愤恨对象之外，不可能意味着其他东西。

但是，上述激情如同人类天性中所有的其他激情一样，只有在得到每一个公正的旁观者的充分同情，得到每一个没有利害关系的旁观者的充分理解和赞成的时候，才显得合宜并为别人所赞同。

因此，作为某人或某些人自然的感激对象的人，显然应该得到报答，这种感激由于同每个人心里的想法一致而为他们所赞同；另一方面，作为某人或某些人自然的愤恨对象的人，同样显然应该受到惩罚，这种愤恨是每个有理智的人所愿意接受并表示同情的。的确，在我们看来，那种行为显然应该得到报答，每个了解它的人都希望给予报答。因此，他们乐于见到这种报答。当然，那种行为显然应该得到惩罚，每个听到它的人都会对之表示愤怒。因此，他们也乐于见到这种惩罚。

1. 由于我们同情同伴们交了好运时的快乐，所以无论他们自然地把什么看成是这种好运的原因，我们都会同他们一起对此抱有得意和满足之情。我们理解他们对此怀有的热爱和感情，并且也开始对它产生爱意。如果它遭到破坏，甚或被置于离他们太远的地方而超出了他们所能关心、保护的范围，那么，在这种情况下，虽然除了失去见到它时的愉快之外别无所失，我们也将为了他们的缘故而感到遗憾。如果为他的同伴带来幸福的是某一个人的话，情况就更是如此。当见到一个人得到别人的帮助、保护和宽慰时，我们对受益者快乐的同情，仅仅有助于激起我们同情受益者对使他快乐的人所怀有的感激之情。如果我们用想象受益者必定用来看待为他带来愉快的人的眼光来看待他，他的恩人就会以非常迷人和亲切的形象出现在我们面前。因此，我们乐于对这种令人愉快的感情表示同情，这种感情是受益者对他极为感激的那个人所怀有的；因此，我们也赞同他有心对得到的帮助作出回报。由于我们完全理解产生这些回报的感情，所以从各方面来看这些回报都是同它们的对象相符相称的。

2. 同样，由于我们不论何时见到同伴的痛苦都会同情他的悲伤，所以我们同样理解他对引起这种痛苦的任何因素的憎恶。我们的心，由于它承受他的悲伤并与之保持一致，所以它同样会受到他用来尽力消除产生这种悲伤的原因的那种精神的激励。怠惰而又消极的同感会使我们同他一起处于痛苦之中，我们乐于用另一种更为活跃而又积极的情感来代替它，由此我们赞同他为消除这种悲伤所作的努力，也同情他对引起这种悲伤的事情表示厌恶。当引起这些痛苦的是某个人时，情况更是如此。当我们看见一个人受到别人的欺压和伤害时，我们对受难者的痛苦所感到的同情，好像仅仅有助于激起我们同情受难者对侵犯者的愤恨。我们乐于见到他还击自己的仇敌，而且无论什么时候，当他在一定程度上实行自卫甚或报仇时，我们也会急切而又乐意地帮助他。如果受难者在争斗中竟然死去，我们不仅对死者的朋友和亲戚们的真诚愤恨表示同情，而且会对自己在想象中为死者设想的愤恨表示同情，虽然死者已不再具有感觉或其他任何一种人类感情。但是，由于设想自己成为他身体的某一部分，并在想象中使这个被人杀死的残缺不全、血肉模糊的躯体重新复活，所以，当我们的这种方式在内心深切体会他的处境时——这时，就像在许多其他场合一样——我们会感受到一种当事人不可能感到的情绪，然而这是通过对他的一种想象的同情感受到的。我们在想象中为他蒙受的那种巨大而无可挽回的损失所流的同情之泪，似乎只是我们对他负有的一点儿责任。我们认为，他遭到的伤害需要我们更多的关注。我们感觉到那种在自己想象中认为他应该感到的那种愤恨，并感觉到假如他那冰冷而无生命的躯体尚未失去意识他也会感到的那种愤恨。我们想象他在高呼以血还血。一想到他受到的伤害尚未得到报复，就感觉到死者的遗体似乎也为之不安。人们想象经常出现在凶手床边的恐怖形象，按照迷信习惯想象的、从坟墓中跑出来要求对过早结束他们生命的那些人进行复仇的鬼魂，都来自这种对死者想象的愤恨所自然产生的同情。对于这种最可怕的罪恶，至少在我们充分考虑惩罚的效用之前，神就以这种方式将神圣而又必然的复仇法则，强有力地、难以磨灭地铭刻在人类心中。

第三章　不赞同施恩者的行为，就几乎不会同情受益者的感激；相反，对损人者的动机表示赞同，对受难者的愤恨就不会有一点同情

然而要看到，人们的行为或意图无论对受其影响的人——如果我可以这样说的话——怎样有利或怎样有害，在前一种情况下，如果行为者的动机显得不合宜，而且我们也不能理解影响他行为的感情，我们就几乎不会同情受益者的感激；或者，在后一种情况下，如果行为者的动机并不显得不合宜，相反地，影响他行为的感情同我们所必然理解的一样，我们就不会对受难者的愤恨表示同情。在前一种情况下，少许的感激似乎是应当的；在后一种情况下，满怀愤恨似乎是不应该的。前一种行为似乎应该得到一点报答，后一种行为似乎不应该受到惩罚。

1. 首先我要说明，只要我们不能同情行为者的感情，只要影

响其行为的动机看来并不合宜,我们就难以同情受益者对其行为带来的好处所表示的感激。出于最普通的动机而赐予别人极大的恩惠,并仅仅因为某人的族姓和爵位称号恰好与那些赠与者的族姓和爵位称号相同,而把一宗财产赠给该人,这种愚蠢而又过分的慷慨似乎只应得到很轻微的报答。这种帮助好像不需要给予任何相应的报答。我们对行为者蠢行的轻视妨碍自己充分同情那位得到帮助的人所表示的感激。他的恩人似乎不值得感激。因为当我们置身于感激者的处境时,感到对这样一个恩人不会怀有高度的尊敬,所以很可能在很大程度上消除对他的谦恭的敬意和尊重(我们认为这种敬意和尊重应该归于更值得尊敬的人);假如他总是仁慈而又人道地对待自己懦弱的朋友,我们就不会对他表示过多的尊重和敬意——我们要将此给予更值得尊敬的恩人。那些对自己中意的人毫无节制地滥施财富、权力和荣誉的君主,很少会引起那种程度的对他们本人的依恋之情。这种依恋之情是那些对自己的善行较有节制的人经常体验到的。大不列颠的詹姆斯一世[1]好心然而不够谨慎的慷慨似乎并没有得到任何人的喜欢;尽管他具有友善而温和的性情,但是他生前死后似乎没有一个朋友。可是英格兰所有的绅士和贵族却都为他那很节俭和卓越的儿子舍弃了自己的生命和财产,尽管他的儿子生性残酷和冷漠无情。

2. 其次我要说明,只要行为者的行为看来全然为我们充分同情和赞同的动机和感情所支配,那么,不论落到受难者身上的灾难

〔1〕 詹姆斯一世(公元1566—1625),英国国王,在位期为公元1603—1625年。

有多大，我们也不会对其愤恨表示一点同情。当两个人争吵时，如果我们偏袒其中一个人并完全赞同他的愤恨，就不可能体谅另一个人的愤恨。我们同情那个动机为自己所赞成的人，因此认为他是正确的；并且必然会无情地反对另一个人——我们认为他肯定是错误的——不会对他表示任何同情。因此不管后者可能受到什么痛苦，当它不大于我们应该希望他受到的那种痛苦时，当它不大于我们出于同情的义愤会促使我们加在他身上的那种痛苦时，它既不会使我们不快也不会使我们恼火。当一个残忍的凶手被推上断头台时，虽然我们有点可怜他的不幸，但是如果他竟然如此狂妄以致对检举他的人或法官表现出任何对抗，我们就不会对他的愤恨表示丝毫的同情。人们持有反对如此可恶的一个罪犯的正当义愤的这一自然倾向，对罪犯来说的确是致命和毁灭性的。而我们对这种感情倾向却不会感到不快，如果我们设身处地地想一下，我们就感到自己不可避免地要赞同这种倾向。

第四章　对前面几章的扼要重述

1. 因此，对一个人仅仅因为别人给他带来好运而表示感激，我们并不充分和真诚地表示同情，除非后者是出于一种我们完全赞同的动机。我们必须在心坎里接受行为者的原则和赞同影响他行为的全部感情，才能完全同情因这种行为而受益的人的感激并同它一致。如果施恩者的行为看来并不合宜，则无论其后果如何有益，似乎并不需要或不一定需要给予任何相应的报答。

但是，当这种行为的仁慈倾向和产生它的合宜感情结合在一起时，当我们完全同情和赞同行为者的动机时，我们由此怀有的对他的热爱，就会增强和助长我们对那些把自己的幸运归功于他善良行为的人的感激所怀有的同感。于是，他的行为看来需要和极力要求——如果我可以这样说的话——一个相应的报答。我们也就会完全体谅那种激起报答之心的感激。如果我们这样完全同情和赞同产生这种行为的感情，我们就一定会赞同这种报答行为，并且把被报答的人看成合宜和恰当的报答对象。

2. 同样，仅仅因为一个人给某人带来不幸，我们对后者对前者的愤恨也简直不能表示同情，除非前者造成的不幸是出于一种我们不能谅解的动机。在我们能够体谅受难者的愤恨之前，一定不赞同行为者的动机，并在心坎里拒绝对影响他行为的那些感情表示任何同情。如果这些感情和动机并不显得不合宜，那么不论他们对那些受难者所作的行为的倾向如何有害，这些行为看来都不应该得到任何惩罚或者不成为任何合宜的愤恨对象。

但是，当这种行为的伤害同由此产生的不合宜的感情结合在一起时，当我们带着憎恨的心情拒绝对行为者的动机表示任何同情时，我们就会真诚地完全同情受难者的愤恨。于是，这些行为看来应该得到和极力要求——如果我可以这样说的话——相应的惩罚；并且我们完全谅解从而赞成要求惩罚这种行为的那种愤恨。当我们这样完全同情从而赞成要求给予惩罚的那种感情时，这个罪人看来必然成为合宜的惩罚对象。在这种情况下，当我们赞成和同情这种行为由以产生的感情时，我们也必然赞成这种行为，并且把受到惩罚的人看成合宜和恰当的惩罚对象。

第五章　对优点和缺点感觉的分析

1. 因此，因为我们对行为合宜性的感觉起源于某种我将称为对行为者的感情和动机表示直接同情的东西，所以，如果我可以这样说的话，我们对其优点的感觉是起源于某种我将称为对受行为影响者的感激表示间接同情的东西。

因为我们除非事先赞同施恩者的动机，的确不可能充分体谅受益者的感激，因此，对优点的感觉好像是一种混合的情感。它由两种截然不同的感情组成：一种是对行为者情感的直接同情；一种是对从他的行为中受益的那些人所表示的感激的间接同情。

在许多不同的场合，我们可以清楚地区别这两种掺杂和混合在自己对某一特定品质或行为应得好报的感觉之中的不同感情。当我们阅读有关某一合适的、仁慈高尚的行为的史料时，不是非常急切地想理解这种意图吗？不是为导致这些行为的那种极端慷慨的精神所深深感动吗？不是多么渴望他们取得成功吗？不是对他们的失意感到多么悲伤吗？在想象中，我们把自己变成那个对我们作出行为的人；在幻想中，我们将自己置身于那些久远的和被人遗忘的冒险经历之中，并想象自己在扮演西庇阿或卡米卢斯、提莫莱昂或阿里斯提得斯式的角色。我们的情感就是这样建立在直接同情行为者的基础上。对从这种行为中受益的那些人的间接同情也不乏明显的感觉。每当我们设身处地地设想这些受益者的处境时，我们是带着一种何等热烈和真挚的同情去体会他们对那些如此真诚地为他们服务过的人所怀有的感激之情！我们会像他们那样去拥抱他们的恩人。我们由衷地同情他们最强烈的感激之情。我们认为，对他们来说给予自己的恩人任何荣誉和报答都不会过分。当他们对他所作的帮助给予这种合适的回报时，我们会衷心地称赞和同意他们的做法；而如果从他们的行为看他们似乎对自己受到的恩惠几乎不理会，我们就会震惊万分。简言之，我们关于这种行为的优点以及值得奖励的整个感觉，关于这种行为恰当和合适的报答及其使行为者感到愉快的整个感觉，都起因于对感激和热爱的富于同情的情绪。当带着这种情绪深切体会到那些当事者的处境时，我们必然会由于那个人能够作出如此恰当和崇高的善行而心情极度激动。

2. 同样，由于我们对行为不合宜性的感觉起源于缺乏某种同情，或者起源于对行为者感情和动机的直接反感，所以我们对其缺点的感觉是起源于我也将在此称为对受难者的愤恨表示间接同情的东西。

因为我们除非在心里原来就不赞成行为者的动机并拒绝对它们表示任何同情，的确不可能同情受难者的愤恨，因此，同对优点的感觉一样，对缺点的感觉看来也是一种复合的感情。它也由两种不同的感情组成：一种是对行为者感情表示的直接反感；另一种是对受难者的愤恨表示的间接同情。

这里，我们也能在许多不同的场合，清楚地区别这两种掺杂和混合在自己对某一特定品质和行为应得恶报的感觉之中的不同感情。当我们阅读某份有关博尔吉亚[1]或尼禄[2]寡廉鲜耻和残酷暴虐的史料时,就会在心中产生一种对影响他们行为的可憎感情的反感,并且带着恐怖和厌恶的心情拒绝对此种恶劣的动机表示任何同情。我们的感情就这样建立在对行为者感情的直接反感的基础上。同时,对受难者的愤恨表示的间接同情具有更为明显的感觉。如果我们设身处地地设想受人侮辱、被人谋杀或被人出卖的那些人的不幸处境,难道我们对世间如此蛮横和残忍的压迫者不会感到什么义愤吗?我们对无辜的受害者不可避免的痛苦所给予的同情,同我们对他们正当的和自然的愤恨所给予的同情一样真诚和强烈。前一种感情只是增强了后一种感情,而想到他们的痛苦,也只是起到激起和增强我们对那些引起这些痛苦的人的憎恨的作用。如果我们想到受难者的极度痛苦,就会更加真诚地同他们一起去反对欺压他们的人;就会更加热切地赞同他们的全部报仇意图,并在想象中感到自己时时刻刻都在惩罚这些违反社会法律的人。富于同情的愤恨告诉我们,那种惩罚是由他们的罪行引起的。我们对这种骇人听闻暴行的感觉,在听到它受到应得的惩罚时产生的兴奋心情,当它逃脱这种应得的回报时所感到的义愤,总之,我们对这种暴行的恶报、对恰当和合适地落在这个犯有上述暴行的人身上的灾难,以及使他也感到痛苦的全部感觉和感情,都来自旁观者心中自然激起的、富于同情的愤慨。——无论何

[1] 博尔吉亚(1476?—1507),意大利枢机主教、军人、政治家。

[2] 尼禄(37—68),罗马暴君,在位期为公元54—68年。

时，旁观者对受难者的情况都了如指掌。*

---

* 对大部分人来说，用这种方式把我们对恶有恶报的自然感觉归于对受难者愤恨的某种同情，看来可能是对这种情感的贬低。愤恨通常被认为是一种如此可憎的激情，以致人们往往认为，像恶有恶报的感觉这样如此值得称许的原则不会全部建立在愤恨的基础上。或许，人们更愿意承认：我们对善有善报的感觉是建立在对那些从善行中得益的人所怀有的感激之情表示某种同情的基础上的；因为正如所有其他的仁慈激情一样，感激被认为是一种仁爱的原则，它不可能损害建立在感激基础上的任何感情的精神价值。然而很清楚，感激和愤恨在各方面都是互相对立的；并且如果我们对优点的感觉来自对前者的同情，那么我们对缺点的感觉几乎不可能不出自对后者的同情。

让我们来考虑下列情况，即虽然我们常常见到的不同程度的愤恨是所有激情之中最可憎的一种激情，但是如果它适当地压低和全然降到同旁观者富于同情的愤恨相等的程度，就不会受到任何非难。如果我们作为一个旁观者感到自己的憎恨同受难者的憎恨全然一致；如果后者的愤恨在各方面都没有超过我们自己的愤恨；如果他的每一句话和每一个手势所表示的情绪不比我们所能赞同的情绪更强烈；如果他从不想给予对方任何超过我们乐于见到的惩罚，或者我们自己甚至为此很想惩罚对方，我们就不可能不完全赞同他的情感。按照我们的看法，在这种场合我们自己的情绪无疑地证明他的情绪是正确的。并且，经验告诉我们，很大一部分人是多么不能节制这种情绪，再说为了压抑强烈的、缺乏修养的、情不自禁的愤恨，使之成为这种合宜的情绪，需要作出多大的努力。所以，对那个看来能够努力自我控制自己天性中最难驾驭的激情的人，我们不可避免地会表示相当的尊敬和钦佩。当受难者的憎恨像几乎总会发生的那样确实超过了我们所能赞同的程度时，由于我们不可能对此表示谅解，我们必然不会对此表示赞同。我们不赞同这种憎恨的程度，甚至大于我们不赞同其他任何从想象中产生的、几乎同样过分的激情。我们不仅不赞成这种过分强烈的愤恨，反而把它当作我们愤恨和愤怒的对象。我们谅解那个作为这种不正当愤恨的对象，并因此受到伤害威胁的人的相反的愤恨。因此，在所有的激情中，复仇之心、过分的愤恨看来是最可恶的，它是人们嫌恶和愤恨的对象。当这种激情在人们中间通常以这种方式——过分百次而节制一次——表现出来的时候，因为它最普通的表现就是如此，所以我们非常容易把它完全看成是可憎和可恶的激情。然而，甚至拿眼前人们堕落的情况来说，造物主似乎也没有如此无情地对待我们，以致赋予我们从整体和从各方面来看都是罪恶的天性，或者赋予我们没有一点和没有一个方面能成为称赞和赞同的合宜对象的天性。在某些场合，我们感到这种通常是过分强烈的激情可能也是很微弱的。我们有时会抱怨某个人显得勇气不足和过分不在乎自己所受到的伤害；如同我们由于他的这种激情过分强烈而对他表示嫌恶一样，我们由于他的这种激情过低也会对他表示轻视。

假如有灵感的作家们认为，甚至在像人这样软弱和不完善的生灵中间，各种程度的激情也是邪恶和罪过的话，那么，他们就肯定不会那么经常地或那么激烈地谈论造物主的愤慨和暴怒了。

让我们再来考虑这样一个问题，即：目前的探究不是一个涉及正确与否的问题——如果我可以这样说的话——而是一个有关事实的问题。我们现在不是考察在什么原则下一个完美的人会赞成对恶劣行为的惩罚；而是考察在什么原则下一个像人这样如此软弱和不完美的生灵会真的赞成对恶劣行为的惩罚。很清楚，我现在提到的原则对于他的情感具有很大的影响；并且，"恶劣行为应该得到惩罚"似乎是明智的安排。正是社会的存在需要用适当的惩罚去限制不应该和不正当的怨恨。所以，对那些怨恨加以惩罚会被看成是一种合适的和值得赞同的做法。因此，虽然人类天然地被赋予一种追求社会幸福和保护社会的欲望，但是造物主并没有委托人类的理性去发现运用一定的惩罚是达到上述目的的合适的手段；而是赋予了人类一种直觉和本能，赞同运用一定的惩罚是达到上述目的的最合适方法。造物主在这一方面的精细同祂在其他许多情况下的精细确实是一致的。至于所有那些目的，由于它们的特殊重要性可以认为是造物主所中意的目的——如果可以允许这样表达的话。造物主不仅这样始终如一地使得人们对于祂所确定的目的具有一种欲望，而且为了人们自己的缘故，同样使他们具有对某种手段的欲望——只有依靠这种手段才能达到上述目的，而这同人们产生它的倾向是无关的。因而，自卫、种的繁衍就成为造物主在构造一切动物的过程中似乎已经确定的重要目的。人类被赋予一种对那两个目的的欲望和一种对同二者相反的东西的厌恶；被赋予一种对生活的热爱和一种对死亡的害怕；被赋予一种对种的延续和永存的欲望和一种对种的灭绝的想法的厌恶。但是，虽然造物主这样地赋予我们一种对这些目的的非常强烈的欲望，并没有把发现达到这些目的的合适手段寄托于我们理性中缓慢而不确定的决断。造物主通过原始和直接的本能引导我们去发现达到这些目的的绝大部分手段。饥饿、口渴、两性结合的激情、喜欢快乐、害怕痛苦，都促使我们为了自己去运用这些手段，丝毫不考虑这些手段是否会导致那些有益的目的，即伟大的造物主想通过这些手段达到的目的。

在结束这个注解之前，我必须提到对行为合宜性所表示的赞同和对优点或善行所表示的赞同之间的一个差异。在我们赞成任何人的、对于被作用对象来说是合宜和适当的情感之前，不仅一定要像他那样受到感动，而且一定要察觉他和我们之间在情感上融洽一致。这样，虽然听到落在朋友身上的某个不幸时，我会正确地想象出他那过度的忧虑；但是在得知他的行为方式之前，在发现他和我在情绪上协调一致之前，我不能说我赞同那些影响他行为的情感。所以，合适的赞同不仅需要我们对行为者的完全同情，而且需要我们发现他和我们之间在情感上完全一致。相反，当我们听到另一个人得到某种恩惠，使得他按照自己所喜欢的方式受到感动时，如果由于我清楚地知道他的情况，感觉到他的感激发自内心，我就必定会赞同他的恩人所作的行为，并认为他的行为是值得称赞的，也是合宜的报答对象。显然，受惠者是否抱有感激的想法丝毫不会改变我们对施恩者的优点所持的情感。因此，这里不需要情感上的实际一致。这足以说明：如果他抱有感激之情的话，那么它们就是一致的；并且我们对优点的感觉通常是建立在那些虚幻的同情之上的。由此，当我们清楚地知道别人的情况时，就经常会以某种当事人不会感动的方式受到感动。在我们对缺点所表示的不赞同和对不合宜行为所表示的不赞同之间具有一种相似的差异。

第二篇　论正义和仁慈

第一章　两种美德的比较

因为只有具有某种仁慈倾向、出自正当动机的行为才是公认的感激对象,或者说仅仅是这种行为才激起旁观者表示同情的感激之心,所以似乎只有这种行为需要得到某种报答。

因为只有具有某种有害倾向、出自不正当动机的行为才是公认的愤恨对象,或者说仅仅是这种行为才激起旁观者表示同情的愤恨之心,所以似乎只有这种行为需要受到惩罚。

仁慈总是不受约束的,它不能以力相逼。仅仅是缺乏仁慈并不会受到惩罚;因为这并不会导致真正确实的罪恶。它可能使人们对本来可以合理期待的善行表示失望,由此可能正当地激起人们的厌恶和反对;然而,它不可能激起人们会赞同的任何愤恨之情。如果一个人有能力报答他的恩人,或者他的恩人需要他帮助,而他不这样做,毫无疑问他是犯了最丢人的忘恩负义之罪。每个公正的旁观者都从内心拒绝对他的自私动机表示任何同情,他是最不能令人赞同的恰当对象。但是,他仍然没有对任何人造成实际的伤害。他只是没有做那个应该的善良行为。他成为憎恶的对象,这种憎恶是不合宜的情感和行为所自然激起的一种激情;他并不是愤恨的对象，这种愤恨是除了通过某些行为必然对特定的人们作出真正而现实的伤害之外，从未被合适地唤起的一种激情。因此，他缺少感激之情不会受到惩罚。如果有可能的话，通过施加压力强迫他做他应该抱着感激的心情去做的和每个公正的旁观者都会赞成他去做的事，那就似乎比他不做这件事更不合适。如果他的恩人企图用暴力强迫他表示感激，那就会玷污自己的名声，任何地位不高于这两者的第三者加以干涉，也是不合适的。不过，感激之情使我们愿意承担的作出各种慈善行为的责任，最接近于所谓理想和完美的责任。友谊、慷慨和宽容促使我们去做的得到普遍赞同的事情，更加不受约束，更加不是外力逼迫而是感激的责任所致。我们谈论感激之恩，而不谈慈善或慷慨之恩，甚至在友谊仅仅是值得尊敬而没有为对善行的感激之情所加强和与之混杂的时候，我们也不谈论友谊之恩。

愤恨之情似乎是由自卫的天性赋予我们的，而且仅仅是为了自卫而赋予我们的。这是正义和清白的保证。它促使我们击退企图加害于己的伤害，回敬已经受到的伤害，使犯罪者对自己的不义行为感到悔恨，使其他的人由于害怕同样的惩罚而对犯有同样的罪行感到惊恐。因此，愤恨之情只应用于这些目的，当它用于别的目的时，旁观者绝不会对此表示同情。不过，仅仅缺少仁慈美德，虽然可以使我们对于曾能合理期待的善行感到失望，但是它既不造成任何伤害，也不企图作出这种伤害——对此我们有必要进行自卫。

然而，还有一种美德，对它的尊奉并不取决于我们自己的意愿，它可以用压力强迫人们遵守，谁违背它就会招致愤恨，从而受到惩罚。这种美德就是正义,违背它就是伤害;这种行为出于一些必然无人赞同的动机,它确确实实地伤害到一些特定的人。因此,它是愤恨的合宜对象,也是惩罚的合宜对象,这种惩罚是愤恨的自然结果。由于人们同意和赞成为了报复不义行为所造成的伤害而使用的暴力,所以他们更加同意和赞成为了阻止、击退伤害行为而使用的暴力,也更加同意和赞成为了阻止罪犯伤害其邻人而使用的暴力。那个策划某一违反正义行为的人自己也感到这一点,并感到他所伤害的那个人和其他人为了阻止他犯罪或在他犯罪之后为了惩罚他而会极其恰当地利用的那种力量。由此产生了正义和其他所有社会美德之间的明显区别,这种区别近来才为一个非常伟大、富有独创天才的作者所特别强调,即我们感到自己按照正义行事,会比按照友谊、仁慈或慷慨行事受到更为严格的约束;感到实行上面提及的这些美德的方法,似乎在某种程度上听任我们自己选择,但是,不知道为什么,我们感到遵奉正义会以某种特殊的方式受到束缚、限制和约束。这就是说,我们感到那种力量可以最恰当地和受人赞同地用来强迫我们遵守有关正义的法规,但不能强迫我们去遵循有关其他社会美德的格言。

因而,我们肯定总是小心地区别:什么只是该责备的,或者是合宜的指责对象,什么是可以利用外力来惩罚或加以阻止的。应该责备的似乎是缺乏一般程度的、合适的仁慈行为,经验告诉我们这是可以指望每个人做到的;相反,任何超出这个程度的慈善行为都值得赞扬。一般程度的仁慈行为本身似乎既不应该责备也不值得赞扬。一个对其亲属所作的行为既不比多数人通常所做的好也不比他们坏的父亲、儿子或兄弟,似乎完全不应该受到称赞或责备。那以反常和出乎意料的，但是还合适和恰当的友好态度使我们感到惊讶的人，或者相反，以反常的和出乎意料的，也是不恰当的冷酷态度使我们感到惊讶的人，在前一种场合似乎值得赞扬，而在后一种场合却要受到责备。

然而，就是在地位相等的人中间极为一般的善良或慈善也不能以力强求。在地位相等的人中间，每一个人自然而然地被认为、而且早在市民政府建立之前就被认为拥有某种保护自己不受伤害，以及对那些伤害自己的人要求给予一定程度惩罚的权利。当他这样做的时候，每个慷慨的旁观者不仅赞成他的行为，而且如此深切地体谅他的感情以致常常愿意帮助他。当某人攻击、或抢劫、或企图谋杀他人的时候，所有的邻人都会感到惊恐，并且认为他们赶去为被害者报仇，或者在如此危急的情形中保护他，是正确的。但是，当一个父亲对儿子缺乏一般程度的父爱时，当一个儿子对他的父亲好像缺乏可以指望子女具有的敬意时，当兄弟们缺乏一般程度的手足之情时，当一个人缺乏同情心并在非常容易减轻同胞的痛苦的时候拒绝这样做时，在所有这些场合，虽然每个人都责备这种行为，但没有人认为：那些或许有理由期待比较厚道的行为的人，有任何权利以力强求。受害者只能诉苦，而旁观者除了劝告和说服之外，没有其他方法可以干预。在所有这些场合，对地位相等的人来说，彼此以暴力相争会被认为是绝顶的粗野和放肆。

在这一点上，一位长官有时确实可以强制那些在他管辖之下的人，彼此按照一定程度的礼仪行事。这种强制普遍为人所赞同。所有文明国家的法律都责成父母抚养自己的子女，而子女要赡养自己的父母，并强迫人们承担其他许多仁慈的责任。市政官员不仅被授予通过制止不义行为以保持社会安定的权力,而且被授予通过树立良好的纪律和阻止各种不道德、不合适的行为以促进国家繁荣昌盛的权力。因此,他可以制定法规,这些法规不仅禁止公众之间相互伤害,而且要求我们在一定程度上相互行善。一旦君主下令做那些全然无关紧要的事情,做那些在他颁布命令之前可以不受责备地置之脑后的事情,违抗他就不仅会受到责备而且会受到惩罚。因此,一旦他下令做那些他发布任何这种命令之前置之脑后就会受到极为严厉的责备的事情,不服从命令就确实会受到更大的惩罚。然而,立法者的全部责任,或许是要抱着极其审慎和谨慎的态度合宜而公正地履行法规。全然否定这种法规,会使全体国民面临许多严重的骚乱和惊人的暴行,行之过头,又会危害自由、安全和公平。

虽然对地位相等的人来说,仅仅缺乏仁慈似乎不应该受到惩罚,但是他们作出很大努力来实践那种美德显然应该得到最大的报答。由于做了最大的善举,他们就成了自然的、可赞同的最强烈的感激对象。相反地,虽然违反正义会遭到惩罚,但是遵守那种美德准则似乎不会得到任何报答。毫无疑问,正义的实践中存在着一种合宜性,因此它应该得到应归于合宜性的全部赞同。但是因为它并非真正的和现实的善行,所以,它几乎不值得感激。在绝大多数情况下,正义只是一种消极的美德,它仅仅阻止我们去伤害周围的邻人。一个仅仅不去侵犯邻居的人身、财产或名誉的人,确实只具有一丁点实际优点。然而,他却履行了特别称为正义的全部法规,并做到了地位同他相等的人们可能适当地强迫他去做,或者他们因为他不去做而可能给予惩罚的一切事情。我们经常可以通过静坐不动和无所事事的方法来遵守有关正义的全部法规。

以其人之道还治其人之身和以牙还牙似乎是造物主指令我们实行的主要规则。我们认为仁慈和慷慨的行为应该施予仁慈和慷慨的人。我们认为,那些心里从来不能容纳仁慈感情的人,也不能得到其同胞的感情,而只能像生活在广漠的沙漠中那样生活在一个无人关心或问候的社会之中。应该使违反正义法则的人自己感受到他对别人犯下的那种罪孽;并且,由于对他的同胞的痛苦的任何关心都不能使他有所克制,那就应当利用他自己畏惧的事物来使他感到害怕。只有清白无罪的人,只有对他人遵守正义法则的人,只有不去伤害邻人的人,才能得到邻人们对他的清白无罪所应有的尊敬,并对他严格地遵守同样的法则。

第二章 论对正义、悔恨的感觉,兼论对优点的意识

除了因别人对我们造成的不幸而引起的正当的愤怒之外,不可能有合适的动机使我们去伤害邻人,也不可能有任何刺激使我们对别人造成会得到人们同意的不幸。仅仅因为别人的幸福妨碍了我们自己的幸福而去破坏这种幸福,仅仅因为别人真正有用的东西对我们可能同样有用或更加有用而夺走这些东西,同样,或者以牺牲别人来满足人皆有之的、使自己的幸福超过别人的天生偏爱,都不能得到公正的旁观者的赞同。毫无疑问,每个人生来首先和主要关心自己;而且,因为他比任何其他人都更适合关心自己,所以他如果这样做的话是恰当和正确的。因此每个人更加深切地

关心同自己直接有关的，而不是对任何其他人有关的事情；或许，听到另一个同我们没有特殊关系的人的死讯，会使我们有所挂虑，但其对我们的饮食起居的影响远比落在自己身上的小灾小难为小。不过，虽然邻居的破产对我们的影响或许远比我们自己遭到的微小不幸为小，但我们绝不可以邻居破产来防止我们的微小不幸发生，甚或以此来防止自己的破产。在这里，同在其他一切场合一样，我们应当用自己自然地用来看待别人的眼光，而不用自己自然地会用来看待自己的眼光，来看待自己。俗话说，虽然对他自己来说每个人都可以成为一个整体世界，但对其他人来说不过是沧海一粟。虽然对他来说，自己的幸福可能比世界上所有其他人的幸福重要，但对其他任何一个人来说并不比别人的幸福重要。因此，虽然每个人心里确实必然宁爱自己而不爱别人，但是他不敢在人们面前采取这种态度，公开承认自己是按这一原则行事的。他会发觉，其他人绝不会赞成他的这种偏爱，无论这对他来说如何自然，对别人来说总是显得过分和放肆。当他以自己所意识到的别人看待自己的眼光来看待自己时，他明白对他们来说自己只是芸芸众生之中的一员，没有哪一方面比别人高明。如果他愿意按公正的旁观者能够同情自己的行为——这是全部事情中他渴望做的——的原则行事，那么，在这种场合，同在其他一切场合一样，他一定会收敛起这种自爱的傲慢之心，并把它压抑到别人能够赞同的程度。他们会迁就这种自爱的傲慢之心，以致允许他比关心别人的幸福更多地关心自己的幸福，更加热切地追求自己的幸福。至此，每当他们设身处地地考虑他的处境的时候，他们就会欣然地对他表示赞同。在追求财富、名誉和显赫职位的竞争中，为了超过一切对手，他可以尽其所能和全力以赴，但是，如果他要挤掉或打倒对手，旁观者对他的迁就就会完全停止。他们不允许作出不光明正大的行为。对他们来说，这个人在各方面同他们相差无几：他们不会同情那种自爱之心，这种自爱之心使他热爱自己远胜于热爱别人；并且也不赞成他伤害某个对手的动机。因此，他们乐于同情被伤害者自然产生的愤恨，伤人者也就成为他们憎恨和愤怒的对象。他意识到自己会成为这样一个人，并感到上述那些情感随时从四面八方迸发出来反对自己。

正如犯下的罪恶越大和越是不可挽回，受难者的愤怒越是自然地增强一样，旁观者因同情而产生的愤慨以及行为者对自己罪行的感觉也越是加深。杀害人命是一个人所能使另一个人遭受的最大不幸，它会在同死者有直接关系的人中间激起极为强烈的愤怒。因此，在人们和罪犯的心目中，谋杀都是一种侵犯个人的最残忍的罪行。剥夺我们已经占有的东西，比使我们对只是希望得到的东西感到失望更坏。因此，侵犯财产，偷窃和抢劫我们拥有的东西，比仅仅使我们对所期望的东西感到失望的撕毁契约行为罪恶更大。所以，那些违法者似乎要受到最严厉的报复和惩罚。最神圣的正义法律就是那些保护我们邻居的生活和人身安全的法律；其次是那些保护个人财产和所有权的法律；最后是那些保护所谓个人权利或别人允诺归还他的东西的法律。

违反十分神圣的正义法律的人，从来不考虑别人对他必然怀有的情感，他感觉不到羞耻、害怕和惊恐所引起的一切痛苦。当他的激情得到满足并开始冷静地考虑自己过去行为的时候，他不能再谅解那些影响自己行为的动机。这些动机现在对他来说，就像别人常常感到的那样，显得极为可厌。由于对别人对他必然怀有的嫌恶和憎恨产生同感，他在某种程度上就成了自我嫌恶和憎恨的对象。那个由于他的不义行为而受害的人的处境，现在唤起了他的怜悯之心。想到这一点，他就会感到伤心；为自己行为所造成的不幸后果而悔恨，同时感到他已经变为人们愤恨和声讨的合宜对象，变为承担愤恨、复仇和惩罚的必然后果的合宜对象。这种念头不断地萦绕在他的心头，使他充满了恐惧和惊骇。他不敢再同社会对抗，而想象自己已为一切人类感情所摈斥和抛弃。在这种巨大和最可怕的痛苦之中，他不能指望得到别人的安慰。对他罪行的回忆，使他的同胞从心坎里拒绝对他表示任何同情。人们对他所怀有的情感，正是他最害怕的东西。周围的一切似乎都怀有敌意，因而他乐意逃到某一荒凉的沙漠中去，在那里，他可以不再见到一张人脸，也不再从人们的面部表情中觉察到对他罪行的责难。但是，孤独比社会更可怕。他自己的顾虑只能给他带来黑暗、不幸和灾难，忧郁预示着不可想象的折磨和毁灭。对孤独的恐惧迫使他回到社会中去，他又来到人们面前，令人惊讶地在他们面前表现出一副羞愧万分、深受恐惧折磨的样子，以便从那些真正的法官那里求得一点保护，他知道这些法官早已一致作出对他的判决。这就是宜于称为悔恨的那种天生的情感；也就是能够使人们产生畏惧心理的一切情感。意识到自己过去的行为不合宜而产生的羞耻心；意识到行为的后果而产生的悲痛心情；对受到自己行为的损害的那些人怀有的怜悯之情；以及由于意识到每个有理性的人正当地激起的愤恨而产生的对惩罚的畏惧和害怕，所有这一切构成了那种天生的情感。

相反的行为必然产生相反的感情。那个不是根据无聊的空想，而是根据正确的动机作出了某一慷慨行为的人，当他对那些自己曾经为之效劳的人有所期待时，感到自己必然成为他们爱戴和感激的对象，并由于对他们表示同情，感到自己必然成为所有的人尊敬和赞同的对象。当他回顾他据以作为行为的动机、并用公正的旁观者会用来检查它的目光来检查它时，他还会进一步理解它，并以得到这个想象中的公正的法官的赞同自夸。在所有这些看法中，他自己的行为在各方面都似乎令人喜欢。想到这一点，他心里就充满了快乐、安详和镇静。他和所有的人友好和睦地相处，并带着自信和称心如意的心情看待他们，确信自己已成为最值得同胞尊敬的人物。这些感情的结合，构成了对优点的意识或应该得到报答的意识。

第三章　论这种天性构成的作用

事实就是如此：人只能存在于社会之中，天性使人适应他由以生长的那种环境。人类社会的所有成员，都处在一种需要互相帮助的状况之中，同时也面临相互之间的伤害。在出于热爱、感激、友谊和尊敬而相互提供了这种必要帮助的地方，社会兴旺发达并令人愉快。所有不同的社会成员通过爱和感情这种令人愉快的纽带联结在一起，好像被带到一个互相行善的公共中心。

但是，虽然这种必要的帮助不是产生于慷慨和无私的动机，虽然在不同的社会成员之中缺乏相互之间的爱和感情，虽然这一社会并不带来较多的幸福和愉快，但是它必定不会消失。凭借公众对其作用的认识，社会可以在人们相互之间缺乏爱或感情的情况下，像它存在于不同的商人中间那样存在于不同的人中间；并且，虽然在这一社会中，没有人负有任何义务，或者一定要对别人表示感激，但是社会仍然可以根据一种一致的估价，通过完全着眼于实利的互惠行为而被维持下去。

然而，社会不可能存在于那些老是相互损伤和伤害的人中间。每当那种伤害开始的时候，每当相互之间产生愤恨和敌意的时候，一切社会纽带就被扯断，它所维系的不同成员似乎由于他们之间的感情极不和谐甚至对立而变得疏远。根据一般的见解，如果强盗和凶手之间存在某种交往的话，他们至少一定不会去抢劫和杀害对方。因此，与其说仁慈是社会存在的基础，还不如说正义是这种基础。虽然没有仁慈之心，社会也可以存在于一种不很令人愉快的状态之中，但是不义行为的盛行却肯定会彻底毁掉它。

所以，虽然造物主利用人们想得到报答这一令人愉快的意识，劝诫人们多行善事，但是祂并不以为在这种善举被忽略的情况下，有必要利用人们害怕受到惩罚的心理来保障和强制人们行善。行善犹如美化建筑物的装饰品，而不是支撑建筑物的地基，因此作出劝诫已经足够，没有必要强加于人。相反，正义犹如支撑整个大厦的主要支柱。如果这根柱子松动的话，那么人类社会这个雄伟而巨大的建筑必然会在顷刻之间土崩瓦解，在这个世界上，如果我可以这样说的话，建造和维护这一大厦似乎受到造物主特别而宝贵的关注。所以，为了强迫人们尊奉正义，造物主在人们心中培植起那种恶有恶报的意识以及害怕违反正义就会受到惩罚的心理，它们就像人类联合的伟大卫士一样，保护弱者，抑制强暴和惩罚罪犯。虽然人天生是富有同情心的，但是同自己相比，他们对同自己没有特殊关系的人几乎不抱有同情；一个只是作为其同胞的人的不幸同他们自己的、哪怕是微小的便利相比，也竟不重要；他们很想恃强伤害一个人，并且也许有很多东西诱惑他们这样做，因而，如果在被害者自卫的过程中没有在他们中间确立这一正义的原则，并且没有使他们慑服从而对被害者的清白无辜感到某种敬畏的话，他们就会像野兽一样随时准备向他发起攻击；一个人参加人们的集会犹如进入狮子的洞穴。

在世界各地，我们看到各种工具都被极其精巧地调整到适应其所要产生的目的；并赞叹植物或动物的肌体内的每样东西都作了何等巧妙的安排以促成天性的两个伟大目的，即维持个体的生存和种的繁衍。但是，在这些以及所有这样的对象中，我们仍然要把效用从它们各自的运动和结构的最终原因中区别开来。食物的消化、血液的循环以及由此引起的各种体液的分泌，都是为维持动物的生存这一伟大目的所必需的作用过程，但我们从来不像根据它们产生效用的原因去说明这些过程那样，根据上述那些目的去努力说明这些作用过程；从来没有推测血液循环或食物消化自动进行的过程，也没有对循环和消化的目的抱有某种观点或想法。钟表的齿轮都被巧妙地校准，以适应制造它们的目的，即指示时间。各种齿轮所有不同的运转，以最精巧的方式互相配合以产生这个效果。如果它们被赋予一种产生这一效果的愿望和意图，不见得会运行得更好。不过，我们从来不把任何此类愿望或意图赋予它们，而将其赋予钟表匠，我们知道它们是由一根发条推动的，这表明发条所产生的效果同齿轮所产生的效果一样微不足道。虽然我们在以此说明肌体作用的过程时，从来不会区分不出效用和最终原因，但是我们在说明那些心理作用的过程时，却很容易混淆这两个彼此不同的东西。当天赋原则引导我们去促成那些纯真而开明的理性会向我们提出的目的时，我们很容易把它归因于那个理性，正如我们把它归因于这些原则发生作用的原因和我们促成那些目的的情感和行为一样，并且很容易认为那个理性是出于人的聪明，其实它是出于神的智慧。表面看来，这个原因似乎足以产生它所引起的结果，并且当人性体系所有不同的作用，以这种方式从一个简单的原则推断出来的时候，这个体系似乎颇为简单和令人愉快。

正如在通常不放弃相互伤害的人中间，不可能发生社会交往那样，只有较好地遵守正义法则，社会才能存在；所以对这一正义法则必要性的考虑，就被认为是我们赞成通过惩罚违反正义法律的那些人来严格执行它的根据。据说，人天生具有一种对社会的热爱，希望人类为了自身的缘故而保持团结，即使他自己没有从中得到好处。对他来说，有秩序的、兴旺发达的社会状况是令人愉快的。他乐于见到这样的社会。相反，无秩序和混乱的社会状况成了他所厌恶的对象，他对任何造成这种无秩序和混乱状态的事情都感到烦恼。他也意识到，自己的利益与社会的繁荣休戚相关，他的幸福或者生命的维持，都取决于这个社会的秩序和繁荣能否保持。因此，种种原因使他对任何有损于社会的事情都怀着一种憎恨之情，并且愿意用一切方法去阻止这个如此令人痛恨和可怕的事情发生。不义行为必然有损于这个社会。所以，每一种不义行为的出现都使他感到惊恐不安，如果我可以这样说的话，他会尽力去阻止这种行为的进一步发展,如果任其进行下去,就会很快地葬送他所珍视的一切。如果他不能用温和而合理的手段去约束它,他就必定要采用暴力来压制它,总之,必须阻止它进一步发展。因此,人们时常赞成严格执行正义法则,甚至赞成用死刑来惩罚那些违反这种法则的人。由此,要把破坏社会安定的人从世界上驱逐出去,而其他的人看到他的下场也不敢步其后尘。

这就是我们通常对自己赞成惩罚不义行为所作的说明。这毫无疑问是正确的,所以根据对保持社会秩序的必要性所作的考虑,我们经常有必要坚持自己对合宜而又恰当的惩罚所具有的那种自然意识。当罪犯即将为遭到正当的报复而受苦时,人们自然的义愤告诉他这是罪有应得;当他那蛮横的不义行为因他对愈益临近的惩罚感到恐惧而中止和加以克制时,当他不再成为人们恐惧的对象时,他就开始成为人们慷慨而仁慈地对之表示怜悯的对象。想到他即将遭受的痛苦,人们减轻了因他给别人造成的痛苦而产生的愤恨。他们倾向于原谅和宽恕他,并免除给予他的那种惩罚,在他们感情极其冷漠的时候,这个惩罚曾被认为是罪有应得。因此,这里有必要唤起他们保持这种对社会整体利益的考虑。他们在更为慷慨和全面的人性的驱使下,抵消这种软弱和有偏见的人性所产生的冲动。他们想到对罪犯的宽恕就是对无辜者的残忍,并以某种同情人类的更为广泛的体恤之情,来同自己同情某一特殊人物的体恤情绪相对抗。

有时,我们也有必要通过对一般正义法则对维持社会的必要性的考察,为遵守它们的合宜性辩护。我们经常听到年轻人和放荡不羁的人嘲弄极其神圣的道德法则,听到他们有时是出于道德败坏，而更为经常的是出于自己的虚荣心而承认最可恶的行为准则。我们因而发怒，并急切地去驳斥和揭露这种可恨的原则。但是，虽然这种原则是最初激起我们反对他们的他们身上所固有的可憎恨的东西，我们也不愿意将其看成是谴责他们的唯一理由，或者声称这是我们憎恨和讨厌他们的唯一理由。我们认为，这个理由看来并不是决定性的。然而，如果因为他们成为憎恨和讨厌的自然而又合宜的对象，因而我们憎恨和讨厌他们，为什么这不应该是决定性的理由呢？只是当有人问为什么我们不应当如此或按此方式行事时，这个问题对那些提问的人来说，就意味着这种行为方式就其本身来说似乎并不是那些情感的自然而又合宜的对象。因此，我们必须告诉他们，这是由于其他一些理由。为此，我们通常要寻找另外的理由，而我们首先想到的一个理由是，这种做法盛行的结果将导致社会秩序的混乱。因此，我们几乎总是成功地坚持了这个原理。

虽然看出所有放荡不羁的行为对社会幸福的危害倾向通常无需良好的识别能力，但是最初激起我们反对它们的几乎不是这种考虑。所有的人，即使是最愚蠢和最无思考能力的人，都憎恶欺诈虚伪、背信弃义和违反正义的人，并且乐于见到他们受到惩罚。但是，无论正义对于社会存在的必要性表现得如何明显，也很少有人考虑到这一点。

最初使我们注意对侵犯个人罪行的惩罚的，不是某种对保护社会的关心，这一点可以用许多显而易见的理由来证实。我们对个人命运和幸福的关心，在通常情况下，并不是由我们对社会命运和幸福的关心引起的。我们并不因为一个畿尼是一千个畿尼的一部分,以及因为我们应该关心整笔金钱,所以对损失一个畿尼表示关心。同样,我们也不因为个人是社会的一员或一部分,以及因为我们应该关心社会的毁灭,所以对这个人的毁灭或损失表示关心。不论在哪一种情况下,我们对个人的关心都不是出于对大众的关心;但是,在两种情况下,我们对大众的关心是由一种特别的关心混合而成的,而这种特别的关心又是由我们对不同的个人所产生的同情组成的。因为有人从我们身上不正当地取走了一小笔金钱时,我们告发这一伤害行为,与其说是出于自己对已经失去的那一金额的关心,不如说是出于一种保护自己全部财产的关心。同样,当某个人受到伤害或摧残时,我们要求对在他身上犯下罪行的人进行惩罚,与其说是出于对那个受到伤害的人的关心,不如说是出于对社会总的利益的关心。然而要看到,这种关心并不一定在某种程度上包括那些优美的情感,即通常称为热爱、尊敬和感动、并据以区别我们的特殊朋友和熟人的那些情感。仅仅因为他是我们的同胞,所以这方面所需要的关心,只不过是我们对每一个人都具有的同情。当某个令人憎恶的人受到并未被他激怒的那些人的伤害时,我们甚至会谅解他的愤恨。在这种情况下,我们对他原来的品质和行为所具有的不满,并不会全然阻止我们对他自然产生的愤恨表示同情;虽然那些既不很公正也不惯于用一般规则来纠正和控制自己天生情感的人,很容易给这种同情泼冷水。

在某些场合,我们惩罚或赞同惩罚确实仅仅是出于某种对社会总的利益的考虑,我们认为,不那样,这种利益就得不到保证。它是对各种妨害国内治安或违犯军队纪律的行为所作的一种惩罚。此种罪行不会立即和直接地伤害任何个人;但人们认为,它们的长远影响确实给社会带来或可能带来不少麻烦或巨大的混乱。例如,一个哨兵在他警戒时睡大觉从而被军法处死,这是因为这种疏忽可能使整个军队遭到危险。在许多情况下,这种严厉的惩罚可能显得十分必要,从而显得正确和合适。当对某一个人的保护与大众的安全发生矛盾时,偏重多数最为正确。然而这种惩罚无论怎样必要,总显得过分严厉。这个自然地犯下的罪行是如此之小,而惩罚是如此之重,以致要我们内心同它保持一致是极为困难的。虽然这样的疏忽看来极应受到责备,然而关于这个罪行的想法并不必然会激起如此强烈的愤恨,致使我们要实行如此可怕的报复。一个仁慈的人必须使自己冷静下来,作出某种努力,并充分运用自己的坚定意志和决心,才能亲自实行、或者赞同别人实行这种惩罚。然而,他并不以这种方式来看待对某个忘恩负义的凶手或杀害自己父母的人实行的公正的惩罚。在这种情况下,他热切地,甚至喜不自胜地赞成这个看来是由这种可恶的罪行引起的正义的报复,如果这种罪行偶然地避免惩罚,他就会感到极大的愤怒和失望。旁观者看待那些不同的惩罚所怀有的这种不同的感情,证明他对前一种惩罚的赞同和对后一种惩罚的赞同并不是建立在同一原则基础上的。他把那个哨兵看成是一个不幸的牺牲者,确实,这个哨兵必须和应该为了众人的安全而献出自己的生命,但旁观者在心里仍然乐于保全他的生命;并仅仅为众人的利益与此相悖而感到遗憾。但是,如果凶手逃脱惩罚,就会激起他极为强烈的愤怒,他将祈求神在另一个世界报复那个罪行——它因人类不公平的做法而未在人间受到惩罚。

值得很好注意的是:我们绝非只是为了维持社会秩序而认为

那个不义行为一定要在今生今世受到惩罚,不这样,社会秩序就很难维持,我以为,造物主是使我们希望、宗教也准许我们期待这种罪行甚至在来世受到惩罚。虽然这种罪行受到惩罚的例子不足以阻止其他人成为同样的罪犯——他们没有看到、也不知道这种惩罚,但是如果我可以这样说的话,我们感到这种惩罚将尾随其后,直到死后。因而,我们认为,公正的神还是需要的,今后他会为受到伤害的寡妇和丧失父亲的人复仇,在这个世界上,他们经常受到侮辱而无人对此加以惩罚。因此,在每一种宗教和世人见过的每一种迷信中,都有一个地狱和一个天堂,前者是为惩罚邪恶者而提供的地方,后者是为报答正义者而提供的地方。

第三篇　就行为的优点或缺点，论命运对人类情感所产生的影响

引　言

某一行为所可能受到的不管什么样的赞扬或责备，首先是针对产生这个行为的内心意图或感情的；其次是针对这种感情所引起的身体外部的行为或动作的；最后是针对这个行为所实际产生的或好或坏的后果的。这三个不同的方面即构成一行为的全部性质和状况，它们必定成为能与这一行为相应的无论哪一种品质的根据。

在这三种情况中，后两种情况不能作为任何赞扬或责备的根据，这是很清楚的；也没有人坚持相反的意见。在最清白的行为和最可责备的行为中，身体外部的行为或动作往往是相同的。一个向鸟射击的人和一个向人射击的人，都做了同样的外部动作，即都要扣动一支枪的扳机。某一行为所实际产生的后果，甚至比身体的外部动作更与赞扬或责备无关。因为后果并不取决于行为者而是取决于命运，所以后果不能成为以行为者的品质和行动为对象的任何情感的合宜根据。

行为者可能对此负责的，或者他由此可能得到某种赞同或反

对的唯一后果，就是那些这样或那样预期的后果，或者至少是那些显示出他的行为由以产生的内心意图中某一令人愉快或不快品质的后果。因此，恰好归于某一行为的一切赞扬或责备，恰好归于某一行为的一切赞同或反对，最终必定针对内心的意图或感情，必定针对行为的合宜与否，必定针对仁慈或不良的意图。

当这一准则如此抽象地和概括地被提出来时，没有人会加以反对。它那不言而喻的正确性得到世人的承认，所有的人都不会对此持有异议。每个人都认为：不同行为所造成的偶然的、意外的和未能料到的后果无论是怎样的不同，然而，如果一方面这些行为由以产生的意图或感情是同样的合宜和仁慈，或者另一方面是同样的不合宜和恶毒的话，那么行为的优点或缺点仍是相同的，并且行为者同样成为感激或愤恨的合宜对象。

但是，无论我们在作抽象思考时是如何为这一正确的准则所折服，可一旦面临特定情况时，某一行为正好产生的实际后果对我们关于行为的优点或缺点的情感仍然具有一个非常巨大的影响，并且几乎总是加强或减弱我们对两者的感受。仔细考察一下便会发现，在某一具体情况下，我们的情感很少完全是受那种法则控制的——尽管我们都承认情感应该完全受它的控制。

现在，对于这种人人都感觉到的、很少有人充分认识和无人愿意承认的感情上的不一致性，我要继续加以说明；并且将首先考虑引起它的原因，或天性产生这种不一致性所通过的途径；其次考虑它的影响程度；最后考虑同它相应的结果，或者造物主通过它所意欲表明的目的。

第一章　论这种命运产生影响的原因

无论痛苦和快乐的原因是什么，或者它们是怎样产生的，它们都会在所有的动物身上立刻激起感激和愤恨这两种激情。无生命的和有生命的东西都会引起这两种激情。甚至在被一块石头碰痛的一瞬间，我们也会对它发怒。小孩会敲打这块石头，狗会对它咆哮，性情暴躁的人会咒骂它。确实，稍微思考一下就会纠正这种情感，并且不久就会意识到没有感觉的东西不是一个合宜的报复对象。然而，当伤害很大时，这个引起伤害的对象就会使我们一直感到不快，并且也会把焚烧它和销毁它引为乐事。我们应该如此对待偶然造成某个朋友死亡的器械，如果忘了对它发泄这种荒唐的报复的话，就常常会想到自己犯了这种缺乏人性的罪过。

同样，我们对给自己带来巨大或频繁欢乐的那些无生命之物，也会抱有某种感激之情。一个靠了一块木板刚从失事的船上逃生的海员，一上岸就用这块木板来添火，这看来是一种不合人情的行为。我们大概都希望他会像保存某种对他来说多少是心爱的纪念物一样，小心而满怀深情地保存这块木板。一个人对他那长期使用的鼻烟壶、削笔刀、拐杖，会逐渐增添爱意，并对它们怀有类似某种真正的热爱和钟爱的深情。如果他损坏或失去了它们，那么由此引起的烦恼同所损失的价值相比将会极不相称。我们对长期居住过的房屋、对长期享受其绿荫之趣的树木，都怀有某种敬意，似乎这种敬意是应该归于此举施恩者的。前者的腐朽、后者的毁灭虽然都不会使我们蒙受损失，但是会使我们忧郁不快。古代的林中仙女和护家神，即树木和房屋之神，可能就是由那些对此类对象怀有敬畏之情的作者首先提出来的。如果此类对象没有生命，这种感情就似乎是不合情理的。

但是，某一东西必须不仅是带来快乐或痛苦的原因，而且同样具有感觉它们的能力，才能成为合宜的感激对象或愤恨对象。缺乏这另一种性质，那些激情就不可能对它尽情地自我发泄出来。因为这些激情是快乐和痛苦的原因所激发出来的，所以它们的满足就存在于对引起它们的那些情感的回报之中；试图对没有感觉能力的对象作出回报是无的放矢。因此，把动物作为感激和愤恨的对象比把无生命之物作为感激和愤恨的对象更为合宜。咬人的狗和以角牴人的牛都要受到惩罚。如果它们成为某人致死的原因，那么除了杀死它们之外，公众和死者的亲属都不会满意。这不仅是为了生者的安全，而且多少是为了受到伤害的死者报仇。相反，对主人们特别有用的那些动物，成了他们深切感激的对象。我们对《土耳其侦探》中提到的那个官员的残忍行为感到震惊——他刺杀了那匹曾驮着他横越海峡的马，唯恐它今后再以同样的冒险行动使别人名扬四海。

虽然动物不仅是带来快乐和痛苦的原因而且也能感觉到那些情感，但是它们仍然不足以成为感激和愤恨的完美的对象；那些激情依然感到：要使它们完全满足还缺少某些东西。感激之情渴望的不仅是让施恩者也感到快乐，而且是使他知道他是由于自己过去的行为才得到这一报答，使他为做出这种行为而感到愉快，使他满意地感到某人是值得他为之行善的。在我们的恩人身上，最使我们着迷的是他和我们之间情感上的一致，是他像我们一样看重我们品质的价值，是他对我们的尊敬。我们高兴地发现，某人像我们自我评价那样评价我们，并且如同我们自己一样把我们与别人区别开来。打算通过自愿给他报答达到的主要目的之一，就是在他身上保持这些令人愉快和满意的情感。慷慨之心常常鄙弃这种自私的念头，即通过缠扰不休地表示感激向其恩人强求新的恩惠。但是，保持和增加他对我们的尊重，是非常高尚的心灵并不认为不值得留心的一种利益。上面所作的表述的根据是，如果我们不能体谅我们的恩人的动机，如果他的行为和品质显得不配得到我们的赞同，那么，尽管他先前给了我们很大的帮助，我们的感激之情也总是会明显地减弱。我们不会对他的恩典感到高兴；要保持对这样一个差劲的或没有价值的恩人的尊敬，似乎也成了一桩不值得追求的事情。

相反，愤恨之情主要达到的目的，与其说是使我们的敌人轮到自己来感到痛苦，不如说是使他们意识到自己的痛苦来自他过去的行为，使他为那种行为感到悔恨，使他知道他所伤害的人不应该得到那样的待遇。使我们对伤害和侮辱我们的人勃然大怒的主要因素是：他对我们所抱的轻视态度，他那只顾自己不顾我们的不合理的偏爱和荒唐的自私，由此他仿佛认为，别人随时可以为了他的便利或一时的兴致而作出牺牲。这种行为之中引人瞩目的不合宜性，夹杂其内的粗野无理和非正义性，常常比我们所遭受的全部不幸更令人愤慨和恼怒。使他恢复什么是他应当对别人做的这种比较正确的意识，使他感觉到他给我们造成的损失和做下的错事，这往往是我们的报复所欲达到的主要目的，当报复未达到这个目的时，它总是不充分的。当我们的敌人显然没有给我们造成伤害的时候，当我们认为他的行为完全合宜的时候——即处于他的境地我们也会干出同样的事，从而应该从他那儿得到全部不幸的报应——在那种场合，如果我们存有一点最起码的公正和正义之心的话，就不会产生任何愤恨之情。

因此，任何东西必须具备如下三个不同方面的条件，才能够成为完美的、合宜的感激对象或愤恨对象。首先，它必须在某一场合是快乐的原因，而在另一场合是痛苦的原因。其次，它必须具有感觉那些情感的能力。最后，它不仅产生了那些情感，而且必须是按照某种意愿产生出它们的，这种愿望在某一场合它为人所赞同，而在另一场合则为人所反对。由于第一个条件，每一对象都能激起那些感情；由于第二个条件，它在各方面都能对那些情感感到满足；第三个条件则不仅对那些情感的完全满足来说是必需的，而且由于它所引起的快乐或痛苦既剧烈又特殊，所以它同样成为激发那些激情的原因。

因此，因为以这种方式或那种方式引起快乐或痛苦的，仅仅是激起感激和愤恨的原因；所以虽然一方面某人的意愿可能是如此合宜和仁慈，或者在另一方面是如此不合宜和恶毒；但是如果未能产生他希冀的好事和罪恶的话，那就是因为在这两种场合都缺乏某种令人激动的原因，因此，在前一种情况下他很少得到感激，而在后一种情况下则很少被人愤恨。相反，虽然一方面某人的意愿中没有值得赞美的仁慈，另一方面其中也没有值得谴责的恶意，但是如果他的行为产生出重大的善果或重大的恶果的话，那么，由于在这两种场合都产生了那个激发人们感情的原因，在一种情况下就容易对他产生某些感激之情，而在另一种情况下就容易对他产生某些愤恨之情。在前一种情况下,他身上的优点隐约可见;在后一种情况下,缺点油然而生。并且,由于上述行为的后果完全处于命运的绝对掌握之中,于是命运就对人类有关优点和缺点的情感发生影响。

第二章　论这种命运产生影响的程度

首先,这种命运影响所产生的后果是:如果由最值得称赞或最可责备的意愿引起的那些行为没有产生预期的效果,就会减弱我们对其优点和缺点的感觉;其次,如果那些行为偶然引起了极度的快乐或痛苦,就会增强我们对其优点和缺点的感觉,从而超过了对这些行为由以产生的动机和感情所应有的感觉。

1. 首先,我以为,虽然某人的意愿一方面是如此合宜和善良,或者另一方面是如此不合宜和恶毒,然而如果它们未能产生自己的作用,那么,在前一场合,他的优点似乎并不完美,在后一场合,他的缺点也不齐全。这种不规则的感情变化不仅是受到某种行为结果直接影响的人感觉不到,甚至公正的旁观者也只能或多或少地有所感觉。为他人谋取某一官职而未如愿的人,被认为是他人的朋友,似乎应该得到他人的爱戴和喜欢。然而,一个不仅帮助他人谋取而且如愿以偿的人,更应该被认为是他人的保护人和恩人,并值得他给予尊敬和感激。我们往往认为,并可能多少公正地认为,那个被感激的人设想自己与前者相同。但是,如果他不感到自己不如后者,我们就不能体谅他的情感。确实,通常的说法是,对力图帮助我们的人和事实上帮了忙的人，我们抱有同样的感激之情。这是我们对每一个这种不成功的努力经常采取的说法；但是，犹如其他一切中肯的说法一样，这种说法必须被人们充分理解。一个慷慨的人对那个帮助自己未取得成功的朋友所抱有的情感，与对那个成功地帮助了他的朋友所抱有的情感近乎相同；这个人越是宽宏大量，这两种情感就越接近于精确无误。由于这种真诚的宽宏大量为那些他们自己认为值得尊敬的人所爱戴和尊重，较之他们所能期待那些情感带来的全部好处会产生更多的快乐，从而也会激起更多的感激之情，因此，如果他们失掉那些好处，他们似乎只是失去了一些微不足道的东西。不过，他们毕竟是失去了一些东西。所以他们的快乐和随之产生的感激之情当然不是十分完美的。因此，假设在助人失败的朋友和助人成功的朋友中间——其他一切情况都一样——甚至在最高尚和最优秀的心灵之中，会存在偏爱助人成功的朋友的某些感情上的细微差异。不仅如此，而且在这一点上，人类是如此不公平，以致人们虽然会得到他们希望得到的利益，但是如果它不是依靠某个特定的恩人得到，他们就有可能认为，对这个具有世上最善良的意图而未能进一步提供帮助的人毋须多加感激。在这种场合，给他们带来快乐的不同的人们分享他们的感激之情，所以他们似乎对任何人都只须略表感激。我们听到人们通常说，这个人毫无疑问是想帮助我们，我们也确实相信他为此目的而竭尽其力。然而，我们并不因此而感激他，因为别人没有对此表示同意，他所能做的一切也不会导致这种利益。他们认为，即使在公正的旁观者的眼里，这种考虑也会减弱他们对施恩者所应怀有的感激之情。那个尽力造福于人而未能取得成功的人本身同样不会信赖他想施惠的人的感激之情，也绝不会产生在他取得成功的情况下会产生的自己具有有助于别人的优点的感觉。

甚至对那些充分相信自己有能力造福于人的人来说，如果他们的才干和能力的优点为某些偶然事件所妨害而未产生效果，这种优点似乎也多少是不完美的。那个遭到朝廷大臣的妒忌而未能在同祖国的敌人作战中取得巨大胜利的将军，事后一直悔恨战机的丧失。他的悔恨并不只是为了民众，而是痛惜未能完成一个不仅在他看来，而且在其他人看来都将使自己声名增辉的行动。下述想法不能使他满意，同样也不能使别人满意，那就是：计划或谋略全部有赖于他的才能；完成它并不需要具备比设定它所必需的更大的能力；而且只要容许他以各种可能采用的方法来完成它，准许他继续干下去，成功是毫无疑问的。他毕竟未能完成自己的计划和谋略；虽然他或许会因为拟订一个宽仁而又伟大的作战计划而得到各种嘉许，但是他仍想表现完成一个伟大行动时才能实际表现出来的优点。在某个人几乎要把公众所关心的某种事办成功时，削弱他办事的权限被认为是最可恨的不义行为。我们认为，由于他已经作了那么多的努力，应该就这件事情的完成给他记大功。庞培[1]在卢库卢斯[2]取得胜利时当选为执政官，并把那些应属他人的幸运和勇敢的荣誉集于己身而遭人反对。据说，当卢库卢斯未获准完成那一征服战争的时候，甚至他的朋友也认为他的荣

---

〔1〕 庞培（公元前106—公元前48），古罗马著名的军事统帅和执政官。

〔2〕 卢库卢斯（约公元前110—公元前57），罗马执政官和将军，拥有很多财富。

誉似乎是不完美的。卢库卢斯的行动和勇气已把这个战争推进到几乎任何人都能将它结束的地步。如果一个建筑师的设计根本没有付诸实施，或者这些设计被稍许改动以致减损建筑物的效果，他就会感到羞辱。然而，设计完全是建筑师的事。对于行家来说，如同在实际施工中一样，在设计中也充分表现出他的天才。不过即使对最富有才智的人来说，设计也并不给他带来同建成一座辉煌壮丽的建筑物一样的快乐。在这两种情况中，他们都可以表现出同样的鉴赏力和天才。但是，效果却大相径庭：从前者得到的乐趣有时比不上由后者引起的惊奇和赞美。我们相信许多人的才能要高于恺撒和亚历山大；[1]相信他们处于同样的环境中会作出更伟大的行动。然而，我们并不以惊奇和赞美的眼光来看待他们。在所有的时代和国家里，人们都会以这种眼光来看待上述两位英雄，发自内心的冷静的评价可能使我们更加赞赏他们，但是他们却缺少伟大行动的光辉来激起这种赞赏。卓越的品德和才干并不会产生同卓越的业绩一样的效果，即使是对承认这种卓越品德和才干的人也不会产生同样效果。

在忘恩负义的人的眼里，恰如想行善而未成功的人的优点似乎会因失败而缩小一样，企图作恶而未成功的人的缺点同样也会缩小。某种犯罪的图谋，无论被证实得如何清楚，也从来不会像实际犯罪那样受到重判。或许，叛逆罪是唯一的例外。那种罪行直接影响政权本身的存在，当局对它当然要比对其他任何罪行更加

[1] 亚历山大（公元前356—公元前323），古代马其顿的国王、杰出的军事家和政治家。

小心地加以提防。在处治叛逆罪时,君主所愤恨的是它直接危害他本人;在判处其他罪行时,君主所愤恨的则是它危害别人。在前一种场合,他所发泄的是自己的愤恨;在后一场合,他的愤恨只是由于同情从而体谅自己臣民的愤恨而产生的。因此,在前一场合,由于他是为了自己而处罚罪犯,所以他所作的判决很容易比公正的旁观者所能同意的更为严厉和残忍。这里,在叛逆罪较轻的情况下,他也会发怒,而且像在其他情况下那样,他总是不能等到罪行发生,甚至不能等到作出犯罪尝试就勃然大怒。一次图谋叛逆的商议,甚或只是一种叛逆的企图,只是一次叛逆的谈话,虽然没有采取什么行动,但是在许多国家内都要受到同犯下实际叛逆罪一样的惩罚。至于只是有所图谋而未予尝试的其他一切罪行,根本不会得到什么惩罚,更谈不上处以重刑。可以这样说,确实没有必要设想犯罪的图谋和犯罪的行为是同样的邪恶行为,因此不应使它们遭到同样的惩罚。也可以这样说,当事态发展到紧要关头时,我们能够做成许多自己感到全然无法完成的事情,甚至能够采取各种措施来完成它们。但是,当叛逆的图谋已经发展到进行最后尝试的程度时,这个理由就不能成立。虽然几乎没有一个国家的法律,会将一个用手枪向他的仇人射击而未击中对方的人判处死刑;根据苏格兰古老的法律,即使那个人击伤了对方,如果后者不在随后一定时期内死亡,前者也不应被判处死刑。可是,人们对这种罪行的愤恨之情是如此强烈,对那个表明自己会犯这种罪行的人的恐惧又是如此之大,以致在所有的国家里只是企图犯这种罪行的人也会被判处死刑。对于企图犯较小罪行的人几乎总是从轻判处,有时根本不加处罚。那个小偷在把手伸进邻人的口袋行窃之前被人当场抓住，对他的惩罚只是使他丢脸。如果他有时间偷走一块手帕，就会被处以死刑。非法侵入他人住宅的人，在邻人的窗前置放梯子、尚未进去就被人发觉，不会被处死。企图强奸妇女的人不会受到像强奸犯那样的惩罚。虽然诱奸妇女要受到严厉的惩罚，但是企图诱奸一个已婚妇女的人却简直不会受到惩罚。我们对只是企图造成危害的人所怀的愤恨，很少会强烈到使我们为使他受到跟实际造成危害的人相同的惩罚而出庭作证。如果他真的做了那件坏事，我们就认为他应该受到那种惩罚。在前一种情况下，我们随着判决而来的高兴减轻了对他的残暴行为的感受；在后一种情况下，我们对有人遭到不幸感到的痛苦增强了对他的残暴行为的感受。但是，在两种情况下，因为他的意图同样是罪恶的，所以他实际存在的缺点无疑是一样的。因此在这一方面，所有人的情感中都存在着一种不规则的东西，并且，我相信，一切最文明的国家的法律同一切最野蛮的国家的法律一样，有一种必然的减刑条例。无论什么地方，文明人自然的愤怒不会因罪行的后果而增强，他们从仁爱出发有意免除或减轻惩罚。相反，当某种行为并未发生实际后果时，野蛮人对它的动机往往不很敏感或追根究底。

那个出于激情或受坏伙伴的影响决意犯罪，或许已为犯某种罪行采取一些措施，但幸运地为某一力所不及的偶然事件阻止的人，如果他良心尚存，就确实会在今后的生活中把这一偶然事件看成是对他自己的一个重大而明显的解救。他会不无感激地想到，神曾经如此仁慈为怀地将他从正要深陷下去的罪恶之中挽救出来，并使他在有生之年不致满怀恐惧、自责和悔恨。虽然他并未犯罪，但是同样感到内疚，好像他实际上犯下了曾下很大决心去干的那桩罪行。虽然他知道并不是因为自己善良而没有犯罪，但是想到罪行并未发生，这还是给他带来很大的安慰。他仍然认为自己不应该受到多大惩罚，招致多大的愤恨。这种幸运或者减弱了，或者消除了他的一切有罪感。回想起自己曾对这一罪行下了那么大的决心，他感到没有其他结果能比这更使他把免于犯罪看作重大而又不平常的奇迹。因为他仍然想象自己已经免于犯罪，并且抱着那种恐惧心理（处在安全之中的人有时可能抱着这种心理回想起自己曾处于灾难边缘这种危险境地）回顾他那平静的心灵所面临过的危险，一想到这一点，他就胆战心惊。

2. 这种命运影响的第二个后果是：当行为者的行为偶然引起我们过分的快乐或痛苦时，除了由行为的动机或感情造成的后果之外，还会增强我们对行为优缺点的感受。但是，那种行为令人愉快或令人不快的结果虽然在行为者的意图中没有值得称赞或责备的东西，或者至少没有达到值得我们加以称赞或责备的程度，它还是经常会给行为者的优缺点投上某种影像。因此，甚至带来坏消息的报信者也会使我们感到不快；相反，我们对带来好消息的人会产生某种感激之情。在一瞬间，我们把这两者看成是我们命运好坏的根源，多少带着这样的眼光来看待他们，仿佛他们真的造成了这一结果，实际上他们只是报告这个结果而已。最早给我们带来愉快消息的人自然成了暂时的感激对象：我们热烈而满怀深情地拥抱他，在感到幸运的瞬间，像得到了某些重大的帮助那样，高兴地给予报答。根据各个朝廷的习惯，带来胜利消息的官员有资格得到引人瞩目的擢升，因而在外作战的将军总是挑选一个他最中意的人去充当这一美差。相反，最早给我们带来悲伤消息的人正好自然地成了暂时的愤恨对象。我们不可避免地带着烦恼和不安的神情打量他；粗暴无礼和不讲道理的人往往向他发泄他的消息所引起的愤怒。亚美尼亚国王提格兰则砍掉了那个最早向他报告令人生畏的敌人已经逼近消息的人的脑袋。用这种方式来处罚带来坏消息的人，看来是野蛮残忍和毫无人性的；然而，报答带来好消息的人却不会引起我们的不快；我们认为这对于国王的恩典来说是合适的。但是，既然前者没有什么过失，后者也没有什么优点，为什么我们的做法会如此不同呢？这是因为，任何一种理智好像足以使我们允许别人流露友好仁慈的感情；但是要我们对别人发泄不友好的、狠毒的感情表示同情却需要具有极其坚强的、丰富的理性。

除非那个邪恶和不义的个人意图直接针对它们的合宜对象，虽然我们一般不愿意谅解不友好的、狠毒的感情，主张规定绝不应该允许这些感情发泄，但是在某些场合，我们还是会放宽这种严酷的要求。当一个人因疏忽而对别人造成某些无心的损害时，我们通常只要谅解受害者的愤恨，就会赞成他对冒犯者所施加的惩罚，大大超过那个没有因此带来这种不幸后果的冒犯者或许应该得到的惩罚。

有一种程度的疏忽，虽然没有对任何人造成损害，似乎也应该受到某种惩罚。这样，如果某人事先没有警告可能通过的行人，就把一块大石头抛过墙头落在马路上，而自己并不注意那块石头可能落在什么地方，他就无疑应该受到某种惩罚。即使它没有造成什么危害，一个忠于职守的警察也将处罚这种荒唐的行为。那个干出这种坏事的人对别人的幸福和安全表现出一种蛮横无理的轻视态度。他的行为实属对别人的侵害。他肆无忌惮地使旁人面临着一种神志清醒的人所不愿面临的危险，显然，他缺少那种应当正确地对待同伴的意识——这是正义和社会的基础。因此，从法律的角度来说，严重的疏忽和恶毒的图谋几乎相等*。当这种粗心大意产生某种不幸的后果时，干了这种坏事的人经常要受到惩罚，仿佛他真的有意造成那些后果；他那轻率和无礼地作出的、应该受到某种惩戒的行为，被看成了残暴的、应该严加惩处的行为。因此，如果他由于上述轻率行为而意外地砸死人的话，那么，按照许多国家的法律，特别是苏格兰的古老法律，他就会被处死。虽然这种处置无疑是太严重，但是它并不全然违背我们的天然情感。对不幸的受难者的同情激起了我们对他那愚蠢而缺乏人性的行为的正当的愤怒，可是把只是不当心地把石块丢到马路上且未伤人的人送上断头台，会比任何事情都更加沉重地打击我们天生的公正意识。然而，在这种情况下，他那愚蠢和缺乏人性的行为并未改变；而我们的情感却大不相同。这种不同的考虑会使我们相信，甚至旁观者也会被那种行为的实际后果激起巨大的愤怒。如果我没有弄错的话，在几乎所有的国家的法律中都可以看到对此严加惩处的规定；如前所述，在相反的情况下，按照法律一般可以从宽处罚。

另一种程度的疏忽并不涉及任何非正义的行为。犯这种错误

---

* Lata, culpa prope dolum est（诡诈近似严重过失）。

的人待人如待己，他无意伤害别人，也绝不对别人的安全和幸福抱无礼的轻视态度。然而，他的行为不像应有的那样小心和谨慎，由此应该受到一定程度的责备和非难，但不应该受到任何惩罚。但是，如果他的这种疏忽引起了对他人的某种伤害，那么我相信所有国家的法律都要责成他赔偿。虽然这无疑是一种真实的惩罚，但是不会有人想到对他施加死刑；虽然这种惩罚并不是因为他的行为引起了不幸的意外事件而施加的，但是人们的天然情感都赞同这种法律裁决。我们认为，最为合理的是：一个人不应为另一个人的粗心所害；这种疏忽所造成的损害，应该由造成这种损害的人来赔偿。

还有另一种疏忽，它只存在于对我们的行为可能产生的各种后果缺乏使人深为不安的疑虑和谨慎之中。在没有坏结果随之而来时，人们绝不认为缺乏这种高度的谨慎是应该受到责备的，而认为这种品质倒是应该受到谴责的。对什么事情都胆小谨慎从来不被认为是一种美德，而被看成是一种比其他东西更不利于行动和事业的品质。然而，当某人由于缺乏这种过分的小心，碰巧对别人造成损害的时候，法律常常要强制他赔偿损失。例如，根据阿奎利亚[1]的法律，因不能驾驭一匹突然受惊的奔马而恰好踩倒了邻居的奴隶的人，必须赔偿损失。当此类偶然事件发生时，我们容易认为他不应该骑这样一匹马，并且认为他试图骑这匹马也是不可原谅的轻率之举。虽然没有这一偶然事故，我们不仅不会作出这样的反应，而且会认为他拒绝骑这匹马是胆怯懦弱的表现，是对某种

〔1〕 阿奎利亚，古罗马城市，公元452年为阿提拉所攻破。

只是可能发生但毋需多加小心的事情心存疑虑的表现。那个因某一这类意外事件而偶然伤害了别人的人，他自己似乎也感到自己的过失应该受到责罚。他自然地奔向受难者，向他表示自己对所发生的事件的关切，并以各种方式表示谢罪。如果他有理性，就必定想赔偿这个损失，并且尽其所能来缓解受害者的强烈愤怒。他意识到受害者心中容易产生这种愤恨，不道歉、不作赔偿会被认为是一种极为野蛮的行径。然而，为什么要他道歉而其他的人却大可不必呢？既然他同其他一切旁观者一样清白无辜，为什么偏偏要他对别人的不幸负责呢？这件难事确不应该强加于他，甚至公正的旁观者也不会对其他可以认为是不正当的愤恨表示某种宽容。

第三章　论这种情感变化无常的最终原因

行为好坏的结果，对造成这些结果的人和其他人的情感发生的影响就是如此；这样，左右世人的命运就在我们最不愿意让它发生作用的地方施加她的影响，并在某种程度上使人们产生有关自己和别人的品质和行为的情感。人们历来抱怨世人根据结果而不根据动机作出判断，从而基本上对美德失去信心。人们都同意这个普通的格言：由于结果不依行为者而定，所以它不应影响我们对于行为者行为的优点和合宜性的情感。但是，当我们成为特殊的当事人时，在任何一种情况下都会发现自己的情感实际上很难与这一公正的格言相符。任何行为愉快的和不幸的结果不仅会使我们对谨慎的行为给予一种或好或坏的评价，而且几乎总是极其强烈地激起我们的感激或愤恨之情以及对动机的优缺点的感觉。

然而，当造物主在人们心中撒下这种情感变化无常的种子时，像在其他一切场合一样，她似乎已经想到了人类的幸福和完美。如果单单伤人的动机，狠毒的感情便是激起我们愤恨的原因，那么，如果我们怀疑某人有这种动机和感情，即使他没有将其付诸于行动，我们也会感觉到对他的全部愤怒之情。情感、想法和打算都将成为惩罚的对象；而且，如果人类对它们的愤怒达到同对行为的愤怒一样强烈的程度，如果没有产生任何行为的卑鄙想法在世人心中同卑鄙行为一样会唤起复仇之心，那么每个法庭便将成为真正的审理之所。毫无恶意和小心谨慎的行为，也将无安全可言。人们仍然会猜疑它们出自不良的意愿、不良的目的和不良的动机；并且，当它们激起同不良的行为所激起的一样的愤怒时，在不良的意图和不良的行为一样遭人愤恨时，人们同样会面临惩罚和愤恨。因此，造物主把实际犯罪和企图犯罪的行为以及使我们对它产生直觉的恐惧心理的行为，都变成了人们惩罚和愤恨的唯一合宜和赞同的对象。虽然情感、动机和感情来自人们根据冷静的理性而获得全部优点或缺点的行为之中，但是内心的伟大法官还是把它们置于人类的各种法律限制之外，并把它们留给自己那不会误判的法庭来审理。因此，在最初看来是荒唐的和不可解释的人类有关优点或缺点的这个有益而有用的感情变化的基础上产生了有关正义的必要法则，即在这个世界上，人们不应为他们所具有的动机和打算而受到惩罚，而只应为他们的行为而受到惩罚。但是，如果我们仔细观察，就可以看到，每一种人性都同样地证实了造物主的深谋远虑；即使在人们的弱点和愚行方面，我们也会钦佩神的智慧和仁慈。

情感的不规则变化不是完全没有作用的。由于这种变化，帮助别人而未成功的企图中的优点和纯粹良好而又仁慈的意愿中的优点显得并不完美。人是倾向于行动的，并且尽其所能地促进自己和别人所处的外部环境的如下变化，即，它似乎能够最有利于一切人的幸福。他必定不满足于消极的善行，也不把自己想象成人们的朋友，因为他在内心深处更希望有助于世界的繁荣。造物主教导他：为了达到他欲促其实现的目的，可能要全力以赴，除非他实际上达到这些目的，否则自己和别人都不会对他的行为感到十分满意，也都不会对他的行为给予最高度的赞扬。造物主使他明白：赞扬缺乏善行优点的好意，几乎不能激起世人最大的，甚或他自己的最高度的赞扬声。那个除其全部谈吐举止表现出最正直、最高尚和最慷慨的感情以外，没有完成一次重要行为的人，即使他的无用或许只是因为缺少帮助别人的某个机会，也可能没有资格得到很大的报答。我们还可以拒绝给他这种报答而不受谴责。我们还可以问他：你干了些什么呢？你干了些什么实实在在的好事使你有资格获得这么大的回报呢？我们尊敬你，爱戴你；但是并不对你欠下什么。真的去报答具有只是由于缺少助人机会而没有发挥作用的那种潜在美德的人，并给予荣誉和晋升，虽然这在某种意义上可以说是应该的，但不能说一定是合宜的，荣誉和晋升是非凡善行的结果。相反，在没有犯罪的情况下，仅仅因为内心的感情而施加惩罚，这是最粗野和残忍的暴行。如果仁慈的感情在几乎成为罪过之前就付诸行动，那似乎应该得到最高度的赞扬。相反，狠毒的感情化为行动几乎不会过分迟缓或多加考虑。

值得注意的是：对肇事者和受害者来说，无意之中干下的坏事都应被看成是一种不幸。因此，造物主教导人类：要尊重自己同胞的幸福，唯恐自己会做出任何可能伤害他们的事情，哪怕这是无意的；如果他无意中不幸地给自己的同胞带来了灾难，他就会担心自己所感到的那种强烈愤恨会冲自己突然爆发出来。在古代未开化的人的家教中，献奉给某神的圣地，只是在一些庄重和必要的场合才准予踩踏，而且，即使出于无知而违反上述规定的人，从践踏圣地时起就成了一个赎罪者，在他完成合适的赎罪行为之前，他将遭到执行这一规定的法力无边而肉眼看不见的神的报复。所以，为了每个清白无辜者的幸运，可以借助于造物主的智慧，同样地划出神圣的供祭神用的圣地，并用树篱围起来防止人们接近。这样，在没有索取同这个无意违反者的地位相应的补偿和赎罪物的情况下，也不会发生任意践踏的现象，也不会发生任何出于无知而不是出于本意的违反规定的现象。富于人性的人在无可责备的疏忽中意外地造成了别人的死亡，虽然没有犯罪，他还是感到自己是一个赎罪者。在一生中，他把这一事故看成是可能落到自己身上的最大不幸。如果受害者的家境贫困而他自己尚过得去，他就会立即把赡养受害者家属的责任承担起来，并认为他们无需什么优点就有资格得到一切恩惠和良好的待遇。如果受害者的家境尚可，他就会以各种认过之举，以各种悲伤的表示，以为他们做自己所能想到的或他们所接受的各种好事，来补偿他所造成的损失并尽可能地安抚那些家属。对因他的过错而产生的愤恨之情来说，这种过错虽然是偶然的，然而是巨大的；这种愤恨或许是自然的，却无疑是极不公正的。

某个清白无辜者由于某一偶然事件造成了一些过失，如果这是他自觉地和有意地造成的，他就会公正地受到最严厉的指责。此人所感到的痛苦曾引出古代和当代戏剧中最精彩和最吸引人的几幕。正是这种虚构的罪行场面——如果我可以这样称呼的话——构成了希腊戏剧中的俄狄浦斯和裘卡斯塔的全部不幸，构成了英国戏剧中的蒙尼米亚和伊莎贝拉的全部不幸。虽然他们之中没有人犯下极轻微的罪行，却成了最大的赎罪者。

然而，尽管这一切看来是情感的不规则变化，但是如果一个人不幸地犯下了那些他无意犯的罪行，或未能成功地实现他有意做的好事，造物主也不会让他的清白无辜得不到一点安慰，也不会让他的美德全然得不到什么报答。那时，他会求助于那正确而又公平的格言，即：那些不依我们的行为而定的结果，不应减少我们该得到的尊敬。他唤起心中全部的高尚感情和坚定意志，尽量注意自己不要以现在的面貌而以应有的样子出现在人们的眼前，他要人们看到他那慷慨的意愿最后得到成功，即使人们的感情都很正直和公正，甚或同自己全然一致。一部分很正直和富于人性的人，完全赞成他如是按自己的观点来激励自己所做的努力。他们以心灵中的全部高尚而又伟大的情感去矫正自己心中的人性的不规则变化，并努力以相同的眼光来看待自己那没有获得成功的高尚行为，即使在没有做出任何这样大的努力的情况下获得成功，他们也会自然而然地倾向于用这种眼光来思考问题。

第 三 卷

论我们评判自己的情感和行为的基础，兼论责任感

（本卷只有一篇）

第一章　论自我赞同和不赞同的原则

我在本书的前两卷着重考察了我们评判他人感情和行为的起点和基础。现在,我要较详细地考察我们评判自己的感情和行为的起点。

我们据以自然地赞同或不赞同自己行为的原则,似乎同据以判断他人行为的原则完全相同。当我们设身处地为他人着想时,根据能否充分同情导致他人行为的情感和动机来决定是否赞同这种行为。同样,当我们以他人的立场来看待自己的行为时,也是根据能否充分理解和同情影响自己行为的情感和动机来决定是否赞同这种行为。可以说,如果我们不离开自己的地位,并以一定的距离来看待自己的情感和动机,就绝不可能对它们作出全面的评述,也绝不可能对它们作出任何判断。而我们只有通过努力以他人的眼光来看待自己的情感和动机,或像他人可能持有的看法那样来看待它们,才能做到这一点。因此,无论我们对它们会作出什么判断,都必然会,或者在一定的条件下会,或者我们设想应该会同他人的判断具有某种内在联系。我们努力像我们推测其他任何公正而无偏见的旁观者可能做的那样来考察自己的行为。如果我们设身处地地考虑问题,因而完全理解影响自己行为的所有激情和动机,我们就会因为对想象中的公正的法官的赞成抱有同感而对自己的行为表示赞同。如果不是这样,我们就会体谅他的不满,并且责备这种行为。

如果一个人有可能在同任何人都没有交往的情况下,在某个与世隔绝的地方长大成人，那么，正如他不可能想到自己面貌的美或丑一样，也不可能想到自己的品质，不可能想到自己情感和行为的合宜性或缺点，也不可能想到自己心灵的美或丑。所有这些都是他不能轻易弄清楚的，他自然也不会注意到它们，并且，他也不具有能使这些对象展现在自己眼前的镜子。一旦把这个人带入社会，他就立即得到了在此以前缺少的镜子。这面镜子存在于同他相处的那些人的表情和行为之中，当他们理解或不赞同他的情感时，总会有所表示；并且他正是在这里第一次看到自己感情的合宜和不合宜，看到自己心灵的美和丑。对一个刚来到人间就同社会隔绝的人来说，引起他的强烈感情的对象，使他欢乐或伤害他的外界事物，都会占据他的全部注意力。那些对象所激起的感情本身，愿望或嫌恶，快乐或悲伤，虽然都是直接呈现在他面前的东西，但是历来很少能够成为他思索的对象。对它们的看法绝不会使他感到如此大的兴趣，以致引起他的专心思考。虽然对那些强烈感情的原因的思考时常会激起他的快乐和悲伤，但对自己快乐的思考决不会在他身上激起新的快乐，对自己悲伤的思考也绝不会在他身上激起新的悲伤。把他带入社会，他的所有激情立即会引起新的激情。他将看到人们赞成什么，讨厌什么。在前一场合，他将受到鼓舞，在后一场合，他将感到沮丧。他的愿望和嫌恶，他的快乐和悲伤，现在常常会引起新的愿望和嫌恶，新的快乐和悲伤；因此，现在这些感情将使他深感兴趣，并且时常引起他最为专心的思考。

我们对自身美丑的最初想法是由别人的，而不是由自己的身形和外表引起的。然而，我们很快就会知道别人对我们所作的同样的评论。如果他们赞许我们的体态，我们就感到高兴；如果他们对此似乎有些厌恶，我们就感到恼怒。我们渴望知道自己的外貌会得到他们何种程度的非难或赞许。我们通过照镜子或者用诸如此类的方法，尽可能地努力隔开一段距离以他人的眼光来看待自己，逐一地审察自己的肢体。经过这样的审察，如果我们对自己的外貌感到满意，我们就会很平静地忍受别人最为不利的评判。反之，如果我们感到自己成了自然的厌恶对象，那么，他们的每一个不赞许的表现都会使我们感到极度的羞辱。一个外貌还算英俊的人，也许会允许你就他个人某一微小的缺陷同他开玩笑；但是，对一个真正丑陋的人来说，通常是无法忍受这类玩笑的。不管怎样，很明显，我们只是因为自己的美和丑对他人的影响才对此感到焦虑不安。如果我们同社会没有联系，就完全不会对此表示关心。

同样，我们最初的一些道德评论是针对别人的品质和行为的；并且，我们极其急切地观察这各种评论会给自己带来什么样的影响。但是我们不久就认识到，别人对我们同样是直言不讳的。我们渴望知道自己会得到他们何种程度的责难或称许，以及是否一定要对他们表现出他们向我们指出的令人愉快或令人不快的那种样子。为此，我们通过考虑如果处于他们的境地，他们会对我们表现出什么样子，来着手审察自己的感情和行为，并且考虑自己的这些感情和行为在他们面前会是什么样子。我们假定自己是自己行为的旁观者，并且用这种眼光来尽力想象这种行为会对我们产生什么影响。在某种程度上，这是我们能用别人的眼光来检查自己行为合宜性的唯一的镜子。如果在这种检查中它使我们感到高兴，我们就比较满意。我们可能对赞扬声满不在乎，并在某种程度上轻视世人的指责；无论受到怎样的误解或歪曲，我们都有把握成为自然和合宜的称赞对象。反之，如果我们感到自己的行为有问题，就经常会为此更加渴望获得别人的赞扬，如果我们如人所说并非声名狼藉，那么，别人的指责就会使我们迷惑不解，备受折磨。

显然，当我努力考察自己的行为时，当我努力对自己的行为作出判断并对此表示赞许或谴责时，在一切此类场合，我仿佛把自己分成两个人：一个我是审察者和评判者，扮演和另一个我不同的角色；另一个我是被审察和被评判的行为者。第一个我是个旁观者，当以那个特殊的观点观察自己的行为时，尽力通过设身处地地设想并考虑它在我们面前会如何表现来理解有关自己行为的情感。第二个我是行为者，恰当地说是我自己，对其行为我将以旁观者的身份作出某种评论。前者是评判者，后者是被评判者。不过，正如原因和结果不可能相同一样，评判者和被评判者也不可能全然相同。

和蔼可亲和值得赞扬的，即值得热爱和回报的，都是美德的高贵品质，而令人讨厌和可加惩罚的却是邪恶的品质。但是，所有这些品质都会直接涉及别人的感情。据说，美德之所以是和蔼可亲和值得赞扬的品质，不是因为它是自我热爱和感激的对象，而是因为它在别人心中激起了那些感情。美德是这种令人愉快的尊敬对象的意识，成为必然随之而来的那种精神上的安宁和自我满足的根源，正如猜疑相反会引起令人痛苦的不道德行为一样。被人敬爱和知道自己值得别人敬爱是我们多么巨大的幸福啊。被人憎恨和知道自己应该被人憎恨又是我们多么巨大的不幸啊。

第二章 论对赞扬和值得赞扬的喜爱；兼论对责备和该受责备的畏惧

人不仅生来就希望被人热爱，而且希望成为可爱的人；或者说，希望成为自然而又合宜的热爱对象。他不仅生来就害怕被人憎恨，而且害怕成为可恨的人，或者说，害怕成为自然而又合宜的憎恨对象。他不仅希望被人赞扬，而且希望成为值得赞扬的人，或者说，希望成为那种虽然没有受到人们的赞扬但确实是自然而又合宜的赞扬对象。他不仅害怕被人责备，而且害怕成为该受责备的人，或者说，害怕成为那种虽然没有受到人们的责备但确实是自然而又合宜的责备对象。

对值得赞扬的喜爱并不完全来自对赞扬的喜爱。虽然那两个原则彼此相似，虽然它们互有联系并且常常混同一体，但是，在许多方面，又互有区别和各自独立。

我们对其品质和行为为自己所赞成的那些人所自然怀有的热爱和钦佩之情，必然促使我们希望自己成为相同的令人愉快的感情的对象，并且希望自己成为如同最受我们热爱和钦佩的那些人一样可亲而又可敬的人。好胜心，即认为自己应该胜过别人的急切愿望，发端于我们对别人优点的钦佩之中。我们也不可能满足于仅仅得到别人的钦佩，因为别人也因此得到钦佩。至少我们必定相信自己是值得赞扬的，因为别人也因此而值得赞扬。但是，为了获得这种满足，我们必须成为自己品质和行为的公正的旁观者。我们必须努力用别人的眼光来看待自己的品质和行为，或者说像别人那样看待它们。经过这样的观察,如果它们像我们所希望的那样,我们就感到愉快和满足。但是,如果我们发现别人——他们用我们仅在想象中曾努力用以观察自己品质和行为的那种眼光来观察它们——以与我们曾经用过的完全相同的眼光来察看它们时,就会大大地坚定这种愉快和满足之情。他们的赞成必然坚定我们的自我赞成。他们的赞扬必然加强我们对自己值得赞扬的感觉。在这种情况下,对值得赞扬的喜爱非但不完全来自对赞扬的喜爱,而且至少在很大程度上对赞扬的喜爱似乎是来自对值得赞扬的喜爱。

当最真诚的赞扬不能被看作某种值得赞扬的证明时,它几乎不可能带来多大的快乐。由于不明真相或误解,以这种或那种方式落在我们头上的尊敬和钦佩决不是充分的。如果我们意识到自己并非如此惹人喜欢,如果真相大白而人们带着截然不同的感情来看待我们,我们的满足之情就绝不是完美的。那个既不是为了我们并未实施的行为,也不是为了毫不影响我们行为的动机而称赞我们的人,不是在称赞我们,而是在称赞别人。我们不可能对他的称赞感到丝毫的满意。对我们来说,这些称赞会比任何责难更使我们感到耻辱,它会不断地使我们想起各种最使人谦逊的反省,这种反省是我们应该具有的,但又是我们所缺少的。可以想象,一个涂脂抹粉的女人只能从对她的肤色的赞美中得到一点虚荣之感。我们认为这些赞美更应使她想起自己真正的肤色所会引起的感情,并且通过比较使她深感羞辱。对这种没有根据的称赞感到高兴,是一种最为浅薄轻率和虚弱的证明。这正是宜于称作虚荣心的东西,也正是那些极其荒唐和卑劣的,装模作样和低劣欺骗的恶习的基础;如果经验没有使我们认识到他们是如何粗俗低劣,人们就可以想象最起码的粗俗低劣感也会把我们从愚蠢之中挽救出来。愚蠢的说谎者,竭力通过叙述那根本不存在的冒险事迹来激起同伴的钦佩;妄自尊大的花花公子,摆出一副自己也明知配不上的显赫和高贵的架子;毫无疑问,他们都是为妄想得到的赞扬所陶醉的人。然而,他们的虚荣心来自如此粗俗的一种想象的幻觉,以致难以设想任何一个有理性的人会受这种幻觉的欺骗。如果他们置身于自己以为曾受自己欺骗的那些人的地位,就会对自己所受到的最高度赞美感到震惊。他们不是用自己知道应该在同伴面前表露的那种眼光,而是用自己以为同伴们实际上会用来看待他们的那种眼光来看待自己。但是,他们浅薄的弱点和轻浮的愚蠢总是妨碍他们内省自己,或者妨碍他们用那种可悲的观点来观察自己;如果真相的确会暴露,用这种观点,他们自己的意识必定会告诉他们自己将暴露在人们的面前。

由于不知真情和无缘无故的赞扬不可能激起实在的快乐,也不可能产生任何经得起真正考验的满足之情,所以,相反地,常常使我们得到真正安慰的想法是:虽然我们实际上没有得到赞扬,但是我们的行为应该得到称赞,它们在各方面都符合那些尺寸和标准,以此衡量,它们通常也必然会获得称赞和赞同。我们不仅为赞扬而感到高兴,而且为做下了值得称赞的事情而感到快乐。虽然我们实际上没有得到任何赞同,但是想到自己已成为自然的赞同对象,还是感到愉快。与我们共处的人们没有责备我们,但是我们反省到自己应该受到他们公正的责备,还是感到羞辱。那个意识到自己准确地看到那些行为——经验告诉他这是普遍令人愉快的行为——的分寸的人，满意地深思自己行为的合宜性。当他用公正的旁观者的眼光来看待这些行为时，他完全理解影响这些行为的全部动机。他带着愉快和赞同的心情从各方面回顾这些行为，虽然人们从来不了解他做了些什么，但是他并不是根据人们对他的实际看法，而是根据人们如果更加充分地知道他的作为就有可能产生的看法来看待自己。在这种情况下，他期待着将会落在自己身上的称许和赞美，并带着相同的感情称许和赞美自己。这些感情的确没有实际发生，但只是因为大家不知真情而没有发生。他知道，这些感情是这类行为自然而又正常的结果，他的想象把它们同这类行为紧密地联系在一起，并已习惯地把它们看成是这类行为所导致的某种自然而又合宜的感情。人们自愿地抛弃生命去追求他们死后不再能享受的某种声誉。此时他们在想象中预料那种声誉将会落在自己的身上。他们永远不会听到的赞许不绝于耳，他们永远不会感受到的赞美萦回心际，消除了他们心中一切极其强烈的恐惧，并且情不自禁地做出各种几乎超越人类本性的行为。但是就实际情况而言，在那种我们不再能享有时才得到的赞同和那个我们确实没有得到的——但如世人有可能被迫恰当地弄明白我们行为的真实情况，就会给予我们——赞同之间，确实没有多大的区别。如果前者常常产生如此强烈的影响，我们就不会对后者总是受到高度的重视感到奇怪。

造物主，当祂为社会造人时，就赋予人以某种使其同胞愉快和某种厌于触犯其同胞的原始感情。祂教导人在被同胞们赞扬时感到愉快而在被同胞们反对时感到痛苦。祂由此而把同胞们的赞同变成对人来说是最令人满意和愉快的事，并把同胞们的不赞同变成最令人羞辱和不满的事。

但是,单凭这种对于同胞们的赞同所抱的愿望和对他们的不赞同所感到的厌恶,并不会使人适应他所处的社会。于是,造物主不仅赋予他某种被人赞同的愿望,而且赋予他某种应该成为被人赞同对象的愿望,或者说,成为别人看来他应当自我赞同的对象。前一种愿望,只能够使他希望从表面上去适合社会;后一种愿望,对于使他渴望真正地适合社会来说是必不可少的。前一种愿望,只能够使他假仁假义和隐瞒罪恶;后一种愿望,对于唤起他真正地热爱美德和痛恨罪恶来说是必不可少的。在每一个健全的心灵中,这第二个愿望似乎是两者之中最强烈的一种。只有最为软弱和最为浅薄的人才会对那种他自己也知道完全不该得到的称赞感到非常高兴。弱者有时会对此感到愉快,但是一个明智的人却会在各种场合抵制它。虽然智者在自知不值得赞扬的场合很少会对此感到愉快,但是他在做自知值得赞扬的事时常常感到极大的愉快,尽管他同样深知自己不可能得到什么赞扬。对他来说,在不该得到赞同的场合获得人们的赞同,从来不是重要的目的;在确实应该得到赞同的场合获得人们的赞同,有时可能是不太重要的目的。而成为那种值得赞同的对象,则肯定始终是他的最大目的。

在不应得到赞扬的场合渴望甚至接受赞扬,只能是最卑劣的虚荣心作祟的结果。在确实应该得到赞扬的场合渴望得到它,不过是渴望某种最起码的应当给予我们的公正待遇。完全为了这一缘故热爱正当的声誉和真正的光荣,而不是着眼于从中可能得到的任何好处,也并不是智者不值得去做的事。然而,他有时忽略甚至鄙视这一切,并且他在对自己一举一动的全部合宜性有充分把握之前,绝不会轻易地这样做。在这种场合,他的自我赞同无须由别人的赞同来证实。这种自我赞同,如果不是他唯一的,至少也是他主要的目的,即他能够或者应当追求的目的。对这个目的的喜爱就是对美德的喜爱。

如同我们对一些品质所自然怀有的喜爱和赞美使我们愿把自己变成这种令人愉快的感情的合宜对象一样,我们对另一些品质所自然怀有的憎恨和轻视或许会使我们更加强烈地害怕想到自己在任何方面会具有类似的品质。在这种情况下,害怕被人憎恨、被人轻视的想法也不像自己可恨、可鄙的想法那样强烈。即使得到极为可靠的保证说那些憎恨和轻视的感情实际上不会对我们发泄,我们对所作所为可能把自己变成同胞们憎恨和轻视的正确和合宜对象的想法也感到害怕。虽然那个违反了所有那些行为准则的人——这些行为准则只会把他变成受人欢迎的人——得到了极为可靠的保证说他的所作所为永远不会被人察觉,那也是全然无效的。当他回顾自己的行为时,当他用公正的旁观者的眼光来观察自己的行为时,他发现自己不会谅解任何影响这种行为的动机。想到自己的行为,他就感到惭愧和惶恐。如果他的行为普遍为人知晓,他必然会感到自己行将蒙受的极度羞耻。在这种情况下,他在想象中预料到自己无法避免的蔑视和嘲弄,除非周围的人对此全然无知。如果周围的人确实曾经对他发泄过这种感情,那么,他仍会感到自己是这些感情作用的自然对象,并在一想到自己可能为此而受折磨时仍会不寒而栗。但是,如果犯下的罪行不仅是某种只招致非议的不合宜行为,而且是某种激起憎恶和愤恨的巨大罪行的话,那么,只要他理智尚存,他一想到自己的行为就绝不可能不感到恐怖和悔恨的一切极度痛苦；虽然人们可能对他保证说没有人会知道他的罪行，甚至自己也深信造物主不会对此给予报复，但是他仍然充分感觉到这些使自己抱恨终生的恐怖和悔恨之情，仍然可能把自己看成是所有同胞憎恨和愤怒的自然对象；如果他的心尚未因惯常犯罪而变得冷漠无情的话，那么，在令人惊骇的真相被人知晓之后，更不能毫无畏惧和惊恐地想到人们看待他时所持的态度以及他们的脸色、目光所表达的感情。一个良心深为不安的人所感受到的这种自然的极度痛苦，像魔鬼或复仇女神那样，在这个自知有罪者的一生中纠缠不已，不给他以平静和安宁，经常使他陷入绝望颓废和心烦意乱之中，隐匿罪行的自信心不可能使他摆脱它们，反宗教的原则也不可能完全使他从这中间解脱出来，只有各阶层中最卑鄙和最恶劣的人，对荣誉和臭名，罪行和美德全然无动于衷的人，才能免受它们的折磨。其品质令人极度憎恶的人们，在干下最可怕的罪行之后，曾经厚着脸皮采取措施去解脱自己的罪行嫌疑，有时也会迫于对自己处境的恐惧而主动地揭发人类不可能洞察发现的事情。由于知道自己的罪行，由于为他们所冒犯的同胞的愤恨所慑服，并且由于饱尝那种他们自己也意识到是罪有应得的报复，所以，如果有可能平静地死去，并得到全体同胞的宽恕的话，那么他们就希望，至少是在自己的想象中以死来平息人们自然产生的愤恨之情；希望由此能使别人认为自己是不该那么憎恶和愤恨的人；希望这会在一定程度上赎回自己的罪行，并把自己变成令人同情而不是令人害怕的对象。同他们在揭发自己罪行前的想法相比，上述这些想法似乎也是合适的。

在这种情况下，甚至性格不特别脆弱、不很多愁善感的人们，其对于该受责备的恐惧似乎也完全会压倒对于责备的恐惧。为了减轻这种恐惧，为了在一定程度上抚慰自己良心的责备，他们心甘情愿地接受自己也知道是罪有应得的指责和惩罚，除非他们可以轻易地避免这种指责和惩罚。

只有最轻浮和浅薄的人才会因那种自己也知道不应得到的赞扬而异常高兴。然而，即使对意志异常坚定的人来说，不应有的指责也经常会使他们深感屈辱。的确，他们容易学会鄙视那些经常在社会上流传的胡言乱语。这些传闻由于本身的荒唐和虚假肯定会在数周或数天之内销声匿迹。但是，一个清白无辜的人，虽则他的意志异常坚定，仍然不仅常常对犯有某种不实之罪的重大诋毁感到震惊，而且也常常对此深感屈辱，在这种诋毁不幸地同一些似乎能引为佐证的事情一起发生的时候更是如此。他屈辱地发现人们都如此藐视他的品质以致猜想他有可能犯有上述罪行。虽然他很清楚地知道自己是清白无辜的，但是上述诋毁看来还是常常在他的品质上投下了一层不光彩和不名誉的阴影，甚至在他自己的想象中也是如此。他对如此严重的一种伤害行为——不管怎样，它也许常常不宜、有时甚至不可能予以报复——产生的正当义愤，就其本身来说也是一种非常痛苦的感觉。人们的心情再也没有什么比这种不能平息的强烈愤恨更为痛苦的了。一个清白无辜的人，由于被人诋毁犯有某种不名誉的或令人憎恶的罪行而被送上绞刑台，遭受了对无辜者来说可能是最大的不幸。在这种情况下，他内心的痛苦常常要大于确实犯了同样罪行的人所感受到的痛苦。正如恶贼和拦路强盗一样，恣意犯罪的人往往很少意识到自己行为的恶劣，因而总不后悔。他们总是惯于把上绞刑架看成是一种有极大可能落在自己身上的命运，并不为这种惩罚的公正与否而感到苦恼。因此，当这种命运确实落在他们身上时，他们仅仅认为自己同一些同伙一样不太幸运，只好听天由命，除了由于害怕死亡而产生的不安之外，没有其他什么不安；我们经常看到，甚至这种卑微的可怜虫也能轻而易举地全然战胜这种恐惧。相反，清白无辜的人，对落在自己身上的不公正的惩罚感到愤怒而引起的痛苦，远远超过那种恐惧可能引起的不安。一想到这种惩罚可能给他身后带来的臭名声，就极为惊恐，他怀着极大的痛苦预见到：今后他最亲密的朋友和亲戚们将不是沉痛和满怀深情地回忆他，而会怀着羞愧甚至恐惧之情来回想他那想象上的可耻行为。死亡的阴影似乎以一种比平常更加黑暗和令人窒息的阴郁来靠拢他。为了人类的安宁，人们希望在任何国家里很少发生这种不幸的事情；但是在所有的国家里，它们时有发生，即使在正义通常占支配地位的那些地方也是如此。不幸的卡拉斯，是一个不同寻常的坚贞不屈的人（他是完全无辜的，由于被怀疑为杀害了他的儿子，在图卢兹被处车刑后烧死），他在生命的最后时刻祈求免除的，似乎主要不是残酷的刑罚，而是上述罪名损害他死后的名声给他带来的耻辱。在他被处车刑，正要投进火堆的时候，参加处刑的僧侣劝他为已宣判的罪行向神忏悔，卡拉斯这样回答：神父，您能使您自己相信我有罪吗？

对于陷入这种不幸境地的人来说，那种局限于现世的粗陋人生观或许不能给予多少安慰。他们不再能做什么事情，使生或死变得高尚可敬。他们已被宣判死刑并永远留下不好的名声。只有宗教才能给予他们某种有效的安慰。只有宗教才能告诉他们，在洞察一切的上天赞同其行为时,人们对它所能抱有的想法是无关紧要的。只有宗教才能向他们展示一个世界——一个比眼前这个世界更为光明、更富有人性和更为公正的世界——的景象,那里,在适当的时候会宣布他们是清白无辜的,他们的美德最终会得到报答;而只有能使洋洋得意的罪人感到胆战心惊的上述伟大法则,才能对蒙受耻辱和侮辱的清白无辜者给予唯一有效的安慰。

一个敏感的人并不因为实际犯下的真正罪行而受到伤害,而是因为非正义的诋毁而受到伤害。这种情况既发生在罪行较小之时,也发生在罪行较大之时。一个风流女子对社会上流传的有关她的行为的颇有根据的猜测甚至会报以一笑。同样一种没有根据的猜测,对一个清白的处女来说却是一种道德上的伤害。我认为,可以把这种情况规定为一种普遍的法则:蓄意犯某种可耻罪行的人,很少会感到这种罪行很不光彩,而惯于犯这种罪行的人,却几乎不会有任何可耻的感觉。

既然每个人,甚至理解力一般的人都毫不犹豫地鄙视不该得到的称赞,那么,不应有的指责何以常常能使非常明智和富有判断力的人蒙受如此重大的屈辱呢?对这种情况的产生或许应该作些考察。

我曾说过,在几乎所有的情况下,痛苦同与之相反和相应的快乐相比,是一种更加具有刺激性的感觉。同后者总是把我们的感觉提高到高于通常的或所谓自然的幸福状态相比,前者几乎总是把它压低到大大低于这种状态。一个敏感的人更容易因受到正义的指责而感到羞辱,而从来不因受到公正的赞美而感到得意。一个明智的人在一切场合都蔑视不该得到的称赞;但是,他常常深切地感到不应有的指责的非正义性。由于为自己未曾做过的事也受到称赞所折磨，由于僭取某种并不属于他的优点，他感到自己是一个问心有愧的卑鄙的撒谎者，不应该受到出于误解而赞扬他的那些人的赞美，而应该受到他们的鄙视。或许，发现许多人认为自己有可能去做那未曾做过的事情，会给他带来某种有充分根据的快乐。但是，虽然他会对朋友们良好的评价表示感激，他还是会认为，自己如不马上消除朋友们的误解，就是一个极为低劣的罪人。当他意识到别人如果知道真相就可能用一种不同的眼光来看待他时，再用他们实际上用来看待自己的眼光来看待自己，并不会给他带来多少快乐。然而，一个意志薄弱的人经常因为用那种不老实和虚妄的眼光来看待自己而感到十分高兴。他僭取人们说是自己作出的每一个值得称赞的行为中的优点，并且吹嘘自己具有从未有人把它们归于他的许多优点。他假装做过自己从未做过的事情，假装写过别人写过的东西，假装发明了别人所发明的东西；从而导致了剽窃和卑劣说谎者的一切可耻的邪恶。但是，虽然一个具有一般良好意识的人不可能从自己从未做过的、值得称赞的行为错归于己之中获得极大快乐，而一个明智的人却会因为他从未犯下的某种罪行错归于己而感到巨大的痛苦。在这种情况下，造物主不仅使痛苦变得比同他相反而相应的快乐更富有刺激性，而且还使它超过了原有的程度。某种自我克制马上使人不再追求荒唐可笑的享受；但它并不总是使人摆脱痛苦。当他否认错归于己的优点时，没有人怀疑他的诚实。当他否认自己被指控犯有的罪行时，他的诚实有可能受到怀疑。他立刻被这种虚妄的诋毁激怒，并且痛心地看到人们相信这种诋毁。他感到他的品质并不足以保护自己不受诋毁。他感到自己的同胞完全不是用他渴望他们用来观察他的那种眼光来看待自己，反而认为他有可能犯有被指控的那种罪行。他完全知道自己是无罪的。他完全知道自己的所作所为；但是，或许几乎没有人能够完全知道他自己可能做什么。他那特有的心情可能或不可能容许做的事情，或许是那或多或少被人怀疑的事情。朋友们和邻人们的信任以及良好的评价，比任何东西都更加有助于减轻他由于这种令人极不愉快的怀疑而感受到的痛苦；他们的不信任和令人不快的评价则比任何东西都更加容易增加这种痛苦。他可能十分自信地认为他们那令人不快的判断是错误的，但是这种自信很少大到足以阻止那种判断给自己留下印象；总之，他越是敏感，越是细心，越是有能力，这种印象就很可能越是深刻。

应当说，在所有的场合，别人和我们自己的感情和判断是否一致对我们有多大的重要性，恰好同我们对自己感情的合宜性和判断的正确性不能断定的程度有多大比例。

有时，一个敏感的人可能对他会过多地放纵可以称为高尚情感的感情，或者对因自己或他的朋友受到伤害而产生的义愤过于强烈而深感不安。他生恐自己会因情绪过分激动而一味感情用事，或主持正义而给其他一些人造成真正的伤害；那些人虽然不是清白无辜的，但也许并不全然是像他最初了解的那样的罪人。在这种情况下，他人的看法对他来说极为重要。他们的赞同是最有效的安慰；他们的不赞同则可能成为注入他那不安心理的最苦、最剧烈的毒药。如果他对自己行为的每一方面都感到充分满意，别人的判断对他来说就常常是不太重要的了。

有一些非常高尚和美好的艺术，只有运用某种精确的鉴赏力才能确定其杰出程度，然而，在某种程度上，鉴赏的结果似乎总是不一致。另外有些艺术，其成就既经得起充分论证，又经得起令人满意的检验。在上述不同艺术精品候选者中，前者比后者更加渴望得到公众的评价。

诗歌的优美是一个有关精细鉴赏力的问题。一个年轻的初学者几乎不可能确定自己的诗歌是否优美，因此，再也没有什么比得到朋友和公众的好评更能使他喜气洋洋；再也没有什么比相反的评价更能使他深感羞辱。前者确定了他急于获得的对自己诗歌的好评，后者动摇了这种好评。经验和成就也许会适时地给他对自己的判断增加一点信心。然而，他老是容易为公众作出相反的判断而感到极度的羞辱。拉辛对自己的《费得尔》——一部最好的悲剧，或许已译成各国文字——获得不大的成功深为不满，因而他虽然风华正茂，写作技能处于顶峰，也决意不再写作任何剧本。这位伟大的诗人经常告诉他的孩子：毫不足取和极不恰当的批评给他带来的痛苦，往往超过最高度的和最正确的赞颂给他带来的快乐。众所周知，伏尔泰对同样极轻微的指责极为敏感。蒲柏先生的《邓西阿德》如同一切最优美和最和谐的英国诗篇一样，是不朽的著作，却为最低劣和最卑鄙的作家们的批评所伤害。据说格雷（他兼有弥尔顿的壮丽和蒲柏的优美和谐，同他们相比，除了写作再多一点之外，并没有什么使他不配成为第一流的英国诗人）由于自己最好的两首颂诗被人拙劣和不恰当地模仿而受到很大的伤害，因而此后不想再写重大的作品。那些自夸善于写作散文的文人，其敏感性有点儿接近于诗人。

相反，数学家对自己的发现的真实性和重要性充满自信，因此对于人们怎样对待自己毫不介意。我有幸接触到的两位最伟大的数学家，而且按照我的主观看法也是当代最伟大的两位数学家，即格拉斯哥大学的罗伯特·西姆森博士和爱丁堡大学的马修·斯图尔特博士，从来没有因为无知的人们忽视他们的某些最有价值的著作而感到过丝毫不安。有人告诉我，艾萨克·牛顿爵士的伟大著作《自然哲学的数学原理》被公众冷落了好几年。也许那个伟人的平静从未因之受到片刻的搅扰。自然哲学家们，就其不受公众评价的制约来说，同数学家相近；就其对自己发现和观察所得知识的优点的判断来说，具有其程度同数学家相等的自信和泰然自若。

或许，各类不同文人的道德品行，有时多少受他们与公众的这种大不相同的关系的影响。

数学家和自然哲学家们由于不受公众评价的制约，很少受到要维护自己声誉和贬低对方声誉的诱惑而组成派别和团体。他们通常是态度亲切举止坦率的人，他们相互之间和睦相处，彼此维护对方的声誉，不会为了获得公众的赞扬而参与阴谋诡计，他们在自己的著作得到赞同时会感到高兴，受到冷遇时也不会很恼火或非常愤怒。

对诗人或那些自夸自己作品优秀的人来说，情况总是与此相异。他们非常容易分成各种文人派别；每个团体往往公开地和几乎总是隐秘地把别人当作不共戴天的仇敌，并运用各种卑劣的诡计和圈套以抢先获得公众对自己成员作品的好评，攻击仇敌和对手的那些作品。在法国，德彼雷奥斯和拉辛并不认为起先为了贬低基诺和佩罗[1]的声誉，后来为了贬低丰特奈尔和拉莫特的声誉，而充当某一文学团体的领袖，甚至以一种极为无礼的方式对待善良的拉封丹，会有失自己的身份。在英国，和蔼可亲的艾迪生[2]先生并不认为为了贬低蒲柏先生与日俱增的声誉而充当某一小文学团体的领袖，会同自己高尚和谦虚的品质不相称。丰特奈尔先生在撰写科学院——一个数学家和自然哲学家的团体——成员的生活和为人时，经常有机会颂扬他们亲切朴实的风度；他认为，这在数学家和物理学家中间是如此普遍，以致成为整个文人阶层，而不是任何个人的特有的品质。达朗贝先生在撰写法兰西学会——一个诗人和优秀作家们的团体——的成员，或者人们认为是该团体成员的那些人的生活和为人时，似乎并不是经常有这种机会去作这一类评论，甚至找不到任何借口来把这种和蔼可亲的品质说成是他所称颂的这帮文人特有的品质。

对自己的优点难以确定，以及期望它得到好评，自然足以使我们渴望了解别人对我们优点的评价；当别人的评价良好时，我们的精神就比平时更为振奋；当别人的评价不好时，我们的精神就比平时更为沮丧；但是它们不足以使我们以阴谋诡计和结党营私来获得良好的评价或回避不好的评价。如果一个人贿赂了所有的法官，虽然这种做法可以使他获得胜诉，但是法院全体一致的判决也不能够使他相信自己有理；而如果只是为了证明自己有理而进行诉讼，他就绝不会去贿赂法官。不过，虽然他希望法院判决自己有

---

[1] 佩罗(1628—1703)，法国作家及童话收集编写者。

[2] 艾迪生(1672—1719)，英国散文家和诗人。

理，但他也同样希望获得胜诉；他因此而会贿赂法官。如果赞扬对我们来说并不重要，而只是能证明我们应该受到赞扬，我们就绝不会力图用不正当的手段去得到它。不过，虽然对聪明人来说，至少在受到怀疑的情况下，赞扬主要是因为能证明应该受到赞扬而具有重要性，但是赞扬也在某种程度上因为其自身的缘故而具有重要性；因此，（在这种情况下，我们实际上不能把他们称作聪明人，而只能称其为）远远高于一般水准的人们有时也企图用很不正当的手段去获得赞扬和逃避责备。

赞扬和责备表达别人对我们的品质和行为的情感实际上是什么；值得赞扬和应当责备表达别人对我们的品质和行为的情感自然应该是什么。对赞扬的喜爱就是渴望获得同胞们的好感。对值得赞扬的喜爱就是渴望自己成为那种情感的合宜对象。到此为止，这两种天性彼此相似和类似。同样的近似和相似也存在于对责备和该受责备的畏惧之中。

那个想做或者实际上作出某种值得赞扬的行为的人，同样会渴望获得对这种行为应有的赞扬，有时，或许会渴望获得更多的赞扬。在这种情况下，两种天性混成一体。他的行为在何种程度上受到前者的影响，又在何种程度上受到后者的影响，常常连自己也分辨不清。对别人来说通常必然更是如此。倾向于贬低他的行为中的优点的那些人，主要或完全把它归结为只是对赞扬的喜爱，或归结为他们称为虚荣心的东西。倾向于更多地考虑其行为中优点的那些人，主要或完全把它归结为对值得赞扬的喜爱；归结为对人类行为之中真正光荣而又高尚行为的喜爱；归结为不仅对获得而且对应该获得其同胞的赞同和称赞的渴望。旁观者根据自己思考的习惯，或者根据对他正在考察的人们的行为所能产生的好恶，既可把这种行为中的优点想象成这个样子，又可把它想象成另一个样子。

某些居心不良的哲学家，在判断人类的天性时，如同脾气乖戾的人在互相判断对方的行为时往往采取的做法一样行事并把应该归于对值得赞扬的那种行为的喜爱归结为对赞扬的喜爱，或者归结为他们称作虚荣心的东西。我在后面会有机会来对他们的某些哲学体系作一说明，现在且存而不论。

很少有人会满足于他们自己的感觉，即他们已具备自己所钦佩、并在别人看来是值得赞扬的那些品质，或者已实施那些行为；除非人们同时公认他们具备了前者，或实施了后者；或者，换言之，除非他们实际上获得了自己认为应当给予前者和后者的那种赞扬。然而，在这一方面，人们相互之间大有不同。某些人，当他们自以为他们已充分证明是值得赞扬的人时，似乎对赞扬并不感兴趣。另外一些人似乎对值得赞扬比对赞扬更加满不在乎。

没有人能够对避免了自己行为中所有该受责备的东西而感到完全满意或尚可满意；除非他也避免了责备或非议。一个智者甚至在他完全应该得到赞扬的时候也常常会对此毫不在意；但是，在一切至关紧要的事情上，他会极为小心地尽力控制自己的行为，以不仅避免该受责备的东西，而且尽可能避免一切可能遭到的非难。的确，由于做了自己断定该受责备的事，由于玩忽了自己的任何职责，或者由于放过了做自己断定真正非常值得赞扬的任何事情的机会，他无论如何逃脱不了责备。不过，由于存在这些顾忌，他将极为急切和小心地避免责备。甚至因为作出值得赞扬的行为，而显露出对赞扬较强烈的渴望，也往往不是一个伟大智者的特征，而通常是某种程度虚弱的标记。但是，在渴望避免责备或非议的兆头之中，也许不存在虚弱，而常常包含着极其值得赞扬的谨慎。

西塞罗说："许多人蔑视荣誉，但是他们又因不公正的非议而感到莫大的屈辱；而这是极为矛盾的。"然而，这种自相矛盾似乎扎根于不变的人性原则之中。

全知全能的造物主以这种方式教人尊重其同胞们的情感和判断；如果他们赞同他的行为，他就或多或少地感到高兴；如果他们不赞同他的行为，他就或多或少地感到不快。造物主把人——如果我可以这样说的话——变成了人类的直接审判员；造物主在这方面正如在其他许多方面一样，按照自己的设想来造人，并指定他作为自己在人间的代理者，以监督其同胞们的行为。天性使他们承认如此赋予他的权力和裁判权，当他们遭到他的责难时或多或少地感到丢脸和屈辱，而当他们得到他的赞许时则或多或少地感到得意。

虽然人以这种方式变为人类的直接审判员，但这只是在第一审时才如此；最终的判决还要求助于高级法庭，求助于他们自己良心的法庭，求助于那个假设的公正的和无所不知的旁观者的法庭，求助于人们心中的那个人——人们行为的伟大的审判员和仲裁人的法庭。上述两种法庭的裁判权都建立在某些方面虽然相似和类似，但实际上是不同和有区别的原则之上。外部那个人的裁决权完全以对实际赞扬的渴望，以及对实际责备的嫌恶为依据。内心那个人的裁决权完全以对值得赞扬的渴望，以及对该受责备的嫌恶为依据；完全以对具有某些品质，做出某些行为的渴望为依据，那种品质是别人具备而为我们所热爱的，那种行动也是别人作出而为我们所称赞的；也完全以对具有某些品质、做出某些行为的恐惧为依据，那种品质是别人具备而为我们所憎恨的，那种行为也是别人作出而为我们所鄙视的。如果外部的那个人为了我们并未作出的行为或并没有影响我们的动机而称赞我们，内心那个人就会告诉我们，由于我们知道自己不应该得到这种称赞，所以接受它们就会使自己变成可悲的人，从而立即压抑住这种没有理由的喝彩可能产生的自满和振奋的心情。相反，如果外部的那个人为了我们从未作出的行为或并未对我们可能已经作出的那些行为产生影响的动机而责备我们，内心的那个人就会马上纠正这个错误的判断，并且使我们确信自己绝不是如此不公正地给予自己的责难的合宜对象。但是，在这里以及其他某些场合，可以这样说，内心的那个人似乎对外界那个人抱有的激情和喧嚷感到惊讶和迷惑。有时伴随激情和喧闹的责备一股脑儿倾泻到我们身上，使自己值得赞扬或应受责备的天生感觉似乎失去作用和麻木不仁；虽然内心那个人的判断或许绝对不会被变动和歪曲，但是，其决定的可靠性与坚定性已大为减损，因而其使我们内心保持平静的天然作用常常受到巨大的破坏。当所有的同胞似乎都高声责备我们时，我们几乎不敢宽恕自己。那个设想的我们行为的公正的旁观者好像怀着恐惧和犹豫不定的心情提出有利于我们的意见；但是，如果所有现实的旁观者的意见，如果所有那些人按照他们的地位以他们的眼光发表的意见一致而又强烈地反对我们，他就会尽力加以斟酌。在这种情况下，心中这个半神半人的人就表现出像诗中所描写的那样，虽然部分具有神的血统，但是也部分具有人的血统。当他的判断由值得赞扬和该受责备的感觉可靠和坚定地引导时，他似乎合宜地按照神的血统行事；但是，当愚昧无知和意志薄弱的人的判断使他大惊失色时，他就暴露出自己同人的联系，并且与其说他是按其血统之中神的部分还不如说是按其血统中人的部分行事。

在这种情况下，那个情绪消沉、内心痛苦的人唯一有效的安慰就存在于向更高的法庭、向洞察一切的宇宙的最高审判者的求助之中，这个审判者的眼睛从来不会看错，从来不会作出错误的裁决。在这个最高审判者前他的清白无辜将在适当的时候宣布，他的优良品德最终将得到回报。对于这个最高审判者准确无误的公正裁决的信念，是他那沮丧和失望的心情所能得到的唯一支持。在他深感不安和惊讶时，是天性把这个最高审判者作为伟大的保护者树立在他的心中，不仅保护他在现世的清白无辜，而且还保护他的心情平静。在许多场合，我们把自己在今世的幸福寄托在对于来世的微末的希望和期待之上；这种希望和期待深深地扎根于人类的天性，只有它能支持人性自身尊严的崇高理想，能照亮不断迫近人类的阴郁的前景，并且在今世的混乱有时会招致的一切极其深重的灾难之中保持其乐观情绪。这样的世界将会到来，在那里，公正的司法将普施众人；在那里，每个人都将置身于其道德品质和智力水平真正同他相等的那些人之中；那里，有具有那些谦逊才能和美德的人，那种才能和美德由于为命运所压抑而在今世没有机会显示出来；它们不仅不为公众所知而且他也不相信自己具备，甚至连内心那个人也不敢对此提供任何明显而又清楚的证明。那种谦虚的、未明言的、不为人所知的优点在那里将得到适当的评价，有时还被认为胜过在今世享有最高荣誉、并由于他们处于有利的地位而能作出非常伟大和令人叹服的行为的那些人；这样一个信条对虚弱的心灵来说各方面都如此令其尊崇和称心如意，又如此为崇高的人类天性所喜爱，以至于不幸对它抱怀疑态度的有德者，也不可避免地要极其真挚和急切地相信它。假如不是一些非常热诚的断言者告诉我们，在未来世界里，报答和惩罚的分配常常同我们全部的道德情感直接相违背，这个信条绝不会遭到嘲笑者的嘲弄。

我们大家经常听到许多年高德劭但满腹牢骚的老臣抱怨说，阿谀奉承的人常常比忠诚积极的侍臣更受宠爱，谄媚奉承常常比优点或贡献更快和更有把握得到晋升，在凡尔赛宫或圣·詹姆斯宫献一次媚，顶得上在德国或法兰德斯打两场仗。但是，甚至软弱的尘世君主也视为最大耻辱的事情，却被认为如同正义的行动一样，起因于神的尽善尽美；忠于职守，社会和个人对神的尊崇甚至被德才兼备的人们描述为能够给予报答或者能够不受惩罚的唯一美德。这种美德或许是同他们的身份极其相称的，是他们的主要优点；而我们自然都容易高估自己的优良品质。雄辩而富有哲理的马亚隆在为卡蒂耐特军团的军旗祝福而作的一次讲演中，向他的军官们讲了下面一段话："先生们，你们最可悲的处境是什么，那就是生活在艰难困苦之中，在那儿，服务和职守有时比修道院极其严格的苦修还要艰苦;你们总是苦于来世的虚无缥缈,甚至常常苦于今世的徒劳无功。哎呀!隐居的修道士在他的陋室中,克制肉体的情欲以服从精神的修养,支撑他这样做的是某种肯定能得到报偿的希望,和对减轻主的制裁的那种恩典的热忱期望。但是,你们临终时会大胆地向神陈述你们工作的辛劳和每天的艰苦吗?会大胆地向他恳求任何报偿吗?并且在你们所作的全部努力之中,在你们对自己所作的全部强制之中,什么是神应当加以肯定的呢?然而,你们把一生中最好的时光献给了自己的职业,10 年的服务可能比整个一生的悔恨和羞辱更加有损于你们的肉体。哎呀!我的弟兄们!为神而经受仅只一天这样的辛苦,或许会给你们带来永世的幸福。某一件事,对人性来说是痛苦的,但它是为上帝做的,或许会使你们得到圣者的称号。不过你们做了这一切,在今世是不会有报应的。"

像这样把某个修道院的徒劳的苦修比作高尚的战争的艰难和冒险,认为在宇宙主宰的眼中修道院中一日或一小时的苦行比在战争中度过的光荣一生具有更大的功绩,是肯定同我们的全部道德情感相抵触的,是肯定同天性教导我们要据以控制自己的轻蔑和钦佩心理的全部原则相违背的。然而,正是这种精神,一方面把天国留给了僧侣修士们,或留给了言行同僧侣修士们相似的人们,同时却宣告:过去年代的所有的英雄、政治家、立法者、诗人和哲学家,所有那些在有利于人类生活的延续、为人类生活增添便利和美化人类生活的技艺方面有所发明、有所前进或者有所创造的人,所有那些人类的伟大的保护者、指导者和造福者,所有那些我们对值得赞扬的天生感觉促使自己把他们看成是具有最大的优点和最崇高的美德的人，皆将下地狱。我们对这个最值得尊重的信条由于被如此莫名其妙地滥用而有时遭到轻视和嘲弄会感到惊奇吗？至少是那些对虔诚的和默祷的美德或许缺乏高尚趣味或癖性的人会对此感到惊奇吗？*

第三章 论良心的影响和权威

虽然在一些特殊的场合，良心的赞同肯定不能使软弱的人感到满足，虽然那个与心真正同在的设想的公正的旁观者的表示并非总能单独地支撑其信心，但是，在所有的场合，良心的影响和权威都是非常大的；只有在请教内心这个法官后，我们才能真正看清与己有关的事情，才能对自己的利益和他人的利益作出合宜的比较。

如同肉眼看到东西的大小并非依它们的真正体积而是依它们的远近而定一样，人心之中天然生就的眼睛看起东西来也可能如此：并且，我们用几乎相同的办法来纠正这两个器官的缺陷。从我现在写书的位置来看，草地、森林以及远山的无限风景，似乎不见得大到能遮住我旁边的那扇小窗，而同我坐在里面的这间房子相比则小得不成比例。除了把自己放到一个不同的位置——至少在想象中这样做——在那里能从大致相等的距离环视远处那些巨大的对象和周围小的对象，从而能对它们的实际大小比例作出一些

---

* 见伏尔泰：
你在那里灼烤聪明而又博学的柏拉图，
神圣的荷马，雄辩的西塞罗，等等。

正确的判断之外，我没有其他办法可以对两者作出正确的比较。习惯和经验使我如此容易和如此迅速地这样做，以致几乎是下意识地去做；并且一个人在能够充分相信那些显露在眼前的远处对象是如何渺小之前，如果一个人的想象不按照对远处物体真实体积的了解扩展和增大它们，那么他就必须多少了解点视觉原理，才能充分相信那些远处物体只是对眼睛来说显得很小。

同样，对于人性中的那些自私而又原始的激情来说，我们自己的毫厘之得失会显得比另一个和我们没有特殊关系的人的最高利益重要得多，会激起某种更为激昂的高兴或悲伤，引出某种更为强烈的渴望和嫌恶。只要从这一立场出发，他的那些利益就绝不会被看得同我们自己的一样重要，绝不会限制我们去做任何有助于促进我们的利益而给他带来损害的事情。我们要能够对这两种相对立的利益作出公正的比较，必须先改变一下自己的地位。我们必须既不从自己所处的地位也不从他所处的地位、既不用自己的眼光也不用他的眼光，而是从第三者所处的地位和用第三者的眼光来看待它们。这个第三者同我们没有什么特殊的关系，他在我们之间没有偏向地作出判断。这里，习惯和经验同样使得我们如此容易和如此迅速地做到这一点，以致几乎是无意识地完成它；并且在这种情况下，如果合宜而又公正的感觉不纠正我们情感中的天生的不公正之处，那么要使我们相信自己对有最大关系的邻人毫不关心，毫不被他的任何情况所动，就需要某种程度的思考，甚至是某种哲学的思考。

让我们假定，中国这个伟大帝国连同她的全部亿万居民突然被一场地震吞没，并且让我们来考虑，一个同中国没有任何关系的富有人性的欧洲人在获悉中国发生这个可怕的灾难时会受到什么影响。我认为，他首先会对这些不幸的人遇难表示深切的悲伤，他会怀着深沉的忧郁想到人类生活的不安定以及人们全部劳动的化为乌有，它们在顷刻之间就这样毁灭掉了。如果他是一个投机商人的话，或许还会推而广之地想到这种灾祸对欧洲的商业和全世界平时的贸易往来所能产生的影响。而一旦作完所有这些精细的推理，一旦充分表达完所有这些高尚的情感，他就会同样悠闲和平静地从事他的生意或追求他的享受，寻求休息和消遣，好像不曾发生过这种不幸的事件。那种可能落到他头上的最小的灾难会引起他某种更为现实的不安。如果明天要失去一个小指，他今晚就会睡不着觉；但是，倘若他从来没有见到过中国的亿万同胞，他就会在知道了他们毁灭的消息后怀着绝对的安全感呼呼大睡，亿万人的毁灭同他自己微不足道的不幸相比，显然是更加无足轻重的事情。因此，为了不让他的这种微不足道的不幸发生，一个有人性的人如果从来没有见到过亿万同胞，就情愿牺牲他们的生命吗？人类的天性想到这一点就会惊愕不已，世界腐败堕落到极点，也绝不会生出这样一个能够干出这种事情的坏蛋。但是，这种差异是怎么造成的呢？既然我们消极的感情通常是这样卑劣和自私，积极的道义怎么会如此高尚和崇高呢？既然我们总是深深地为任何与己有关的事情所动而不为任何与他人有关的事情所动，那么是什么东西促使高尚的人在一切场合和平常的人在许多场合为了他人更大的利益而牺牲自己的利益呢？这不是人性温和的力量，不是造物主在人类心中点燃的仁慈的微弱之火，即能够抑制最强烈的自爱欲望之火。它是一种在这种场合自我发挥作用的一种更为强大的力量，一种更为有力的动机。它是理性、道义、良心、心中的那个居民、内心的那个人、判断我们行为的伟大的法官和仲裁人。每当我们将要采取的行动会影响到他人的幸福时，是他，用一种足以震慑我们心中最冲动的激情的声音向我们高呼：我们只是芸芸众生之一，丝毫不比任何人更为重要；并且高呼：如果我们如此可耻和盲目地看重自己，就会成为愤恨、憎恨和咒骂的合宜对象。只有从他那里我们才知道自己以及与己有关的事确是微不足道的，而且只有借助于公正的旁观者的眼力才能纠正自爱之心的天然曲解。是他向我们指出慷慨行为的合宜性和不义行为的丑恶；指出为了他人较大的利益而放弃自己最大的利益的合宜性；指出为了获得自己最大的利益而使他人受到最小伤害的丑恶。在许多场合促使我们去实践神一般美德的，不是对邻人的爱，也不是对人类的爱。它通常是在这样的场合产生的一种更强烈的爱，一种更有力的感情；一种对光荣而又崇高的东西的爱，一种对伟大和尊严的爱，一种对自己品质中优点的爱。

当他人的幸福或不幸在各方面都依我们的行为而定时，我们不敢按自爱之心可能提示的那样把一个人的利益看得比众人的利益更为重要。内心那个人马上提醒我们：太看重自己而过分轻视别人，这样做会把自己变成同胞们蔑视和愤慨的合宜对象。品德极为高尚和优良的人不会为这种情感所左右。这种想法深刻地影响着每一个比较优秀的军人，他感到，如果他被认为有可能在危险面前退缩，或在尽一个军人之职时需要他豁出命来或抛弃生命时有可能踌躇不前，就会成为战友们轻视的人。

个人绝不应当把自己看得比其他任何人更为重要，以致为了私利而伤害或损害他人，即使前者的利益可能比后者的伤害或损害大得多。穷人也绝不应当诈骗和偷窃富人的东西，即使所得之物给前者带来的利益比所失之物使后者受到的损害更大。在上述行为发生的情况下，内心的那个人也会马上提醒他：他并不比他的邻居更重要，而且他那不正当的偏爱会使自己既成为人们轻视和愤慨的合宜对象，又成为那种轻视和愤慨必然会带来的惩罚的合宜对象，因为他由此违背了一条神圣的规则，就是在大致遵守这一规则的基础上，建立了人类社会的全部安全与和平。一般说来，正直的人害怕的是这种行为所带来的内心的耻辱，是永远铭刻在自己心灵上的不可磨灭的污点，而不是外界在自己没有任何过失的情况下可能落在自己头上的最大灾难；他内心会感受到斯多葛学派如下那条伟大格言所表达的真理，即：对一个人来说，不正当地夺取另一个人的任何东西，或不正当地以他人的损失或失利来增进自己的利益，是比从肉体或从外部环境来影响他的死亡、贫穷、疼痛和所有的不幸，更与天性相违背的。

当别人的幸福和不幸确实没有哪一方面依我们的行为而定时，当我们的利益完全同他们的利益不相牵连和互不相关，以致两者之间既无关系又无竞争时，我们并不总是认为，抑制我们对自己事情天生的或许是不合宜的挂虑，或者抑制我们对他人事情天生的或许是不合宜的冷漠之情，很有必要。最普通的教育教导我们在所有重大的场合要按照介于自己和他人之间的某种公正的原则行事，甚至平常的世界贸易也可调整我们行为的原则，使它们具备某种程度的合宜性。但是，据说只有很不自然的、极为讲究的教育，才能纠正我们消极感情中的不当之处；并且据称，为此我们必须求助于极为严谨和深奥的哲学。

两类不同的哲学家试图向我们讲授所有道德课程中这一最难学的部分。一类哲学家试图增强我们对别人利益的感受；另一类哲学家试图减少我们对自己利益的感受。前者使我们如同天生同情自己的利益一样同情别人的利益，后者使我们如同天生同情别人的利益一样同情自己的利益。或许，两者都使自己的教义远远超过了自然和合宜的正确标准。

前者是那些啜啜泣泣和意气消沉的道德学家，他们无休止地指责我们在如此多的同胞处于不幸境地时愉快地生活，* 他们认为：不顾许多这样的不幸者——他们无时不在各种灾难之中挣扎，无时不在贫困之中煎熬，无时不在受疾病的折磨，无时不在担心死亡的到来，无时不在遭受敌人的欺侮和压迫——而对自己的幸运自然地满怀喜悦的心情，是邪恶的。他们认为，对于那些从未见到过和从未听说过、但可以确信无时无刻不在侵扰这些同胞的不幸所产生的怜悯，应当抑制自己的幸运所带来的快乐，并且对所有的人表示出某种惯常的忧郁沮丧之情。但是，首先，对自己一无所知的不幸表示过分的同情，似乎完全是荒唐和不合常理的。你可以看到，整个世界平均起来，有一个遭受痛苦或不幸的人，就有 20 个处在幸运和高兴之中，或者起码处在比较好的境况之中的人。确实，没有什么理由可以说明，为什么我们应当为一个人哭泣而不为 20 个人感到高兴。其次，这种装腔作势的怜悯不仅是荒唐的，而

* 见汤姆的《四季》，《冬季》：
“啊！少来些轻浮放荡的自鸣得意”等。

且似乎也是全然做不到的；那些装作具有这种品质的人，除了某种一定程度矫揉造作的、故作多情的悲痛之外，通常并不具备其他任何东西，这种悲痛并不能感动人心，只能使脸色和谈话不合时宜地变得阴沉和不愉快。最后，这种心愿虽然可以实现，但也是完全无用的，而且只能使具有这种心愿的人感到痛苦。我们对那些同自己不熟悉和没有关系的人、对那些处于自己的全部活动范围之外的人的命运无论怎样关心，都只能给自己带来烦恼而不能给他们带来任何好处。我们因何目的要为远不可及的世界来烦恼自己呢？毫无疑问，所有的人，即使是那些离我们最远的人，有资格得到我们良好的祝愿，以及我们自然给予他们的良好祝愿。但是，尽管他们是不幸的，为此而给自己带来烦恼似乎不是我们的责任。因此，我们对那些无法帮助也无法伤害的人的命运，对那些各方面都同我们没有什么关系的人的命运，只是稍加关心，似乎是造物主的明智安排；如果在这方面有可能改变我们的原始天性的话，那么这种变化并不能使我们得到什么。

对我们来说，对成功者的高兴不给予同情并不成为什么问题。只要我们对成功者产生的好感不受妒忌的妨碍，它就容易变得非常强烈；那些责备我们对不幸者缺乏足够同情的道德学家们，也责备我们对幸运者、权贵和富人极易轻率地表示钦佩和崇拜。

另有一类道德学家通过降低我们对特别同自己有关事物的感受，努力纠正我们消极感情中的天生的不平等之处，于此我们可以列举出全部古代哲学家派别，尤其是古代的斯多葛学派。根据斯多葛学派的理论，人不应把自己看作某一离群索居的、孤立的人，而应该把自己看作世界中的一个公民，看作自然界巨大的国民总体的一个成员。他应当时刻为了这个大团体的利益而心甘情愿地牺牲自己的微小利益。他应该做到为同自己有关的事情所动的程度,不超过为同这个巨大体系的其他任何同等重要部分有关的事情所动的程度。我们不应当用一种自私激情易于将自己置身于其中的眼光,而应当用这个世界上任何其他公民都会用来看待我们的那种眼光,来看待自己。我们应该把落到自己头上的事看作落在邻人头上的事,或者,换一种说法,像邻人看待落到我们头上的事那样。爱比克泰德说:“当我们的邻人失去了他的妻子或儿子时,没有人不认为这是一种人世间的灾难,没有人不认为这是一种完全按照事物的日常进程发生的自然事件;但是,当同一件事发生在我们身上时,我们就会恸哭出声,似乎遭受到最可怕的不幸。然而,我们应当记住,如果这个偶然事故发生在他人身上我们会受到什么样的影响,他人之情况对我们的影响也就是我们自己的情况应对我们产生的影响。”

有两种个人的不幸,我们对其具有的感受力容易超过合宜的范围。一种是首先影响与我们特别亲近的人,诸如我们的双亲、孩子、兄弟姐妹或最亲密的朋友等等,然后才间接影响我们的不幸;另一种是立即和直接影响我们的肉体、命运或者名誉的不幸,诸如疼痛、疾病、即将到来的死亡、贫穷、耻辱等等。

处于前一种不幸之中,我们的情绪无疑会大大超过确切的合宜性所容许的程度;但是,它们也可能达不到这种程度,并且经常如此。一个对自己的父亲或儿子的死亡或痛苦竟然同对别人的父亲或儿子的死亡或痛苦一样不表示同情的人,显然不是一个好儿子,也不是一个好父亲。这样一种违反人性的冷漠之情,绝不会引起我们的赞许,只会招致我们极为强烈的不满。然而,在家庭的感情中,有些因其过分而非常容易使人感到不快,另外一些因其不足而非常容易使人感到不快。造物主出于极为明智的目的使绝大部分人或许是所有人心中的父母之爱较之儿女的孝顺更为强烈。种族之延续和繁衍全靠前一种感情而不是靠后一种感情。在一般情况下,子女的生存和保护全靠父母的关怀。父母的生存和保护则很少靠子女的关怀。因此,造物主使前一种感情变得如此强烈,以致它通常不需要激发而是需要节制;道德学家们很少尽力教导我们如何纵容子女,而通常是尽力教导我们如何抑制自己的溺爱,抑制自己过分的体贴关怀,即我们倾向于给予自己子女的较之给予别人子女的更多的不正确的偏爱。相反,他们告诫我们,要满怀深情地关心自己的父母,在他们年老时,为了他们在我们年幼时和年轻时给予我们的哺育之恩而好好地报答他们。基督教的"十诫"要求我们尊敬自己的父母,而没有提及对自己子女的热爱。造物主事先已为我们履行这后一种责任作了充分的准备。人们很少因为装得比他们实际上更溺爱子女而受到指责。有时却被怀疑以过多的虚饰来显示自己对父母的孝敬。由于同样的理由,人们怀疑寡妇夸示的悲痛不是出于真心。在可以相信它是出于真心的情况下,我们会尊重它,即使这种感情过于强烈也是如此;虽然我们可能不完全赞同它,但是我们也不会严厉地责备它。这种感情似乎值得加以称赞,至少在那些假装具有这种感情来的人看来是这样,上述装腔作势就是一个证明。

即使就那种因其过分而非常容易使人感到不快的感情来说,虽然它的过分似乎会受到责备,但从不令人憎恶。我们责备某一父母的过分溺爱和挂虑,因为某些情况最终会证明这对子女是有害的,同时对父母也是极为不利的;但是我们容易原谅它,从来不去怀着憎恨和厌恶的感情来看待它。而缺少这种通常是过分的感情,似乎总是特别令人憎恶。那个对自己的亲生儿女显得毫无感情,在一切场合抱着不应有的严厉和苛刻态度对待他们的人,似乎是所有残暴的人当中最可憎恶的人。合宜的感情绝不要求我们全然消除自己对最亲近的人的不幸必然怀有的那种异乎寻常的感情,那种感情不足总是比那种情感过分更加令人不快。在这种情况下,斯多葛学派的冷漠从来是不受人欢迎的,并且用一切形而上学的诡辩来维护的这种冷漠,除了把纨袴子弟的冷酷心肠增强到大大超出其天然的傲慢无礼之外,会有其他什么作用。很少在这种情况下,那些最出色地描绘了高尚微妙的爱情、友谊和其他一切个人和家庭感情的诗人和小说家们,例如拉辛、伏尔泰、理查森[1]、马利佛、里科波尼,都是比芝诺[2]克里西波斯或爱比克泰德更好的教员。

对别人的不幸怀有的那种有节制的情感并没有使我们不能履行任何责任;对已故朋友忧郁而又深情的回忆——正如格雷所说的那样,因亲爱的人内心悲伤而感到痛苦——绝不是一种不好的感觉。虽然它们外表上具有痛苦和悲伤的特征,但实质上全都具有美德和自我满意的崇高品质。

那些立即和直接影响我们的身体、命运或名誉的不幸,却是另

---

[1] 理查森(1689—1761),英国小说家。

[2] 芝诺,公元前四至公元前三世纪的希腊哲学家,斯多葛学派的创始者。

外一回事。我们感情的过分比感情的缺乏更容易伤害合宜的感情。只有在极少数场合,我们才能极其接近于斯多葛学派的冷漠和冷淡。

前已提及,我们很少对因肉体而产生的任何激情怀有同感。由某种偶然的原因,例如割伤或划破肌肉引起的疼痛,或许是旁观者最能有深切同感的肉体痛苦。邻居的濒于死亡的很少不使旁观者深为感伤。然而,在这两个场合,旁观者的感受同当事者相比十分微弱,因而后者绝不会因前者非常安逸地表现他感到的痛苦而感到不快。

仅仅是缺少财富,仅仅是贫穷,激不起多少怜悯之情。为此抱怨非常容易成为轻视的对象而不是同情的对象。我们瞧不起一个乞丐;虽然他的缠扰不休可以从我们身上逼索一些施舍物,但他从来不是什么要认真对待的怜悯对象。从富裕沦为贫困,由于它通常使受害者遭受极为真实的痛苦,所以很少不引起旁观者极为真诚的怜悯。虽然在当前社会状况下,没有某种不端行为,这种不幸就很少有可能发生,并且那受害者也有某种值得注意的不端行为,但是,人们通常十分怜悯他,因而绝不会听任他陷入极端贫困的状态;而靠朋友的资力、还常常靠有很多理由抱怨他的轻率行为的那些债权人的宽容,他通常都能得到虽然微小、平常,但多少是体面的资助。或许,我们会轻易地原谅处在这种不幸之中的人身上的某种程度的弱点;但与此同时,那些带着坚定的面容,极其安心地使自己适应新的环境,似乎并不因为这种改变而感到羞辱,而且不是以自己的财富而是以自己的品质和行为来支持自己的社会地位的人,总是深为人们所赞同,并且肯定会获得我们最高度和最为深切的钦佩。

由于在可能立即和直接影响某个无辜者的一切外来的不幸之中，最大的不幸当然是名誉上不应有的损失，所以，对可能带来这种巨大不幸的任何事情颇为敏感，并不总是显得粗鄙或令人不快。如果一个年轻人对加到他品质或名誉上的任何不正确的指责表示愤慨，即使这种愤慨有些过分，我们也常常对他更为尊敬。一个纯洁的年轻小姐因为也许已经流传的有关她行为的没有根据的猜疑之词而感到苦恼，往往使人们十分同情。年长者长期体验世间的邪恶和不公正，已经学会几乎不注意其责难或称赞，无视和轻视大声的漫骂，甚至不屑于屈尊对轻浮的人们大发脾气。这种冷淡，完全建立在人们经过多次检验而完全树立起来的某种坚定信念的基础之上，如果在既不可能也不应该具有这种信念的年轻人身上出现，是令人讨厌的。年轻人身上的这种冷淡，有可能被认为是预示在他们成长的岁月中会对真正的荣誉和臭名产生一种极不合宜的麻木不仁感情。

对其他一切立即和直接影响我们自己的个人不幸，我们几乎不可能显得无动于衷而使人感到不快。我们经常带着愉快和轻松的心情回想起对他人不幸的感受。我们几乎不能不带着一定程度的羞耻和惭愧的心情来回想对自己不幸的感受。

如果我们如同日常生活中所遇到的那样，考察一下意志薄弱和自我控制的细微差别和逐渐变化，我们就很容易使自己相信：这种对自己必然习得的消极感情的控制不是来自某种支吾其词诡辩的深奥的演绎推理，而是来自造物主为了使人获得这种和其他各种美德而确立起来的一条重要戒律；即尊重自己行为的真实或假设的旁观者的情感。

一个十分年幼的孩子缺乏自我控制的能力。无论他的情绪是恐惧、伤心或愤怒等等什么东西，总是力图用大声喊叫，尽可能引起受惊的保姆或父母对他的注意。当他仍处在偏爱他的这些保护者的监护之下时，他的愤怒是最早的或许也是唯一的一种被告诫要加以节制的激情。这些保护人为了自己的安闲自在，经常不得不用大声叱责和威胁来吓唬孩子，使他不敢发脾气；孩子身上的这种引起大人指责的感情，受到了告诫他要注意自己安全的想法的约束。当孩子年龄大到能够上学或与同龄的孩子交往时，他马上发现别的孩子对他没有这种溺爱偏袒。他自然想得到别的孩子的好感，避免为他们所憎恨或轻视。甚至，对自己安全的关心也告诫他要这样做；并且不久他就发现：要做到这一点，只有一个办法，那就是不仅把自己的愤怒，而且把自己的其他一切激情压抑到小朋友和小伙伴大概乐意接受的程度。这样，他就进入了自我克制的大学校，越来越努力控制自己，开始约束对自己的感情，但即使最长期的生活实践也不足以十全十美地约束自己的感情。

处在各种个人不幸之中，处于痛苦、疾病或悲哀之中的最软弱的人，当他的朋友甚或一个陌生人来访时，马上会想到来访者见到他的处境时很可能持有的看法。他们的看法转移了他对自己处境的注意力；在他们来到他跟前的片刻，他的心多少平静一些。这种效果是在瞬间、并且可以说是机械地产生的；但是，在一个软弱者身上，这种效果持续的时间不长。他对自己处境的看法立即重新浮现在心上。他像以前那样自我沉湎于悲叹、流泪和恸哭之中；并像一个尚未上学的小孩那样，不是通过节制自己的悲伤而是强求旁观者的怜悯，来尽力使前者同后者之间产生某种一致。

对一个意志稍许坚定一些的人来说，上述效果较为持久。他尽可能努力集中注意力于同伴们对他的处境很可能持有的看法。同时，当他因此保持着平静时，而且当他虽然承受着眼前这个巨大灾难的压力，但是看来他对自己的同情并未超过同伴们对他的真诚的同情时，他感受到他们自然而然地对他怀有的尊敬和满意之情。他因为能感受到同伴们的满意之情而自我陶醉，由此得到的快乐支撑着他并使他能够比较轻松地继续作出这种高尚努力。在大多数情况下，他避而不谈自己的不幸；他的同伴们，如果较有教养，也小心地不讲能使他想起自己不幸的话。他努力像平常一样地用各种话题来引起同伴们的兴趣，或者，如果他感到自己坚强到敢于提到自己的不幸，就努力按自己所设想的他们谈论它时所会采用的方式来提起它，甚至努力使他的感受不超过他们对它可能具有的感受。然而，如果他尚未很好地习惯于严格的自我控制，他不久就对这种约束感到厌烦。长时间的访问会使他感到疲乏；在访问即将结束时，他随时都有可能做出访问一结束他肯定会做出来的事情，即，使自己沉迷于过分悲痛的软弱状态。现在流行着对人类的软弱极度宽容的风俗，在某些时候，不许一些陌生的客人，而只准那些最接近的亲戚和最密切的朋友去访问家中遇到重大不幸的人。人们认为，后者的在场较之前者的在场可以少受一些约束；受难者更容易使自己适应有理由期待从他们那里获得更为宽宏的同情的那些人的心情。隐秘的敌人认为自己并不为人所知，他们常常喜欢像最亲密的朋友那样及早进行那些“善意”的访问。在这种情况下，世界上最软弱的人也会尽力保持男子汉的镇静，并且出于对来访者恶意的愤慨和蔑视，使自己的举止尽可能显示出愉快和轻松的样子。

真正坚强和坚定的人，在自我控制的大学校中受过严格训练的聪明和正直的人，在忙乱麻烦的世事之中，或许会面临派系斗争的暴力和不义，或许会面临战争的困苦和危险，但是在一切场合，他都始终能控制自己的激情；并且无论是独自一人或与人交往时，都几乎带着同样镇定的表情，都几乎以同样的态度接受影响。在成功的时候和受到挫折的时候、在顺境之中和逆境之中、在朋友面前和敌人面前，他常常有必要保持这种勇气。他从来不敢有片刻时间忘掉公正的旁观者对他的行为和感情所作的评介。他从来不敢让自己有片刻时间放松对内心这个人的注意。他总是习惯于用这个同他共处的人的眼光来观察和自己有关的事物。这种习惯对他来说已是非常熟悉的了。他处于持续不断的实践之中，而且，他的确不得不经常按照这个威严而又可尊敬的法官的样子，不仅从外部的行为举止上，而且甚至尽可能从内心的情感和感觉上来塑造或尽力塑造自己。他不仅倾向于公正的旁观者的情感，而且真正地接受了它们。他几乎认为自己就是那个公正的旁观者，几乎把自己变成那个公正的旁观者，并且除了自己行为的那个伟大的仲裁人指示他应当有所感受的东西之外，他几乎感觉不到其他什么东西。

在这种情况下，每个人用以审察自己行为的自我满意的程度，是较高还是较低，恰与为获得这种自我满意所必需的自我控制的程度成比例。在几乎不需要自我控制的地方，几乎不存在自我满意。仅仅擦伤了自己手指的人虽然很快就似乎已经忘掉这种微小的不幸，但是他不会对自己大加赞赏。在一次炮击中失去了自己的一条腿，片刻之后其谈吐举止就像惯常那样冷静和镇定的人，由于他做到了更高程度的自我控制，所以他必然感到更高程度的自我满意。对大多数人来说，在这种偶发事件中，他们对自己的不幸天然产生的看法，就像完全忘却有关其他各种看法的一切思想那样，将带着如此鲜明强烈的色彩，强行出现在他们的心中。除了自己的痛苦和恐惧之外，他们不会有其他什么感受，他们不可能注意到其他什么东西；他们不仅完全忽视和不去注意内心这个想象出来的人的评价，而且完全忽视和不去注意可能恰好在场的现实的旁观者们的评价。

造物主对处于不幸之中的人的高尚行为给予的回报，就这样恰好同那种高尚行为的程度相一致。祂对痛苦和悲伤的辛酸所能给予的唯一补偿，也这样在同高尚行为的程度相等的程度上，恰好同痛苦和悲痛的程度相适应。为克服我们天生的情感所必需的自我控制的程度愈高，由此获得的快乐和骄傲也就愈大；并且这种快乐和骄傲绝不会使充分享受它们的人感到不快。痛苦和不幸绝不会来到充塞着自我满足之情的心灵之中；斯多葛学派说，在上面提到的那种不幸事件中，一个聪明人的幸福在各方面都和处于任何其他环境所能享有的幸福相同，虽然这样说也许太过分了，然而，至少必须承认，这种自我赞扬之中的全部享受，虽然不会完全消除，但一定会大大减轻他对自己所受苦难的感觉。

在痛苦如此突然来临时——如果允许我这样提及它们的话——我认为，最明智和坚定的人为了保持自己的镇定，不得不作出某种重大的甚至是痛苦的努力。他对自己的痛苦天然具有的感觉，他对自己的处境天然具有的看法，严酷地折磨着他，而且不作出极大的努力，他就不能够把自己的注意力集中在公正的旁观者所会具有的感觉和看法上。两种想法同时呈现在他面前。他的荣誉感、他对自己尊严的尊重，引导他把自己的全部注意力集中到一种看法上。他那天生的、自发的和任性的感情，不断地把他的全部注意力转移到另一种看法上。在这种情况下，他并未把自己看成同想象中的内心那个人完全一致的人，也没有使自己成为自己行为的公正的旁观者。他心中存在的这两种性质不同的看法彼此分离互不相同，并且每一种都导致他的行为区别于另一种看法所导致的行为。当他听从荣誉和尊严向他指出的看法时，造物主确实不会不给他某种报答。他享受着全部的自我满意之情，以及每一个正直而公正的旁观者的赞扬。但是，根据造物主千古不变的规则，他仍然感受到痛苦；造物主给予的酬报虽然很大，但仍不足以完全补偿那些规则所带来的痛苦。这种补偿同他所应得到的并不相适应。如果这种补偿确实完全补偿了他的痛苦，他就不会因为私利而具有回避某种不幸事件的动机，这种不幸事件不可避免地会减少他对自己和社会的效用；而且造物主出于祂对两者父母般的关心，本来就料到他会急切地回避所有这样的不幸事件。因此，他受到痛苦，并且，虽然他在突然来临的极度痛苦之中，不仅保持镇定，而且仍能沉着和清醒地作出自己的判断，但要做到这一点，他必须竭尽全力和不辞辛劳。

然而，按照人类的天性，极度的痛苦从来不会持久；因而，如果他经受得住这阵突然发作的痛苦，他不久无需努力就会恢复通常的平静。毫无疑问，一个装着一条木制假腿的人感到痛苦，并且预见到在残年必然会因某种很大的不便而继续感到痛苦。然而,他不久就完全像每个公正的旁观者看待这条假腿那样把它看成某种不便,在这种不便之中,他能享受到平常那种独处和与人交往的全部乐趣。他不久就把自己看成同想象中的内心那个人一致的人;他不久就使自己成为自己处境的公正的旁观者。他不再像一个软弱的人最初有时会显示出来的那样,为自己的木腿而哭泣、伤心和悲痛。他已充分习惯于这个公正的旁观者的看法,因而他无需作出尝试和努力,就不再想到用任何其他看法来看待自己的不幸。

所有的人都必然会或迟或早地适应自己的长期处境,这或许会使我们认为:斯多葛学派至少到此为止是非常接近于正确方面的;在一种长期处境和另一种长期处境之间,就真正的幸福来说,没有本质的差别;如果存在什么差别,那么,它只不过足以把某些处境变成简单的选择或偏爱的对象,但不足以把它们变成任何真正的或强烈的想望对象;只足以把另一些处境变成简单的抛弃对象,宜于把它们放在一边或加以回避,但并不足以把它们变成任何真正的或强烈的嫌恶对象。幸福存在于平静和享受之中。没有平静就不会有享受;哪里有理想的平静,哪里就肯定会有能带来乐趣的东西。但是在没有希望加以改变的一切长期处境中,每个人的心情在或长或短的时间内,都会重新回到它那自然和通常的平静状态。在顺境中,经过一定时间,心情就会降低到那种状态;在逆境中,经过一定时间,心情就会提高到那种状态。时髦而轻佻的洛赞伯爵(后为公爵),在巴士底狱中过了一段囚禁生活后,心情恢复平静,能以喂蜘蛛自娱。较为稳重的人会更快地恢复平静,更快地找到好得多的乐趣。

人类生活的不幸和混乱,其主要原因似乎在于对一种长期处境和另一种长期处境之间的差别估计过高。贪婪过高估计贫穷和富裕之间的差别;野心过高估计个人地位和公众地位之间的差别;虚荣过高估计湮没无闻和闻名遐迩之间的差别。受到那些过分激情影响的人,不仅在他的现实处境中是可怜的,而且往往容易为达到他愚蠢地羡慕的处境而扰乱社会的和平。然而,他只要稍微观察一下就会确信,性情好的人在人类生活的各种平常环境中同样可以保持平静,同样可以高兴,同样可以满意。有些处境无疑比另一些处境值得偏爱,但是没有一种处境值得怀着那样一种激情去追求,这种激情会驱使我们违反谨慎或正义的法则;或者由于回想起自己的愚蠢行动而感到的羞耻,或者由于厌恶自己的不公正行为而产生的懊悔,会破坏我们内心的平静。若谨慎没有指导,正义也未容许我们改变自己处境的努力,那个确想这样做的人,就会玩各种最不合适的危险游戏,押上所有的东西而毫无所得。伊庇鲁斯国王的亲信对他主人说的话,适用于处于人类生活的各种平常处境中的人。当国王按照恰当的顺序向他列举了自己打算进行的征服之举,并且列举到最后一次的时候,这个亲信问道:"陛下打算接下去做什么呢?"国王说:"那时打算同朋友们一起享受快乐,并且努力成为好酒友。"这个亲信接着问道:"那么现在有什么东西妨碍陛下这样做呢?"在我们的痴心妄想所能展示的最光彩夺目的和令人得意的处境之中,我们打算从中得到真正幸福的快乐,通常和那样一些快乐相同,这些快乐,按照我们实际的虽然是低下的地位,一直唾手可得。在最为低下的地位(那里只剩下个人的自由),我们可以找到最高贵的地位所能提供的、除了虚荣和优越那种微不足道的快乐之外的其他一切快乐;而虚荣和优越那种快乐几乎同完美的平静，与所有真心的和令人满意的享受的原则和基础不相一致。如下一点也不是必然的，即：在我们所指望的辉煌处境中，我们可以带着与在自己如此急切地想离弃的低下处境中具有的相同的安全感，来享受那些真正的和令人满意的快乐。查看一下历史文献，收集一下在你自己经历的周围发生过的事情，专心考虑一下你或许读过的、听到的或想起的个人或公众生活中的几乎所有非常不成功的行动是些什么，你就会发现，其中的绝大部分都是因为当事人不知道自己的处境已经很好，应该安安静静地坐下来，感到心满意足。那个力图用药物来增强自己那还算不错的体质的人，他的墓碑上的铭文是："我过去身体不错，我想使身体更好；但现在我躺在了这里。"这一碑文通常可以非常恰当地运用于贪心和野心未得到满足所产生的痛苦。

一个或许会被认为是奇特的但是我相信是正确的看法是：处在某些尚能挽救的不幸之中的人，有很大一部分并不像处在显然无法挽救的不幸之中的人那样，如此乐意和如此普遍地回复到自己天然的和习以为常的平静中去。在后一种不幸之中，主要是在可以称作飞来横祸的不幸之中，或者在其首次袭击之下，我们可以发现明智的人和软弱的人之间的情感和行为上的各种可感觉的差别。最后，时间这个伟大而又普通的安慰者，逐渐使软弱者平静到这样一种程度，即对自己的尊严和男子汉气概的尊重在一开始就告诫明智的人显示出的那种平静的程度。安装假腿者的情况就是这样一个明显的例子。甚至一个明智的人在遭受孩子、朋友和亲戚的死亡所造成的无可挽救的不幸时，也会一度听任自己沉浸在某种有节制的悲伤之中。一个感情丰富而软弱的妇人，在这种情况下几乎常常会完全发疯。然而,在或长或短的期间,时间必定会使最软弱的妇人的心情平静到和最坚强的男人的心情相同的程度。在立即和直接影响人们的一切无法补救的灾难之中,一个明智的人从一开始就先行期望和享受那种平静,即他预见到经历几个月或几年最终肯定会恢复的那种平静。

在按理可以补救,或看来可以补救,但对其适用的补救方法超出了受难者力所能及的范围的不幸之中,他恢复自己原先那种处境的徒劳和无效的尝试,他对这些尝试能否成功的长期挂虑,他在这些尝试遭到失败后一再感到的失望,都是妨碍他恢复自己天生平静的主要障碍,并且,在他的一生中,经常给他带来痛苦,然而某种更大的、显然无法补救的不幸却不会给他带来两星期的情绪纷乱。在从受到皇上的恩宠变为失宠,从大权在握变为微不足道,从富裕变为贫困,从自由变为身陷囹圄,从身强力壮变为身患缠绵不去的、慢性的或许是无可救药的绝症的情况下,一个挣扎反抗最小、极其从容和非常乐意默认自己所遇命运的人,很快就会恢复自己惯常而又自然的平静,就会用最冷漠的旁观者看待自己处境时所易于采用的那种眼光,或者也许是某种更为适宜的眼光,来看待自己实际处境中的那些最难应付的情况。派系斗争、阴谋诡计和阴谋小集团,会扰乱倒霉的政治家的安静。破产者若醉心于金矿的规划和发现,便会睡不好觉。囚犯若总是想越狱便不可能享受即使一所监狱也能向他提供的无忧无虑的安全。医生开的药常常是医不好的病人最讨厌的东西。在卡斯蒂利亚[1]的国王菲利普

〔1〕 过去西班牙北部的一个小王国。

逝世后，有个僧侣为了安慰国王的妻子约翰娜，告诉她说，某个国王死了 14 年之后，由于他那受尽折磨的王后的祈祷而重新恢复了生命，但他那神奇的传说不见得会使那个不幸的伤心透了的王妃恢复平静。她尽力反复进行同样的祈祷以期获得同样的成功；有好长一段时间不让她的丈夫下葬，葬后不久，在把她丈夫的遗体从墓中抬出来后，她几乎一动也不动地陪伴着，怀着炽热而急切的期待心情等待着幸福时刻的到来，等待着她的愿望由于其所热爱的菲利普复活而得到满足。*

我们对别人感情的感受，远非跟自我控制这种男子汉气概不相一致，它正是那种男子汉气概赖以产生的天性。这种相同的天性或本能，在邻居遇到不幸时，促使我们体恤他的悲痛；在自己遇到不幸时，促使我们去节制自己的哀伤和痛苦。这种相同的天性或本能，在旁人得到幸运和成功时，促使我们对他的极大幸福表示祝贺；在自己得到幸运和成功时，促使我们节制自己的狂喜。在两种情况中，我们自己的情感和感觉的合宜程度，似乎恰好同我们用以体谅和想象他人的情感和感觉的主动程度和用力程度成比例。

具有最完美德行因而我们自然极为热爱和最为尊重的人，是这样的人，他既能最充分地控制自己自私的原始感情，又能最敏锐地感受他人富于同情心的原始感情。那个把温和、仁慈和文雅等各种美德同伟大、庄重和大方等各种美德结合起来的人，肯定是我们最为热爱和最为钦佩的自然而又合宜的对象。

因天性而最宜于获得那两种美德中的前一种美德的人也最宜

---

* 见罗伯森的《查理五世》第 2 卷，第 14—15 页，第 1 版。

于获得后一种美德。对别人的高兴和悲痛最为同情的人，是最宜于获得对自己的高兴和悲痛的非常充分的控制力的人。具有最强烈人性的人，自然是最有可能获得最高度的自我控制力的人。然而，他或许总是没有获得这种美德；而且他并未获得这种美德是常有的事。他可能在安闲和平静之中生活过久。他可能从来没有遇到过激烈的派系斗争或严酷和危险的战争。他可能没有体验过上司的蛮横无理、同僚们的猜忌和怀有恶意的妒忌，或者没有体验过下属们暗中施行的不义行为。当他年迈之时，当命运的某些突然变化使他面临所有这一切时，它们都会使他产生非常深刻的印象。他具有使自己获得最完善的自我控制力的气质，但是他从来没有机会得到它。锻炼和实践始终是必需的；缺少它们决不能较好地养成任何一种习性。艰苦、危险、伤害、灾祸是能教会我们实践这种美德的最好老师。但是没有一个人愿意受教于这些老师。

能够最顺当地培养高尚的人类美德的环境，和最适宜形成严格的自我控制美德的环境并不相同。自己处在安闲中的人能够充分注意别人的痛苦。自己面临苦难的人立即会认真对待，并且控制自己的感情。在恬静安宁温和和宜人的阳光下，在节俭达观悠闲平静的隐居中，人类的温和美德极其盛行，并能得到最高度的完善。但是，在这种处境中，就几乎不作什么努力来实行最伟大和最可贵的自我控制了。在战争和派系斗争的急风暴雨中，在公众骚乱闹事的动乱中，坚定严格的自我控制最为行时，并能极为顺利地形成。但是在这种环境中，人性最有力的启示常常受抑制或被疏忽；而任何这样的疏忽都必然导致人性的削弱。由于不接受宽宥常常是战士的职责，所以不宽贷人命有时也成为战士的职责；而一个人如果好几次不得不执行这种令人不愉快的职责,其人性肯定会受到很大程度的削弱。为了使自己宽心,他很容易学会轻视自己常常不得不造成的不幸;这样的环境虽然会使人具有最高尚的自我控制能力,但由于有时迫使人侵犯旁人的财产或生命,总是导致削弱、并且往往全然消除对他人财产或生命的神圣尊重,而这种尊重正是正义和人性的基础。所以,我们在世界上经常发现具有伟大人性的人,他们缺乏自我控制,在追求最高荣誉时一碰到困难和危险,就消极、动摇,容易泄气;相反,我们也常常发现能够完善地进行自我控制的人,任何困难都不能够使他们丧失信心,任何危险都不能够使他们丧胆,他们随时准备从事最冒险和最险恶的事业,但是,同时,他们对有关正义或人性的全部感觉却似乎无动于衷。

我们在孤独时往往非常强烈地感觉到同自己有关的东西,往往过高地估计自己可能作出的善行,和自己可能受到的伤害;我们往往因自己交好运而过分兴奋,往往因自己的厄运而过分沮丧。一个朋友的谈话使我们的心情好转一点,而一个陌生人的谈话使我们的心情更好一些。内心的那个人,我们感情和行为的抽象的和想象的旁观者,经常需要由真实的旁观者来唤醒和想到自己的职责;往往正是从那个旁观者那里,即从那个我们能够预期得到最少的同情和宽容的人那里,我们才有可能学好最完善的自我控制这一课。

你处在不幸之中吗?不要一个人暗自伤心,不要按照你亲密的朋友宽容的同情来调节自己的痛苦;尽可能快地回到世界和社会的光天化日中去。同那些陌生人、和那些不了解你或者不关心你那不幸的人一起生活；甚至不要回避与敌人在一起；而通过使他们感到灾难给你的影响多么微小，以及你克服灾难的力量怎样绰绰有余，来抑制他们的幸灾乐祸，而使自己心情舒畅。

你处在成功之中吗？不要把自己的幸运所带来的高兴限制在自己的房里，不要限制在自己的朋友，或许是奉承你的人中间，不要限制在把改善自己命运的希望寄托在你的幸运之上的那些人中间；要经常到同你没有什么关系的那些人中间去，到只根据你的品质和行为而不是根据你的命运来评价你的那些人中间去。不要寻求也不要回避，不要强迫自己也不要躲避与那些地位曾比你高的人交往，他们在发现你的地位同他们相等，甚或比他们高时会感到刺痛。他们的傲慢无礼或许会使你同他们在一起感到十分不愉快；但如果情况不是这样，就可以相信这是你能与之交往的最好伙伴；如果你能凭借自己坦率谦逊的品行赢得他们的好感和喜欢，你就可以满意地相信，你是十分谦虚的，并且你的头脑没有因自己的幸运而发热。

我们道德情感的合宜性绝不那么容易因宽容而又不公平的旁观者近在眼前，中立而又公正的旁观者远在天边而被损坏。

关于一个独立国家对别国采取的行动，中立国是唯一的公正的旁观者。但是，它们相距如此遥远以致几乎看不到。当两个国家发生不和时，每个国家的公民很少注意到外国人对其行为可能持有的看法。它的全部奢望是获得自己同胞们的赞同；而当他们因激励它的相同的敌对激情而精神振奋时，它就只能靠激怒和冒犯他们的敌人来使他们高兴了。不公平的旁观者近在眼前，公正的旁观者远在天边。因此，在战争和谈判中很少有人遵守正义的法则。真理和公平对待几乎全然被人忽视。条约被违反;而且这种违反如果能带来某种利益,就几乎不会给违约者带来什么不光彩。那个欺骗某外国大臣的大使受到人们的钦佩和赞扬。那个不屑于猎取利益也不屑于给人好处,但认为给人好处要比猎取利益光彩一点的正直的人,即在所有私人事务中可能最为人热爱和尊敬的人,在那些公共事务中却被认为是一个傻瓜、白痴和不识时务者,并且总是遭到自己同胞们的轻视,有时甚至是嫌恶。在战争中,不仅所谓国际法常常被人违反——这不会使违法者在其同胞中遭受什么值得重视的耻辱(违法者只考虑同胞们的判断);而且,就这些国际法本身来说,其大部分在制定之时就很少考虑到最简单、最明白的正义法则。无辜者虽然同罪犯可能有某种联系或依赖关系(这一点或许是他们无法避免的),但不应该因此为罪犯受苦或受惩罚,这是正义法则中最简单明白的一条。在最不义的战争中,通常只有君主或统治者才是有罪者。国民们几乎总是完全无辜的,然而,无论什么时候,敌国认为时机合宜,就在海上和陆上劫掠和平百姓的货物;听任他们的土地荒芜丢弃,烧毁他们的房子,如果他们胆敢反抗就加以杀害或监禁;所有这些做法,都是同所谓国际法完全一致的。

无论在平民还是基督教会中,敌对派别之间的仇恨常常比敌对国家之间的仇恨更为强烈,他们各自对付对方的行为也往往更为残暴。认真制定可以称为派别法规的东西的人,在确定法规时常常比所谓国际法的制定者更少注意正义法则。最激进的爱国主义者从来不把是否应该对国家的敌人保持信任说成是一个严重的问题。——但是,是否应该对反叛者保持信任,是否应该对异教徒保持信任，却常常是民间和基督教会中最著名的学者们争论得最激烈的问题。不用说，反叛者和异教徒都是这样一些不幸的人，当事情激化到一定程度时，他们作为弱者的一方都会倒霉。毫无疑问，当一个国家由于派系斗争而发生混乱时，总会有一些人——虽则通常为数极少——不受环境影响而保持着清醒的判断。他们充其量是零零落落彼此隔绝互不影响的个人，因为自己的坦率正直而不受任何一个政党的信任，并且，虽然他可能是一个最聪明的人，但因为上述原因必然成为这个社会里最无足轻重的人。所有这些人遭到两个政党内狂热的党徒们的轻视、嘲笑和常常会有的那种嫌恶。一个真正的党徒仇恨和轻视坦率正直；因而实际上没有一种罪恶能够像那种纯真的美德那样有效地使他失去党徒资格。所以，真实的、可尊敬的和公正的旁观者，并不存在于敌对政党激烈斗争的旋涡之中。据说，对斗争的双方来说，世界上任何地方几乎都不存在这样一个旁观者。他们甚至把自己的一切偏见都归因于宇宙的伟大的最高审判者，并且常常认为神圣的神受到自己所有复仇的和毫不留情的激情的鼓舞。因此，在败坏道德情感的所有情绪中，派性和狂热性总是最大的败坏者。

关于自我控制这个问题，我只想进一步指出，我们对在最深重和最难以逆料的不幸之中继续坚韧不拔刚毅顽强地行动的人的钦佩，总是意味着他对那些不幸的感觉是非常强烈的，他需要作出非常大的努力才能加以克制或控制。对肉体痛苦全然没有什么感受的人，并不想因坚韧不拔和镇定自若地忍受折磨而得到赞扬。生来对死亡没有什么天然恐惧的人，不需要在最骇人的危险中保持自己的冷静和沉着的美德。塞内加言过其实地说：斯多葛学派的哲人在这一方面甚至超过了神;神的安全完全是自然的恩惠,它使神免受苦难;而哲人的安全则是自己的恩惠,并且完全得之于自己和自己的种种努力。

但是,某些人对于立即产生影响的某些事物的感觉,有时是如此强烈,致使一切自我控制都起不了作用。荣誉感无法控制那个在危险逼近时意志软弱到要昏过去或陷入惊厥状态的人所产生的恐惧心理。这种神经质的软弱,是否像人们所认为的那样,经过逐步的锻炼和合宜的训导会有所好转,或许是有疑问的。如下一点似乎是肯定的,那就是:这种胆怯软弱的人绝不应该得到信任或重用。

第四章 论自我欺骗的天性,兼论一般准则的起源和效用

为了损害我们对自己行为合宜性判断的正确性,并不总是需要那个真实而又公正的旁观者远离我们的身边。当他在你身旁或眼前之时,我们自己的强烈和偏激的自私激情,有时也足以使得自己内心的那个人提出远远不同于真实情况所能允许的看法。

我们在两种不同的场合考察自己的行为,并且尽力用公正的旁观者会用的眼光来看待它:一是,我们打算行动的时候;二是,我们行动之后。在这两种场合,我们的看法往往是很不公正的;而且,当我们的看法最应该公正的时候,它们往往最不公正。

当我们打算行动时,急切的激情往往不容许我们以某个公正的人的坦率去考虑自己正在干的事情。在那个时候,使得我们激

动不已的那种强烈的情绪，影响了自己对事物的看法，甚至当我们尽力置身于他人的地位，并且尽力用他的眼光——它使它们自然地呈现在他的面前——去看待吸引我们的对象时，我们自己的强烈激情也不断地把我们唤回到自身的位置，在那里，一切事情都似乎被自爱之心夸大和曲解了。对于那些对象在他人面前所呈现的样子，以及他对于那些事物所采取的看法，我们只是（如果可以这样说的话），在转瞬之间隐约地感到，它马上就会消失，并且甚至在它们持续的时候，也全然不是真实的。甚至在那段时间内，我们也不能够完全摆脱那种特殊处境在自己身上激起的炽热和激烈的感情，也不可能以那个公正的法官毫无偏见的态度来考虑自己打算做什么。因此，正如马勒伯朗士神父所说的那样，各种激情都证明自己是正当的，并且只要我们继续感觉到它们，对它们的对象来说就似乎都是合理而又合宜的。

的确，在行动结束和激起这种行动的激情平息之后，我们能够更为冷静地去体会那个公正的旁观者所具有的情感。以前吸引我们的东西，现在正如对那个旁观者无所谓那样几乎成了同我们无关的事物，并且现在我们能够以他的坦率和公正来考察自己的行为。今天这个人的心情不再为昨天使他心烦意乱的那种激情所搅乱；并且如同痛苦的突然发作完全停止时那样，当情绪的激发以同样的方式完全平息之时，我们就会如同内心那个想象中的人一样来认识自己，并且根据自己的品质，用最公正的旁观者所具有的那种严格的眼光，如同在前一种情况下看待自己的处境一样，在另一种情况下看待自己的行为。但是，我们现在的判断同以前相比常常毫不重要，除了徒然的懊丧和无用的忏悔之外，经常不会产生其它什么结果;未必能保证我们将来不再犯同样的错误。然而,即使在这种场合,上述判断也很少是十分公正的。我们对自己品质的看法完全依对自己过去行为的判断而定。想到自己的罪恶是很不愉快的,因而我们常常故意不去正视可能导致令人不快的判断的那些情况。人们认为,那个为自己人动手术而手不发抖的人是一个勇敢的外科医生;人们也常常认为,那个毫不踌躇地揭开自我欺骗这层遮挡他观察自己行为中缺陷的神秘面纱的人,同样是个勇敢的人。我们常常非常愚蠢和软弱地努力重新激起当初把我们引入错误中去的那些不正当的激情;我们想方设法力图唤起过去的憎恶,并重新激起几乎已经忘却的愤恨;我们甚至为了这种可怜的目的而全力以赴,并且仅仅因为我们曾经施行不义,因为我们羞于和害怕看到自己曾是这样的人,而支持不公正的行为,而不愿在一种很不愉快的局面下正视自己的行为。

人类在行动之时和行动之后对自己行为合宜性的看法是多么片面;对他们来说,要用任何一个公正的旁观者所会用的那种眼光来看待自己的行为又是多么困难。但是,如果人们具有判断自己行为的某种特殊的能力,假定是道德感;如果他们赋有区分激情和感情的美与丑的特殊的感受能力;由于他们自己的激情会更为直接地暴露在这种能力所达到的视野之内,因而人们可以比判断别人的行为更为正确地判断自己的行为,前者的情景只是隐约地显示出来。

这种自我欺骗,这种人类的致命弱点,是人类生活一部分混乱的根源。如果我们用他人看待自己的那种眼光来看待自己,或者用他们如果了解一切就会用的那种眼光来看待自己,通常就不可避免地会作出某种改进。否则,我们忍受不了这种眼光。

然而,造物主并没有全然放任如此严重的这个弱点不管;她也没有完全听任我们身受自爱的欺骗。我们对他人行为不断的观察会不知不觉地引导我们为自己订立了关于什么事情适宜和应该做或什么事情不适宜或不应该做的某些一般准则。别人的某些行为震动了我们的一切天然情感。我们听到周围每个人对那些行为表现出相同的憎恶。这就进一步巩固,甚至激化了我们对那些行为的缺陷的天然感觉。我们感到满意的是,当我们看到别人用合宜的眼光看待它们时,自己用相同的眼光看待它们。我们决意不重犯相同的罪恶,也不因任何原因以这种方式使自己成为人们普遍指责的对象。这样,我们就自然而然地为自己规定了一条一般的行为准则,即避免所有这样的行为,因为它们往往会使自己变得可憎、可鄙或该受惩罚,即成为所有那些我们最害怕和最讨厌的情感的对象。相反,其他一些行为引起我们的赞同,并且,我们还听到周围每个人对它们给予同样的好评。每个人都急切地赞誉和报答这些行为。它们激起所有那些我们生来最希望获得的情感:人类的热爱、感激和钦佩。我们开始热望实践同样的行为;这样,我们就自然而然地为自己规定了另一条法则,即以这种方式留心地寻求一切行动的机会。

正是这样,形成了一般的道德准则。它们最终建立在我们在各个场合凭借是非之心和对事物的优点和合宜性所具有的自然感觉而赞同什么或反对什么的经验之上。我们最初赞同或责备某些特别的行为,并不是因为经过考察,它们似乎符合或不符合某一一般准则。相反,一般行为准则是根据我们从经验中发现的某种行为或在某种情况下作出的行为，是为人们所赞同还是反对而形成的。对这样一个人来说，他初次见到因贪婪、妒忌或不正当的愤恨而在被害者还热爱和信任那个凶手的情况下犯下的一桩残忍的谋杀罪，看到垂死的人最后的痛苦挣扎；听到他临终前抱怨较多的是自己不忠实的朋友的背叛和忘恩负义，而不是他所犯下的暴行；这个人要理解上述行为是如何可怕，完全不必仔细考虑：一个最神圣的行为法则是怎样阻止夺走一个无辜者的生命，而这种行为明显地违背那一准则，因而是一种该受谴责的行为。显然，他对这种罪行的憎恶会在瞬间产生，并且产生在他为自己订立任何这样的一般准则之前。相反，他今后可能订立的一般准则，大抵是建立在他见到这种行为和其他任何同类行为时，心中必然产生的憎恶之上。

当我们在历史或传奇中读到有关高尚或卑劣行为的记述时，我们对前者所抱有的钦佩之情和对后者所抱有的鄙夷之情，都不是来自对存在某些一般准则的考虑之中，这种准则表明一切高尚行为都值得钦佩，一切卑劣行为都应该受到鄙视。相反，那些一般准则全都是根据我们对各种不同的行为在自己身上自然而然地产生的作用所具有的经验而形成的。

一个亲切的举动，一个可尊敬的行为，一个恐怖的行动，都是使旁观者自然而然地引起对行为者的喜爱、尊敬或畏惧之情的行为。除了实际观察什么行为真正在事实上激起那些情感之外，没有其他什么办法能够形成决定什么行为是、什么行为不是那些情感对象的一般准则。

确实，如果这些一般行为准则已经形成，如果它们为人们怀着一致的情感普遍承认并且确立起来，我们就常常在争辩某些性质复杂而弄不清的行为该得到何种程度的赞扬或责备时，如同求助于判断的标准一样求助于这些一般准则。在这些场合，它们通常被引作决定人类行为中哪些是正义的、哪些是不义的基本根据；这个事实似乎把一些非常著名的作家引入了歧途，他们用这样一种方式来描绘自己的理论体系，似乎认为人类对于正确和错误行为的最初判断，就像法院的某一法官的判决一样，是通过首先考虑某一般准则，然后再考虑某一特定行为是否符合这一准则而形成的。

当那些一般行为准则在我们头脑里由于惯常的反省而被固定下来时，它们在纠正自爱之心对于在我们特定的处境中什么行为是适宜和应该做的这一点所作的曲解起到了很大的作用。怒不可遏的人，如果听从那种激情的驱使，或许会把他的敌人的死亡看作只不过是对他认为自己受到的冤枉的一个小小的补偿，而这种冤枉只是一件微不足道的惹人生气的事情。但是，他对别人行为的观察使他认识到，这种残忍的报复显得多么可怕。除非他所受的教育非常之少，在所有的场合他会把避免作出这种残忍的报复确定为自己的一条不可违反的准则。这一准则对他保持着权威，使他不会再犯这种强暴的罪行。然而，他的脾气可能非常暴烈，以致如果这是他第一次思考这种行为，他无疑会把它断定为非常正确和恰当的，是每个公正的旁观者都会赞成的行为。但是，过去的经历使他抱有的对这一准则的尊重，会阻止他那激情的过分冲动，并且会帮助他纠正自爱之心本来会就他在这种情况下应该怎样去做所提示的过于偏激的看法。然而，即使他会听任自己的心情极度激动，以致违背这一准则，在这种情况下，他也不能全然抛弃自己对这一准则的习以为常的敬畏和尊重。正是在采取行动的时刻，正是在激情达到最高点的一刹那，他犹豫不决和胆战心惊地想到他打算去做的事，他暗中意识到自己将要破坏那些行为准绳，即在他冷静的时候曾下决心永不违反的准绳，也是他从来没有见到过有人违反而不引起极大不满的准绳，他在内心预感到，违反了它们很快就会使自己成为上述不满情绪的对象。在最终下定重大决心之前，他一直受迟疑不决这种极度痛苦的折磨；他一想到自己要违反这一神圣的准则就惊恐不安，同时，他又受到违反它的强烈欲望的推动和驱使。他每时每刻都在改变自己的决心；有时他决心坚持自己的原则，不沉湎于可能以可怕的羞惭和悔恨心理败坏他以后的生活的某种激情；当他这样下决心不让自己经受某种相反的行为所具有的危险时，基于对他将享受到的那种安全和平静的期望，他的内心感觉到一种瞬间的安宁。但是，很快又重新唤起的激情，更加猛烈地驱使他去做片刻之前他还决心避而不做的事情。他被那些无休止的决心变换搞得精疲力竭，头昏眼花，最后，出于某种绝望心理，迈出了最后的事关重大而又无法挽回的一步；但是，他怀着这样一种恐怖和惊骇的心情，即某人逃离一个敌人而身不由己地来到一个悬崖绝壁之上时所怀有的恐怖和惊骇的心情，他确信在那里会遭到比追逐在身后的任何东西都更加肯定的毁灭。这就是他甚至在行动时也会具有的情感；虽然他在那时肯定比以后较少感到自己的行为不合宜，但是，当他的激情发泄出来和平息下去时，他开始用他人会用的眼光来看待自己所做过的事情，并且真正感受到懊丧和悔恨的刺痛在开始烦扰和折磨自己，这是他以前预见不到的。

第五章　论道德的一般准则的影响和权威，以及它们被公正地看作造物主的法则

对一般行为准则的尊重，被恰当地称作责任感。这是人类生活中最重要的一条原则，并且是唯一的一条大部分人能用来指导他们行为的原则。许多人的行为是非常得体的。他们在自己的整个一生中避免受到任何重大的责备，然而，他们也许从未感受到别人对他们行为的合宜性所表示的赞赏之情。他们尊重自己认为已经确立的一些行为准则，并仅据此行事。一个从另一个人那里受到了巨大恩惠的人，出于他天生的冷漠性情，可能只抱有一丝感激之情。然而，如果他富有道德教养，他就会常常注意到表明某人缺乏感激之情的行为显得多么可憎；而相反的行为又显得多么可爱。因此，虽然他的心里并未洋溢着任何感激之情，他仍将努力像心里充满感激那样去做，并将尽力对自己的恩人表示关注和大献殷勤，凡是有深切的感激之情的人都会这么做。他将定期去拜访他的恩人；他在恩人面前将表现得十分恭敬；他谈到恩人时，必用表达高度敬意的言辞，必提其所得到的种种恩惠，而且，他将小心地抓住一切机会为过去所受的恩惠作出某种适当的报答。他做这一切时可能不带任何虚伪和该受谴责的做作，不怀任何获得新的恩惠的自私意图，没有任何欺骗他的恩人或公众的打算。他的行为动机可能只是一种对已经确立的责任准则所表示的尊重，是一种在各方面都按感恩规则行事的认真和迫切的愿望。同样，一个妻子有时对她的丈夫不怀有适合于他（她）俩之间现存关系的那种柔情。

然而，如果她富有道德教养，她将尽力像她具有这种感情那样，关怀体贴，殷勤照料，忠实可靠和真诚相待，并且在夫妻感情所要求于她的种种关心的表现上无可指责。这样一个朋友，这样一个妻子，无疑都不是最好的朋友或妻子。虽然他俩都可能带有认真和迫切的愿望去履行自己的各种责任，但是他（她）们在许多方面达不到体贴入微的要求，他（她）们将错过许多能显示其亲切关怀心情的机会；如果他（她）们具有同自己的地位相符的感情，就绝不会错过这些机会。不过，他（她）们虽然不是最好的朋友或妻子，也许仍排得上第二。如果对于一般行为准则的尊重在他（她）们身上留下了非常深刻的印象，他（她）们在主要责任方面是谁也不会有所疏忽的。只有那种属于最幸运的类型的人才能使他（她）们的感情和行为同他（她）们的地位的最微小变化完全适应，才能在所有的场合做到应付裕如，恰如其分。构成人类大多数的粗糙黏土是捏不成如此完美的类型的。然而，几乎任何人通过训练、教育和示范，都会对一般准则留下如此深刻的印象，以致能在几乎一切场合表现得比较得体，并且在整个一生中避免受到任何重大的责备。

没有对于一般准则的这种神圣的尊重，就没有其行为非常值得信赖的人。正是这种尊重构成了有节操的正直的人和卑劣者之间最本质的区别。前者在各种情况下坚定果断地执行他所信奉的准则，并且在其一生中保持稳定的行为趋向。后者的行为随同心情、意愿或兴趣偶尔占主导地位而变幻无常和捉摸不定。不仅如此，既然每个人的心情容易发生这样的变化，那么，如果没有尊重一般准则这条原则，在头脑冷静时对行为的合宜性极为敏感的人，也往往会在最不经意的场合作出不合理的行为，而几乎不能把他那时为什么要这样做归因于任何正经的动机。你的朋友在你正好具有不愿接待他的心情时来拜访你。按照你当时的心情，你很可能把他的造访看成是鲁莽的闯入；如果你屈从于那时产生的看法，那么，虽然你是想以礼待人，但是你的举止却会显示出对他的冷淡和不尊重。只是由于尊重礼貌和好客的一般准则，你才使你不至于这么粗鲁，因为这些准则不允许你这样做。你过去的经验使你习以为常的对这些准则的尊重，使得你的举止能够在所有这样的场合做到大致相当得体，并且不让所有的人都容易发生的那些心情变化在任何感觉得到的程度上影响你的行为。但是，如果没有对这些一般准则的尊重，即使是像讲究礼貌这样一种容易做到，而且人们几乎不会煞有介事地违反它的本分，也会经常受到妨害，然则公正、诚实、贞节、忠诚等往往很难做到。人们或许会抱着很强烈的动机违反它们的一些责任岂非更是如此？人类社会的存在端赖人们较好地遵守这些责任。如果人类没有普遍地把尊重那些重要的行为准则铭记在心，人类社会就会崩溃。

上述尊重还由于人们的如下看法——它起初是出于本性的一种模糊观念，其后为推理和哲理所证实——而进一步加强，那就是：这些重要的道德准则是造物主的指令和戒律，造物主最终会报偿那些顺从的人，而惩罚那些违反本分的人。

我说，这种看法或理解最初似乎是受本性的影响。人的天性引导人们认为自己的各种感情和激情产生于神秘的存在物——无论它们是什么，反正在任何国家都已成为宗教信徒所敬畏的对象。人们没有其他什么东西，也想不出其他什么东西产生了人的感情。人们想象出来而无法见到的那些不可知的神必然会被塑造成某种同他们对其有所感受的神明有点相似的形象。在信奉异教的愚昧和无知的时期,看来人们形成他们关于神明的想法极为粗糙,以致不分青红皂白地把人类所有的自然感情都说成是神所具有的,连那些并不能给人类增光的感情,例如色欲、食欲、贪婪、妒忌和报复等也包括在内。因此,人们必然会把最能为人类增光的那些感情和品质说成是神所具有的,因为他们对神的卓越的本性还是佩服得五体投地,而那些感情和品质、即热爱美德和仁慈,憎恶罪恶和不义,似乎能把人类提高到类似神明的完美境地。受到伤害的人祈求丘辟特为他所受的冤屈作证,他深信这位神看到这种现象时会产生一种义愤,这种义愤就是最平凡的人目睹不公正的行为发生时也会油然而生。那个伤害别人的人感到自己成了人类憎恶和愤恨的适当对象;天然的恐惧感使他把上述感情归于那些令人畏惧的神的旨意。他无法回避这些神,对它们的威力无力抵抗。这些天然的希望、恐惧和猜疑,凭借人们的同情感而广为人知,通过教育而得到确认;人们普遍地讲述和相信众神会报答善良和仁慈,惩罚不忠和不义。因此,早在精于推论和哲理的时代到来之前,宗教,即使还处于非常原始的状态,就已对各种道德准则表示认可。宗教所引起的恐惧心理可以强迫人们按天然的责任感行事。这对人类的幸福来说太重要了,因而人的天性没有将人类的幸福寄托于缓慢而含糊的哲学研究。

然而,这些哲学研究一经开始,就证实了人们的天性所具有的那些最初的预感。无论我们认为自己的是非之心是怎样建立起来的,是建立在某种有节制的理性之上,还是建立在某种被称作道德观念的天性之上,抑或是建立在我们所具有某种天然的性能之上,不容置疑的是，天赋我们这种是非之心是为了指导我们这一生的行为。这种是非之心具有极为明显的权威的特性，这些特性表明它们在我们内心树立起来是为了充当我们全部行为的最高仲裁者，以便监督我们的意识、感情和欲望，并对它们该放纵或抑制到何种地步作出判断。我们的是非之心绝不像一些人所声称的那样，和我们天性中的其他一些官能和欲望处于同等地位，前者也不比后者更加有权限制对方。没有其他官能或行为的本性能评判任何其他官能。爱并不评判恨，恨也并不评判爱。尽管这两种感情相互对立，但把它们说成相互赞成或反对还是很不妥当。但是，评判我们的其他一切天然本性并给予责难或称许，是我们此刻正在考察的那些官能所具有的特殊功能。可以把它们看作某种感官，其他那些本性是它们评判的对象。每种感官都高于它所感受的对象。眼睛不要求色彩的美丽，耳朵不要求声音的和谐，舌头也不要求味道的鲜美。这些感官是评判自己的感受对象的权威。凡是可口的就是醇美的，悦目的就是华丽的，动听的就是和谐的。上述各种特性的实质在于它能使感受它的感官感到愉快。同样，什么时候我们的耳朵应该感受到动听的声音，什么时候我们的眼睛应该纵情观看，什么时候我们的味觉应该得到满足；应该在什么时候在何种程度上放纵或限制我们的其他天然本性，这些都是由我们的是非之心来决定的。凡是我们的是非之心所赞成的事是恰当的、正确的，并且是应该做的；凡是与此相反的，就是错误的、不恰当的，并且是不该做的。是非之心所赞成的感情是优雅的和合适的；与此相反的就是粗野的和不恰当的。正确、错误、恰当、不恰当、优雅、粗野，这些词本身只表示使是非之心感到愉快或不愉快的那些事物。

既然上述是非之心显然是充当人类天性中起支配作用的本性的，所以，它们所规定的准则就应该认为是神的指令和戒律，由神安置在我们内心的那些代理人颁布。所有的一般规则通常都称为法则。例如，物体在运动时所遵守的一般规则就叫运动法则。但是，我们的是非之心在赞成或谴责任何有待它们审察的感情或行为时所遵循的那些一般准则，用下面的名称更为恰当。它们更类似那些叫做法律的东西——君主制订出来指导其臣民的行为的那些一般准则。它们同法律一样，是指导人们自由行动的准则；毫无疑问，它们是由一个合法的上级制订的，并且还附有赏罚分明的条款。神安置在我们内心的代理人必定用内心的羞愧和自责来折磨那些违背准则的人；反之，总是用心安理得、满足和自我满意来报答那些遵守准则的人。

还有许多其他的考虑可以起到证实上述看法的作用。当造物主创造人和所有其他有理性的生物之时，其本意似乎是给他（她）们以幸福。除了幸福之外，似乎没有其他什么目的值得我们必然认为无比贤明和非常仁慈的造物主抱有；造物主无限完美这种想象使我们得出的上述看法，通过我们对造物主的行为的观察而得到进一步的证实，在我们看来，造物主行事的目的都是为了促进幸福，防止不幸。但是，在是非之心的驱使下行事时，我们必然会寻求促进人类幸福的最有效的手段，因此，在某种意义上可以说，我们同造物主合作，并且尽力促进其计划的实现。相反，如果不是这样行事，我们就似乎在某种程度上对造物主为人类的幸福和完善而制订的计划起阻碍作用，并且表明自己在某种程度上与造物主为敌,如果可以这样说的话。因此,在前一种情况下,我们自然会信心十足地祈求造物主赐予特殊的恩惠和报答,而在后一种情况下,则会担心受到造物主的报复和惩罚。

此外,还有其他许多道理、其他许多天然的本性有助于证实和阐明同一有益的训诲。如果我们考虑一下通常决定这个世界芸芸众生处境顺逆的那些一般准则,我们就会发现:尽管世界万物看来杂乱无章,但是,即使在这样一个世界上,每一种美德也必然会得到适当的报答,得到最能鼓励它、促进它的那种补偿;而且结果也确实如此,只有各种异常情况同时发生才会使人们的期望落空。什么是鼓励勤劳、节俭、谨慎的最恰当的报答呢?在每项事业中获得成功。这些美德是不是有可能在整个一生中始终得不到报答呢?财富和人们的尊敬是对这些美德的恰如其分的补偿,而这种补偿它们是不大可能得不到的。什么报答最能促使人们做到诚实、公正和仁慈呢?我们周围那些人的信任、尊重和敬爱。许多人并不追求显赫地位,但是希望受人敬爱。诚实和公正的人不会因得到财富而欣喜,他感到欣喜的是被人信赖和信任,这是那些美德通常会得到的补偿。但是,由于某种异常的和不幸的事件,一个好人可能被怀疑犯有某种他根本不可能犯的罪行。因此他在后半辈子很冤枉地遭到人们的憎恶和反感。他可以说是因为这样一种意外事件而失去了一切,尽管他还是个诚实和正直的人。同样,作为一个小心谨慎的人,尽管他谨小慎微,仍然可能由于发生地震或洪水泛滥而死亡。然而,第一种意外事件同第二种相比,也许更为罕见;而为人诚实、公正和仁慈是获得我们周围那些人的信任和敬爱——这是上述美德首先想得到的东西——确实有效和万无一失的办法，这一点仍然是正确的。一个人的某个行为很容易被人误解，但是，他的行为的总趋向不大可能被人误解。一个清白的人可能被人认为干了坏事，然而这种情况是罕见的。相反，对他的清白的举止所持有的固定看法常常会使我们在他真正犯罪之时为他开脱，尽管根据已知的事实作出的他确已犯罪的推断非常有力。同样，一个无赖在他的品行不为人知的情况下作出了某一无赖行为，也许可以免受责难，甚或得到他人的称许。但是，没有一个长期以来一直做坏事的人，能够不广为人知是个坏人，而且在他确实无罪的时候能够不经常受人怀疑。就人们的感情和看法所能给予罪恶和美德的惩罚或报答而言，在这里，根据事物的一般进程，两者所得到的待遇已超出了恰如其分和不偏不倚的限度。

虽然用这种冷静的哲学眼光来看，通常决定芸芸众生处境顺逆的一般准则似乎完全适应世人所处的境地，但是，它们并不同我们的某些天然感情相一致。我们对某些美德所天然持有的敬爱和赞美之情使我们希望把各种荣誉和酬答都归于它们，甚至把我们自己也必然认为适合于回报其他一些品质的荣誉和酬报归于这些美德，尽管它们往往不具备这些品质。相反，我们对某些罪恶的嫌恶使我们希望它们遭受各种各样的耻辱和不幸，包括自然属于其他品质的耻辱和不幸。宽宏大量、慷慨和正直受到我们如此深切的钦佩，以致我们希望看到它们还能获得财富，权力和各种荣誉——这些荣誉本来是同上述美德并无密切联系的一些品质，如节俭、勤劳和勤奋的必然结果。另一方面，欺诈、虚伪、残忍和狂暴在每个人的心中激起的轻蔑和憎恶使我们看到它们得到某些好处便会感到气愤，尽管在某种意义上可以说，由于它们有时具备勤奋和勤劳的品质，这些好处它们是应该得到的。勤劳的坏蛋耕种土地，懒惰的好人任其荒芜。谁该收获庄稼呢？谁该挨饿，谁该富足呢？事物的自然进程有利于坏蛋，而人们的天然感情则偏向于具有美德的人。人们认为，前者因其上述的好品质会带给他的好处而过分地得到了补偿，而后者则因其懈怠必然会带给他的痛苦而受到了比应受的要严厉得多的惩罚。人类的法律——人类感情的产物——剥夺勤劳和谨慎的叛国分子的生命和财产，而以特殊的回报来酬答不注意节约、疏忽大意但忠诚而热心公益事业的好公民。这样，人就在造物主的指引下，对物的分配进行造物主本来自己会作出的某种程度的改正。造物主促使人们为达到这一目的而遵循的各种准则与造物主自己所遵循的那些准则不同。大自然给予每一种美德和罪恶的那种报答或惩罚，最能鼓励前者或约束后者。祂单纯考虑这一点，而很少注意到，在人们的思想感情和激情中，那些优良品质和不良品德似乎还具有不同程度的优缺点。相反，人只注意到这一点，因而力求使每种美德得到他心目中恰如其分的敬爱和尊重，并使每种罪恶得到他心目中恰如其分的轻视和憎恶。造物主所遵循的准则对祂来说是合理的；人类所遵循的准则对人类来说也是合理的。但是，两者都是为了促成同一个伟大的目标：人世间的安定，人性的完美和愉快。

虽然人这样从事于改变在事态的自然发展所造成的物的分配情况，虽然人像诗人所描述的神那样老是用特殊的手段来进行干预，以支持美德和反对罪恶，并且像神那样力求挡掉射向好人头部的箭，而促使那把已经举起的利剑迅即向邪恶者砍去，但是，他并不能完全按照自己的想法和愿望来决定两者的命运。人的微弱的努力不能完全控制事物的自然进程，这一进程太快太猛，非人力所能阻止。虽然指引这一进程的规则似乎是为了最明智和最高尚的目的而制订的，但是这些规则有时却会产生使人的全部天然感情激动不已的后果。大集体压倒小集体；有远见并作好一切必要准备的事业家胜过那些反对他们而既无远见又无准备的人；每一种目的只能以造物主规定的那种方法来实现，这一切似乎不仅是一种必然和不可违反的规则，而且是一种激励人们勤劳和专心致志的有用和合宜的规则。此外，由于这种规则，在暴虐和诡计居然胜过真诚和正义时，什么样的义愤不会在每个旁观者的心中激起呢？对无辜者所受的痛苦，人们会多么悲痛和同情，对压迫者所获得的成功又会产生多么强烈的愤恨？我们对冤屈感到伤心和愤怒，但是，我们常常发现自己完全无力加以纠正。因此，当我们对在这个世界上能否找到一种能够阻止非正义的行为取得成功的力量丧失信心时，我们自然而然地会向上天呼吁并希望我们天性的伟大创造者在来世亲自做他为指导我们的行为而制定的各种原则促使我们在今世努力做的事。希望他亲自完成他教导我们着手执行的计划；并希望在来世，根据每个人在今世的所作所为给予报答。这样，我们就会变得相信来世，这不仅是由于我们的弱点，不仅是出于人类天性的希望和担心，而且也是出于人类天性中最高尚和最真诚的本性，出于对美德的热爱，对罪恶和非正义的憎恶。

“这与神的伟大相称吗？”能言善辩而富于哲理性的克莱蒙大主教以丰富的想象力热情而夸大地说，尽管有时听起来似乎不够礼貌：“听任自己创造的世界普遍处在混乱之中，这与神的伟大相称吗？听任邪恶的人几乎总是胜过正直的人；听任无辜的君王被篡位者废黜；听任父亲为野心勃勃的逆子所杀害；听任丈夫因受凶悍不贞的妻子的打击而死亡，这与神的伟大相称吗？难道处于显贵地位的神可以像观看某种新奇的游戏那样袖手旁观那些令人伤感的事件而不担负任何责任吗？因为神是伟大的，他就应当在这些事件面前表现出软弱、不公正或是残暴吗？因为人是渺小的，就应当听任他们胡作非为而不予惩罚，或者为人正直而不给报偿吗？啊，上帝！如果这就是你的性格，如果我们如此敬畏崇拜的上帝就是你，我就不再承认你是我的父亲，是我的保护者，是我悲伤时的安慰者，是我软弱时的支持者，是我的一片忠诚的报答者。那你就不过是一个懒惰而古怪的暴君，这个暴君为了自己狂妄的虚荣心而牺牲人类的幸福，祂把人类带到这个世界上来，只是为了把他们作为祂空闲时的消遣品或由祂任意摆布的玩物。”

判断行为功过的那些一般准则就这样逐渐被看成某个无所不能的神的规则，这个神在观察我们的行为，并在来世报答遵守这些规则的人和惩罚违反它们的人。这种考虑必然使上述规则具有新的神圣的意义。我们行为的最高准则应当是尊重造物主的意志，对于这一点凡是相信神存在的人是绝不会怀疑的。违抗神的意志这一想法本身似乎就意味着大逆不道。一个人如果反对或无视具有无限智慧和无限权力的神给他下的命令，那这人该是多么自负，多么荒唐！一个人如果不尊重造物主出于无限仁慈给他规定的戒律，即使他没有因为违反这些戒律而受到惩罚，这个人又该是多么不合人情，多么令人厌恶！一个人对自己行为是否得当的感觉在此也得到自身利益这种强烈动机的充分支持。我们知道，虽然我们可以避免别人注意或者逃脱世人的惩罚，但我们总是避不开造物主的眼睛，如果作出不正当行为就会受到他的惩罚，这是能够限制最不受约束的激情的一种动因，至少对某些人是如此，他们由于经常反省，对这个想法已经很熟悉了。

正是这样，宗教加强了天生的责任感，因此，人们通常会非常相信似乎深受宗教思想影响的那些人，诚实正直。人们认为，这些人的行为除了受到对别人行为同样起调节作用的准则的约束外，另外还有一种约束。人们认为，不但重视名誉，也重视行为的合宜性，不但重视他人的称许，也重视自己的称许，这样的动机对世俗的人有影响，对信仰宗教的人同样有影响。但是信仰宗教的人还有一种约束，这就是，他不干则已，一干起来就要像那位至尊的神在场那样审慎，这位至尊的神最终会根据他的实际行动给予补偿。因此，人们对他那循规蹈矩和一丝不苟的行为颇为信任。无论什么地方只要那儿宗教的固有原则未被某个卑鄙的宗教小集团闹宗派和派性的狂热所破坏，无论什么地方只要那儿宗教所要求履行的首要责任是各种道德责任，无论什么地方只要那儿没有人被告诫要把琐屑的宗教仪式看成是比正义和慈善的行为更直接的责任，只要没有人真的相信通过献祭、宗教仪式和愚蠢的祈求就可以在神的同意下从事欺诈、叛变和暴行，那么，世人在这方面的判断就毫无疑问是正确的，并且完全有理由对笃信宗教的人的行为的正直给予加倍的信任。

第六章　在什么情况下，责任感应该成为我们行为的唯一原则；而且在什么情况下，它应该同其他动机一起发生作用

宗教赋予美德的实践如此强烈的动机，并且通过如此有力地抵制罪恶的诱惑来保护我们，以致许多人误认为宗教原则是行为的唯一值得称赞的动机。他们说：我们既不应该因感激而报答，也不应该因愤恨而惩罚；我们既不应该根据天然的感情保护自己不能自助的孩子，也不应该由此赡养自己老弱多病的双亲。所有对特定事物产生的感情都要从自己的心中驱除干净，某种伟大的感情应当取代其他一切感情，那就是对造物主的爱，那就是使自己变成他所喜欢的人的愿望，那就是用造物主的意志来指导自己全部行动的愿望。我们不应该因感激而感谢，我们不应该因仁爱而宽厚，我们不应该因热爱祖国而热心公益，也不应该因对人类之爱而慷慨和正直。在履行所有那些不同的责任时，我们的行动的唯一原则和动机，应当是造物主要求我们去履行他们的责任感。现在，我不准备花时间专门考察这种观点；我只是要指出，我们不要期待看到这种观点为任何宣称信奉下面这样一种宗教的人所接受，在这种宗教中，第一条戒律是，要以自己的全部心意、全部灵魂和全部精力去敬爱我们的造物主，第二条戒律是，像热爱自己一样去热爱自己的邻人；我们实际上是为了自己的缘故而热爱自己，并不仅仅因为被要求才去这样做。责任感应当是我们行动的唯一原则，这在基督教的戒律中是找不到的；但是，正像哲学甚至常识告诉我

们的那样，责任感应当是某种指导性的和决定性的原则。然而，可能会出现这样一个问题：在什么情况下我们的行动应该主要地或全然地产生于某种责任感，或出自对一般准则的尊重；在什么情况下某些其他的情感或感情应该同时发生作用，并产生主要的影响。

这个问题的答案——或许不能用任何一种非常准确的方式得到——将依两种不同的情况而定：第一，根据促使我们全然不顾一般准则而行动的那种情感和感情是天然令人喜欢的还是天然令人讨厌的而定；第二，根据一般准则本身是精确无误还是含糊不清而定。

I. 首先，我要说，我们的行为在何种程度上应该来自天然令人喜欢或天然令人讨厌的情感和感情，或者全部来自对一般准则的尊重，都将依这种情感和感情本身而定。

所有那些亲切的感情可能促使我们去做的优雅和令人钦佩的行为，应该来自对一般行为准则的任何尊重，同样也应该来自激情本身。一个人为另一个人做了好事，如果后者只是出于冷淡的责任感而不带有感情地给予报答，前者就会认为自己没有很好地得到报答。当一个丈夫认为非常顺从自己的妻子只是考虑到妻子的地位必须维持的某种关系才使自己的举止活泼起来时，他是不会对她感到满意的。虽然一个儿子竭尽孝道，然而，如果缺乏他应当充分感受到的那种充满感情的对双亲的敬意，那么父母也会公正地抱怨他态度冷漠。同样，一个儿子也会对这样的父亲感到十分不满，他虽然履行了父亲的全部责任，但是不具有可以期待从他身上得到的父爱。对于所有这样的亲切的、具有社会性的感情，看到责任感是用来压抑它们而不是增进它们,是用来阻止我们做得过分而不是促使我们做应该做的事情,更令人感到愉快。看到一个父亲不得不抑制自己的父爱,看到一个朋友不得不约束出乎本性的慷慨行为,看到一个受到某种恩惠的人不得不抑制自己的过分的感激心情,会给我们带来愉快。

对于那些邪恶和非社会性的激情,具有相反的准则。我们应当抱着出自内心的感激和慷慨态度,不带任何勉强地给予报答,不必过分考虑报答是否适宜;但是,我们总是应当勉强地施加惩罚,更多地是出于施加惩罚是合宜的感觉,而不是出于任何强烈的报复意向。再也没有什么比那个人的行为更为得体,他对极为严重的伤害的愤恨,似乎更多地来自它们应当愤恨并且是合宜的愤恨对象的感觉,而不是来自他自己的那种极不愉快的激情;他像一个法官那样,仅仅考虑判断每种特定的冒犯应当给予何种报复这种一般准则;他在贯彻这条准则时,其同情冒犯者将要受到的痛苦的程度甚于自己所受的痛苦,他虽然愤怒但不忘怜悯,有意用最温和及最有利的方式去解释这条准则,对冒犯者给予极其正直的人们能够一致通情达理地接受的各种减缓。

根据前面的评述,因为自私的激情在其他方面介于社会性的和非社会性的感情之间,所以,它们在这一点上也是如此。在所有平常的、不重要的和普通的情况下,以私人利益作为目标的追逐,应当来自对指导这种行为的一般准则的尊重,而不是来自这些目标本身所引起的任何激情;但是,在更为重要和特殊的场合,如果目标本身看来并没有以很值得重视的激情来激励我们,我们就会变得麻木不仁、缺乏感情和没有风度。为了赚到或节省一个先令的钱而焦虑不安或终日盘算，在他的一切邻人看来，他就会堕落为一个极为庸俗的商人。他必须在自己的行动中表现出：听任自己的经济状况一直如此窘迫，无意为钱财本身而锱铢必较。他的经济境况也许使他必须极端节省，非常勤勉；但是，那种节省和勤勉的每个特定的努力必须出自对极其严格地给他规定这种行为趋向的那条一般准则的尊重，而不是对个人的俭约或收益的关心。现今，他的过度节俭不应当是由于他希望由此节省那三便士；他在自己的店里照料，也不应当是出于他想由此得到那十便士的激情：前者和后者都只应当出于对一般准则的尊重，这条一般准则极其严格地规定了他在自己生活道路上对待一切人的行动方案。在这里构成了吝啬鬼和真正节省和勤勉的人的品质之间的差别。前者为了少数的钱财本身而挂虑担忧；后者关心它们只是因为他给自己订下了生活计划。

对有关私人利益的很特别和很重要的目标来说，情况完全不同。一个人不去为了这些目标本身而相当认真地追求它们，就显得卑劣。一个君主不费心征服或保护某一领地，我们会看不起他。一个没有官职的绅士，在他可以不用卑劣的或非正义的手段去获得一份财产或者一个比较重要的官职时不尽力而为，我们几乎不会对他表示尊重。一个议员对自己的竞选显得毫不热心，他的朋友就会认为他完全不值得拥戴而抛弃他。甚至一个商人不力争获得人们认为非凡的一笔生意或者一些不寻常的利润，也会被他的邻居们看成是一个胆怯的家伙。这种勇气和热忱就是有事业心的人和无所作为的人之间的差别。私人利益的那些重大目标——它们的得或失会极大地改变一个人的地位，成为恰当地被称作抱负的激情的目标；这种激情保持在谨慎和正义的范围之内时，总是受到世人的钦佩，即使超越了这两种美德而且是不正义的和过分的时候，有时也显得极其伟大，引起人们无限的想象。因此，人们普遍钦佩英雄和征服者，甚至也钦佩政治家，他们的计划虽然毫无正义可言，但是非常大胆和宏伟；例如黎塞留主教和雷斯主教的那些计划就是这样。贪婪和野心两种目标的不同仅仅在于它们是否伟大。一个吝啬鬼对于半便士的追求同一个具有野心的人征服一个王国的意图一样狂热。

II. 其次，我要说，我们的行为应该在何种程度上出自对一般准则的尊重，将部分地依它们本身精确无误还是含糊不清而定。

几乎所有有关美德的一般准则，决定谨慎、宽容、慷慨、感激和友谊的功能是什么的一般准则，在许多方面都是含糊不清的，允许有很多例外，需要作出如此多的修正，以致几乎不可能完全通过对它们的尊重来规定我们的行为。常见的以普遍经验为基础的有关谨慎的一些谚语式的格言，或许是对行为所能提出的最好的一般准则。但是，非常呆板和固执地信奉这些格言，显然是极其荒唐可笑的迂腐行为。在我刚才提到的一切美德中间，感激或许是含义最精确、最少例外的一般准则。要是力所能及，我们就应当对自己所得到的帮助作出相等的报答，如有可能，还应当作出更大的报答，这似乎是一条非常清楚明了的准则，并且是一条几乎不会有任何例外的准则。然而，根据最肤浅的考察，这条准则好像是极其含糊不清的，并且允许有一万种例外。如果你的恩人在你生病时护理了你，你也就应当在他生病时护理他吗？或者，你能够以某种不同的报答来偿还自己欠下的人情吗？如果你应当去护理他，那么你应当护理他多长时间呢？和他护理你的时间与你护理他的时间相同，或者更长些，那么应当长多少呢？如果你的朋友在你贫困时借钱给你，你也就应当在他贫困时借钱给他吗？你应当借多少钱给他呢？你应当在什么时候借给他呢？现在？明天？或者下个月？借多长时间呢？显然，不可能规定任何一条在一切情况下都能对这些问题给予准确答案的一般准则。他和你的品质之间的差异，他和你的处境之间的不同，都可能使你非常感激他而又正当地拒绝借给他半个便士；相反，也可能使你愿意借钱给他，甚或借给他的钱十倍于他借给你的数目，而又正当地被指责为极为邪恶的忘恩负义之徒，其所承担的义务连百分之一也未完成。然而，由于有关感激的各种本分或许是所有那些要求我们实践的善良美德之中最神圣的，所以，如我所述，决定它们的一般准则是最准确的。确定友谊、人道、殷勤、慷慨等所要求作出的行为的那些一般准则，更不用说是很模糊和不明确的。

但是，有一种美德，一般准则非常确切地规定它要求作出的每一种外在的行为，这种美德就是正义。正义准则规定得极为精确，除了可以像准则本身那样准确地确定，并且通常确实出自与它们相同的原则者外，不允许有任何例外和修改。如果我欠某人十镑钱，无论在约定归还之日还是在他需要这笔钱之时，正义都要求我如数归还。我应当做什么，我应当做多少，我应当在什么时候和什么地方做，所有确定的行为的本质和细节，都已确切地规定和明确。虽然过于固执地信奉有关谨慎或慷慨的普遍准则可能是笨拙的和呆板的，但是，忠实地遵循正义准则却没有什么迂腐可言。相反，应当给予它们最神圣的尊重；并且，这种美德所要求作出的行为，从来不像当实践它们的主要动机是对要求作出这种行为的那些一般准则的出于本心的虔诚的尊重时一样十全十美。在实践其他一些美德时，指导我们行为的，与其说是对某种精确格言或准则的尊重，不如说是某种有关合宜性的想法，是对某一特定行为习惯的某种爱好；我们应当更多地考虑的是这一准则所要达到的目的和基础，而不是准则本身。但是，对正义来说情况就完全不是这样：不折不扣并且坚定不移地坚持一般正义准则本身的人，是最值得称赞和最可信赖的人。虽然正义准则所要达到的目的是阻止我们伤害自己周围的人，但违反它们常常可能是一种罪行，尽管我们可以假托某种理由声称这种违反不会造成任何伤害。一个人常常在开始用这种方式行骗，甚至在自己打算行骗时，就变成了一个坏蛋。一旦他想背离那些不可违背的戒律要求他非常坚定和积极地坚持的东西，他就不再是可以信赖的人，没有人可以说他不会滑向某种或深或浅的罪恶之渊。窃贼认为，如果他从富人那里偷窃他猜想他们也许容易失去，以及他们也许不会知道失窃的东西，就并没有犯罪。奸夫认为，如果他诱奸朋友的妻子而能瞒住其奸情，那个丈夫不会怀疑，而且并没有破坏那个家庭的安宁，他就没有犯罪。一旦我们开始陷入这种精心设计的骗局，就没有什么严重的罪行我们不可能犯下了。

正义准则可以比作语法规则；有关其他美德的准则可以比作批评家们衡量文学作品是否达到杰出和优秀水平而订立的准则。前者是一丝不苟的，准确的，不可或缺的。后者是不严格的、含糊的、不明确的，而且告诉我们的与其说是如何臻于完美的确实无疑的指示，还不如说是有关我们应该指望臻于完美的一般设想。一个人可以根据规则学会完全正确地合乎语法地写作；因而；或许，可以学会公正地行动。虽然有些文学评判准则可以在某种程度上帮助我们纠正和弄清楚我们对完美可能抱有的一些模糊看法，但是，却没有哪种准则能确实无误地引导我们写出杰出或优秀的文学作品。同样，虽然某些准则能使我们在某些方面纠正和弄清楚我们对美德可能抱有的一些不完善的想法，但却没有哪种准则可以使我们确实学会在一切场合谨慎、非常宽宏或十分仁慈地行动。

有时会发生这种情况：由于极为真诚和迫切地想以自己的行为获得人们的赞同，我们反而可能误解恰当的行为准则，因而被应当用来指导我们的原则引入歧途。在这种情况下，期待人们完全赞成我们的行为是徒劳无益的。他们不能理解影响我们行为的那种荒谬的责任观念，也不会赞成随之而来的任何行为。然而，那个由于存在不正确的责任感或所谓错误的道德心而受骗犯罪的人，其品质和行为仍有一些可敬之处。无论他因此而怎样不幸地被引入歧途，由于他存在着高尚而富有人性的东西，仍然是人们同情而不是憎恶或愤恨的对象。人们对人类天性中存在弱点深感遗憾，这种弱点使我们如此不幸地受到欺骗，即使在我们非常真诚地为臻于完美而努力，并且尽力按照能够合理地指导我们的最好的原则行动时，也是这样。错误的宗教观念，几乎是以这种方式把我们的天然情感引入歧途的唯一原因；那种赋予责任准则莫大权威的原则，只能在相当大的程度上歪曲我们对它们的想法。在其他一切场合，常识足以指导我们即使不是最为合宜地行事，也离最为合宜地行事相距不远。假如我们急切地希望做得好些，那么，我们的行为大体上总是值得称赞的。所有的人都一致同意:服从造物主的意志是首要的责任法则。但是,就也许会加到我们头上的特定的戒律而言,它们彼此就大不相同。因此,这时彼此之间应当最大限度地克制和容忍;虽然维护社会的安定需要惩罚各种罪行,而不管它们由以产生的动机是什么,但是,如果它们明显地来自有关宗教责任的错误观念,则一个善良的人总是会比较勉强地加以惩罚。他绝不会对他所判处的那些人感到他对其他罪犯感到的那种愤慨,而且正是在他惩罚他们的罪行的时刻,他会对他们那效果不好的坚定和献身精神感到惋惜,有时甚至感到钦佩。伏尔泰先生最好的一出悲剧《穆罕默德》很好地表现了我们对产生于这种动机的罪行所应当持有的情感。在那一悲剧中,一对青年男女具有极其纯洁和善良的性格,除了彼此过于相爱这种使我们更加喜爱他们的弱点之外,没有其他任何弱点,他俩在某种最强烈的错误的宗教动机的唆使下,犯下了可怕的凶杀罪,使一切人性原则受到冲击。一位年高德劭的老人,尽管是他俩宗教上的死对头,但曾对他俩显示极为亲切的感情,他俩对他也曾怀有非常恭敬和尊重的心情,这位老人实际上是他俩的父亲,虽然他俩不知道这一点,但是,造物主显然要借助于他俩的手来把这位老人作为祭品,并且命令他俩去杀死这位老人。在他俩准备实施这一罪行时,他们受到下述两种想法之间的斗争所引起的极度痛苦的折磨?即:不可推卸;另一为对这位老人的体恤、感激和尊敬,以及对他们将要杀死的这个人的仁慈和善行所产生的敬爱。这样的表演显示了任何戏剧中所曾表现过的最吸引人的或许还是最有教益的一个场面。然而,责任感最终战胜了人类天性中所有可亲的弱点。他俩实施了强加于他们的罪行;但是立即发现了自己的错误,以及他们受到的欺骗,因而被恐怖、悔恨、愤怒等折磨得身心俱裂。当我们确信正是宗教把一个人引入歧途,而不是以宗教为借口来掩盖某些最坏的人类激情时,我们就应该像对不幸的赛伊德和帕尔米拉所怀有的情感那样,同情每一个这样被宗教引入歧途的人。

因为一个人也许会根据某种错误的责任感作出错误的行为,所以天性有时也会占据优势,并且与之相反地引导他作出正确的行为。在这种情况下,我们看到那种动机占据我们认为应该占据的优势,不会不感到高兴,虽然那个人自己很软弱因而不那样想。然而,由于他的行为是出于软弱而不是原则所造成的,所以我们绝不会比较满意地加以赞赏。一个执拗的罗马天主教徒,在圣·巴多罗买[1]大屠杀中,为怜悯心所驱使,以致救出了一些不幸的新教徒——他曾经认为自己的责任是去毁灭他们——这似乎不值得获得我们会给予他的那种高度的赞扬,他只是带着完全的自我赞同的心情作出上述宽大行为。我们也许会对他具有仁慈的性情表示高兴,但是,我们仍然会带着某种遗憾的心情来看待他,这跟应当对完善的美德表示的钦佩是截然不同的。就其他一切激情而言,情况不复如此。我们见到它们合宜地自我发挥作用不会不感到高兴,甚至在某种错误的责任观念指导这个人约束它们的时候也是这样。一个非常虔诚的贵格会[2]教徒在被人打了一耳光时,不是泰然容忍,而是忘记了他自己对我们救世主的格言所作的字

〔1〕 圣·巴多罗买,《圣经》中耶稣十二门徒之一。

〔2〕 贵格会,基督教的一个教派。

义解释，以致给予那个侮辱了他的畜生适当的惩戒，当然不会使我们感到不快。我们会对他的这种精神感到愉快和高兴，并且因此更加喜欢他。但是，我们绝不会用那样一种尊重和敬意来看待他，这种尊重和敬意是应该给予在同样情况下根据什么是应该做的这种正义感采取合宜行动的人的。凡是带有自我赞同情感的行为都不能严格地称作美德。

第四卷

论效用对赞同情感的作用

（本卷只有一篇）

第一章　论效用的表现赋予一切艺术品的美，兼论这种美所具有的广泛影响

效用是美的主要来源之一，这已为每个多少考虑过什么东西构成美的本质的人所注意到。一座房子所具有的便利如同它合乎规格一样给旁观者带来愉快；而在他看到相反的缺陷时，则像看到位置对称的窗子具有不同的形状，或者门不开在建筑物的正中那样颇感不快。任何设备或机器只要能产生预期的结果，都赋予总体一定的合宜感和美感，并使人们一想到它就感到愉快，这一切是如此清楚明白，以致没有人会忽视它。

近来，一个富有独创性并受人欢迎的哲学家，也指出了效用使人感到愉快的原因。这位哲学家兼有极为深刻的思想和极强的表达能力，他具有不仅用非常清晰的语言而且用极为生动的口才来探讨最深奥的课题的非凡而又巧妙的才能。按照他的说法，任何物体的效用，通过不断给其主人带来它所宜于增进的愉快或便利而使他感到高兴。每当他看到它的时候，他就会沉浸于这种愉快之中；这一物体就以这样的方式成为不断给他带来满足和欢乐的源泉。旁观者由于同情而理解那个主人的情感，并且必然用同样愉快的眼光来观察这一物体。如果我们参观大人物的宏伟大厦，就会情不自禁地想象假如自己成为这种大厦的主人，并且拥有这么多巧妙的、精心设计制造的设备而会得到的满足。他还提出类似的理由来解释，为什么任何物体外观上的不便利都会使其主

人和旁观者感到不快。

但是，任何艺术品所具有的这种适宜性，这种巧妙的设计，常常比人们指望它达到的目的更受重视；采取和变化方法来获得便利或愉快，常常比便利或愉快本身更为人们所看重，似乎想办法获得便利或愉快的过程才是全部价值所在，据我所知，这还没有引起任何人的注意。然而，这种情况是经常出现的，可以在有关人类生活的成千上万个最不重要或最重要的例子中观察到。

当一个人走进自己的房间并发现椅子都摆在房间的中间时，他会对仆人发怒，或许他宁可自己动手不厌其烦地把它们重新背墙摆放，而不愿看到它们一直这样乱七八糟地放着。这种新的布置所具有的全部合宜性来自腾清和空出了房间的地面所造成的更大的便利。为了获得这种便利，他甘愿自己受累，而不愿忍受由于缺乏这种便利而可能感到的各种苦恼；因为最舒服的是一屁股坐在其中一把椅子上，这是他干完活以后很可能做的。所以，他所需要的似乎不是这种便利，而是带来这种便利的家具的布置。但是，正是这种便利最终推动他整理房间，并对此给予充分的合宜感和美感。

同样，一只每天慢两分多钟的表，会受到对表很讲究的人的轻视。他或许会以几个畿尼的价格把它卖出去，而用五十个畿尼另买一只表，它在两个星期内慢不了一分钟。然而，表的唯一效用是告诉我们现在是几点钟，以使我们不失约，或者因为忘了那个约定的时刻而造成诸多不便。但是，我们并不常常看到这个如此讲究这种机械的人比别人更加认真地严守时刻，也不常常看到他比别人更加急切地为了其他什么理由而想精确地知道每天的时间。吸引他的，不是掌握时间，而是有助于掌握时间的机械的完美性。

有多少人把钱花在毫无效用的小玩意儿上而毁掉自己呢？使这些小玩意的爱好者感到高兴的不是那种效用，而是能增进这种效用的那个机械的精巧性。他们所有的口袋都塞满小小的便利设备。他们设计出新的口袋（那是在他人的衣服上看不到的），以便携带更多的东西。他们带着在重量上、有时在价值上不亚于常见的犹太人百宝箱中的大量小玩意散步。这种小玩意中有一些有时也许有点用处，但在任何时候都可以省掉，它们的全部效用当然不值得忍受负荷的辛劳。

因此，这也不仅仅同我们的行动受到这种本性影响的这些微不足道的物体有关；它往往是有关个人和社会生活中最严肃和最重要事务的隐秘动机。

那个上天在发怒时曾热望加以惩罚的穷人的孩子，当他开始观察自己时，他会羡慕富人的景况。他发现父亲的小屋给他提供的便利太少了，因而幻想他能更舒适地住在一座宫殿里。他对自己不得不徒步行走或忍受骑在马背上的劳累感到不快。他看到富人们几乎都坐在马车里，因而幻想自己也能坐在马车里舒适地旅行。他自然地感到自己懒惰，因而愿意尽可能自食其力；并认为，有一大批扈从可以使他免去许多麻烦。他认为，如果自己获得了这一切，就可以心满意足地坐下来，陶醉在幸福和宁静的处境之中。他沉浸在这幸福的遐想之海。在他的幻想之中浮现出某些更高阶层的人的生活情景，为了挤进这些阶层，他投身于对财富和显贵地位的追逐之中。为了获得这一切所带来的便利，他在头一年里受尽委曲，而且在潜心向上的第一个月内含辛茹苦，费尽心机，较之他在没有财富和地位时的全部生涯中所能遭受的痛苦更有甚之。他学习在某些吃力的职位上干得出色。他勤奋好强,夜以继日地埋头苦干,以获得胜过其竞争者的才能。然后,他努力在公众面前显示出这种才能,以同样的勤奋乞求每一个就业的机会。为了达到这一目的,他向所有的人献殷勤;他为自己所痛恨的那些人效劳,并向那些他所轻视的人献媚。他用自己的整个一生,来实行享受他也许永远不能享受的某种不自然的、讲究的宁静生活的计划,为此他牺牲了自己在任何时候都可以得到的真正安逸,而且,如果他在垂暮之年最终得到它,他就会发现,它们无论在哪方面都不比他业已放弃的那种微末的安定和满足好多少。正是在这时候,他那有生之日已所剩无几,他的身体已被劳苦和疾病拖垮,他的心灵因为成千次地回想到自己所受的伤害和挫折而充满着羞辱和恼怒,他认为这些伤害和挫折来自自己敌人的不义行为,或者来自自己朋友的背信弃义和忘恩负义。最后他开始醒悟:财富和地位仅仅是毫无效用的小玩意儿,它们同玩物爱好者的百宝箱一样不能用来实现我们的肉体舒适和心灵平静;也同百宝箱一样,给带着它们的人带来的麻烦少于它们所能向他提供的各种便利。在它们之间,除了前者所带来的便利比后者稍微明显之外,没有什么真正的不同。宫殿、花园、成套的装饰用具、大人物的扈从,也是物品,只不过其明显的便利给每个人留下了深刻印象而已。它们不需要其主人向我们指出哪一方面构成它们的效用。我们很容易主动地理解它们的效用,并由于同情享受而称赞它们所能向其主人提供的满足。但是,一根牙签,一支挖耳勺,一把指甲刀或其他类似的一些小玩意儿,它们的奇特性就不是这样清楚。它们带来的便利或许同样大，但并不那么引人瞩目。而且我们不会这样快就理解拥有这些东西的人所感到的满足。因此，它们不像豪富和显贵地位那样可以作为虚荣心所追求的合理对象；这样就构成后者的唯一好处。它们更有效地满足了对人类来说是很自然的独特的爱好。对一个孤独地居住在荒岛上的人来说，是一座宫殿还是像通常装在百宝箱里的那种提供微小便利的工具，能够对他的幸福和享受作出最大的贡献，或许还是一个问题。如果这个人生活在社会中，确实无法作出比较，因为在这里同在其他情况下一样，我们始终注意的是旁观者的情感而不是当事人的情感，而且我们始终考虑的是他的处境在别人的眼里是个什么样子而不是在他自己的眼里是个什么样子。然而，如果我们考察一下为什么旁观者怀着如此钦佩之情来另眼看待富人和显贵的生活条件。我们就会发现，与其说是因为认为他们享受到了高人一等的安逸和愉快，不如说是因为他们拥有可用以获得这种安逸和愉快的无数雅致而奇巧的人造物。他甚至不认为他们真正比别人更为幸福；但他认为他们拥有更多的获得幸福的手段。引起旁观者钦佩的，正是这些手段能精巧地达到预期的目的。但是，在年老多病、衰弱乏力之际，显赫地位所带来的那些空洞和无聊的快乐就会消失。对处于这种境况的人来说，事先允诺给予他这种空洞无聊的快乐，再也不能使他从事那些辛劳的追逐。他在内心深处诅咒野心，徒然怀念年轻时的悠闲和懒散，怀念那一去不复返的各种享受，后悔自己曾经愚蠢地为了那些一旦获得之后便不能给他带来真正满足的东西而牺牲了它们。如果权贵因颓丧或疾病而被废黜，以这样一副可怜的样子出现在每个人的面前，他就会细心观察自己的处境，并考虑什么才是自己的幸福所真正需要的东西。那时，权力和财富就像是为了产生肉体上微不足道的便利而设计出来的、由极为精细和灵敏的发条组成的庞大而又费力的机械，必须极其细微周到地保持它们的正常运转，而且不管我们如何小心，它们随时都会突然爆成碎片，并且使不幸的占有者遭到严重打击。它们是巨大的建筑物，需要毕生的努力去建造，虽然它们可以使住在这座建筑物中的人免除一些小小的不便利，可以保护他不受四季气候中寒风暴雨的袭击，但是，住在里面的人时时刻刻面临着它们突然倒塌把他们压死的危险。它们可以遮挡夏天的阵雨，但是挡不住冬天的风暴，而且，常常使住在里面的人同以前一样、有时比以前更多地感到担心、恐惧和忧伤，面临疾病、危险和死亡。

虽然每个人在生病或情绪低落时所熟知的这种乖戾的哲理，就这样全然贬低那些人类欲望所追求的伟大目标，但是，我们在健康和心情良好时，一直是从更令人愉快的角度来看待那些目标的。我们的想象，在痛苦和悲伤时似乎禁锢和束缚在自己的身体内部，在悠闲和舒畅时就扩展到自己周围的一切事物身上。于是，我们为宫中盛行的便利设施具有的美和显贵的安排所深深吸引；欣羡所有的设施是如何被用来向其主人提供舒适，防止匮乏，满足需要和在他们百无聊赖之际供他们消遣。如果我们考虑一下所有这些东西所能提供的实际满足，仅凭这种满足本身而脱离用来增进这种满足的安排所具有的美感，它就总是会显得可鄙和无聊。但是，我们很少用这种抽象的和哲学的眼光来看待它。在我们的想象中，我们会自然而然地把这种满足与宇宙的秩序，与宇宙和谐而有规律的运动，与产生这种满足的安排混淆在一起。如果用这样复杂的观点来考虑问题，财富和地位所带来的愉快，就会使我们把它们想象成某种重要的、美丽的和高尚的东西，值得我们为获得它们而倾注心力。

同时，天性很可能以这种方式来欺骗我们。正是这种蒙骗不断地唤起和保持人类勤劳的动机。正是这种蒙骗，最初促使人类耕种土地，建造房屋，创立城市和国家，在所有的科学和艺术领域中有所发现、有所前进。这些科学和艺术，提高了人类的生活水平，使之更加丰富多彩；完全改变了世界面貌，使自然界的原始森林变成适宜于耕种的平原，把沉睡荒凉的海洋变成新的粮库，变成通达大陆上各个国家的行车大道。土地因为人类的这些劳动而加倍地肥沃，维持着成千上万人的生存。骄傲而冷酷的地主眺望自己的大片土地，却并不想到自己同胞们的需要，而只想独自消费从土地上得到的一切收获物，是徒劳的。眼睛大于肚子，这句朴实而又通俗的谚语，用到他身上最为合适。他的胃容量同无底的欲壑不相适应，而且容纳的东西绝不会超过一个最普通的农民的胃。他不得不把自己所消费不了的东西分给用最好的方法来烹制他自己享用的那点东西的那些人；分给建造他要在其中消费自己的那一小部分收成的宫殿的那些人；分给提供和整理显贵所使用的各种不同的小玩意儿和小摆设的那些人；就这样，所有这些人由于他生活奢华和具有怪癖而分得生活必需品，如果他们期待他的友善心和公平待人，是不可能得到这些东西的。在任何时候，土地产品供养的人数都接近于它所能供养的居民人数。富人只是从这大量的产品中选用了最贵重和最中意的东西。他们的消费量比穷人少；尽管他们的天性是自私的和贪婪的，虽然他们只图自己方便，虽然他们雇用千百人来为自己劳动的唯一目的是满足自己无聊而又贪得无厌的欲望，但是他们还是同穷人一样分享他们所作一切改良的成果。一只看不见的手引导他们对生活必需品作出几乎同土地在平均分配给全体居民的情况下所能作出的一样的分配，从而不知不觉地增进了社会利益，并为不断增多的人口提供生活资料。当神把土地分给少数地主时，他既没有忘记也没有遗弃那些在这种分配中似乎被忽略了的人。后者也享用着他们在全部土地产品中所占有的份额。在构成人类生活的真正幸福之中，他们无论在哪方面都不比似乎大大超过他们的那些人逊色。在肉体的舒适和心灵的平静上，所有不同阶层的人几乎处于同一水平，一个在大路旁晒太阳的乞丐也享有国王们正在为之战斗的那种安全。

人类相同的本性，对秩序的相同热爱，对条理美、艺术美和创造美的相同重视，常足以使人们喜欢那些有助于促进社会福利的制度。当爱国者为各种社会政治的改良而鞠躬尽瘁时，他的行动并不总是由对可以从中得到好处的那些人的幸福所怀有的单纯的同情引起的。一个热心公益的人赞助修公路，通常也不是出于对邮递员和车夫的同情。当立法机关设立奖金和其他奖励去促进麻或呢的生产时，它的行为很少出自对便宜或优质织物穿着者的单纯的同情，更少出自对制造厂和商人的单纯的同情。政策的完善，贸易和制造业的扩展，都是高尚和宏大的目标。有关它们的计划使我们感到高兴，任何有助于促进它们的事情也都使我们发生兴趣。它们成为政治制度的重要部分，国家机器的轮子似乎因为它们而运转得更加和谐和轻快了。我们看到这个如此美好和重要的制度完善起来感到高兴，而在清除任何可以给它的正常实施带来丝毫干扰和妨碍的障碍之前，我们一直忧虑不安。然而，一切政治法规越是有助于促进在它们的指导下生活的那些人的幸福，就越是得到尊重。这就是那些法规的唯一用途和目的。然而，出于某种制度的精神，出于某种对艺术和发明的爱好，我们有时似乎重视手段而不重视目的，而且渴望增进我们同胞的幸福，与其说是出于对自己同胞的痛苦或欢乐的任何直接感觉或感情，不如说是为了完善和改进某种美好的有规则的制度。有些具有崇高的热心公益精神的人，他们在其他一些方面很少表现出很明显的仁慈的感情。相反，有些非常仁慈的人，他们似乎毫无热心公益的精神。每个人都可以在自己所熟悉的事例中发现前者和后者。谁还能比古代俄国的那个著名的立法者更缺乏人性而更具有热心公益的精神呢？相反，和气和生性仁慈的大不列颠国王詹姆斯一世，对于本国的光荣或利益，几乎没有任何激情。你要唤起那个似乎毫无斗志的人的勤勉之心，向他描述富人和权贵的幸福，告诉他他们通常不受日晒雨淋的煎熬，很少挨饿，很少受冻，很少感到疲倦，或缺少什么东西，这往往是徒劳的。这种意味深长的告诫对他几乎不会发生作用。如果你希望成功，你就必须向他描述富人和权贵们的宏伟大厦的不同房间里的便利设备和布置；你必须向他解释他们的设备的合宜之处，并向他指出他们的全部随员侍从的数目、等级及其不同的职责。如果有什么事情能使他产生印象，这一切就是。可是，所有这些东西只是使他们免遭日晒雨淋，不挨饿受冻，不感匮乏和疲劳。同样，如果你要在那个似乎不关心国家的利益的人的心中树立热心公益的美德，那么，告诉他一个治理有方的国家的臣民所享受到的较大的好处是什么；告诉他这些臣民要住得好、穿得好和吃得好，也常常是徒劳的。这些道理一般不会使他产生深刻印象。如果你向他描述带来上述种种好处的伟大的社会政治制度——如果你向他解释其中各部门的联系和依存关系，它们彼此间的从属关系和它们对社会幸福的普遍有用性；如果你向他说明这种制度可以引入他自己的国家，当前妨碍在他的国家建立这种制度的障碍是什么，这些障碍可以用什么方法消除，如何使国家机器的种种轮子和谐和平滑地运转，彼此之间不发生摩擦或阻碍对方的运转，你就有可能说服他。一个人几乎不可能听到这样的谈论而不激发出某种程度的热心公益的精神。起码，他会暂时产生消除那些障碍，让如此完好而正常的一架机器开动的愿望。没有什么东西能像研究政治——即研究国民政府的各种制度以及它们各自的长处和短处，本国的体制，它面临的形势，它同外国之间的利害关系，它的商业、国防，它在不利条件下所作的努力，它可能遇到的危险，如何消除这种不利条件，以及如何保护它使之不致遭到危险，那样更有助于发扬人们热心公益的精神。因此，各种政治研究——如果它们是正确的、合理的和具有实用性的话——都是最有用的思辨工作。甚至其中最没有说服力和拙劣者，也不是全然没有效用的。它们至少有助于激发人们热心公益的精神，并鼓励他们去寻找增进社会幸福的办法。

第二章 论效用的表现赋予人的品质和行为的美，以及关于这种美的概念可能在何种程度上被看成一种原始的赞同原则

人的品质，同艺术的创造或国民政府的机构一样，既可以用来促进也可以用来妨害个人和社会的幸福。谨慎、公正、积极、坚定和朴素的品质，都给这个人自己和每一个同他有关的人展示了幸福美满的前景；相反，鲁莽、蛮横、懒散、柔弱和贪恋酒色的品质，则预示着这个人的毁灭以及所有同他共事的人的不幸。前者的心灵起码具有所有那些属于为了达到最令人愉快的目的而创造出来的最完美的机器的美；后者的心灵起码具有所有那些最粗劣和最笨拙的装置的缺陷。哪一种政府机构能像智慧和美德的普及那样有助于促进人类的幸福呢？所有的政府只是某种对缺少智慧和美德的不完美的补救。因此，尽管美因其效用而可能属于国民政府，但它必然在更大程度上属于智慧和美德。相反，哪一种国内政策能够具有像人的罪恶那样大的毁灭性和破坏性呢？拙劣的政府的悲惨结果只是由于它不足以防止人类的邪恶所引起的危害。

各种品质似乎从它们的益处或不便之处得到的美和丑，往往以某种方式来打动那些用抽象的和哲学的眼光来考虑人类行动和行为的人。当一个哲学家考察为什么人道为人所赞同而残酷则遭到谴责时，对他来说并不总是以一种非常明确和清楚的方式来形成任何一种有关人道和残酷的特别行为的看法，而通常是满足于这些品质的一般名称向他提示的那种模糊和不确定的思想。但

是，只是在特殊情况下，行为的合宜或不合宜，行为的优点或缺点，才十分明显而可以辨别。只有当特殊的事例被确定时，我们才清楚地察觉到自己和行为者的感情之间的一致或不一致，或者在前一场合感觉到对行为者产生的一种共同的感激，或者在后一场合感觉到对行为者产生的一种共同的愤恨。当我们用某种抽象和一般的方式来考虑美德和罪恶时，由其激起那些不同的情感的品质，似乎大部分已消失不见，这些情感本身变得比较不明确和不清楚了。相反，美德所产生的使人幸福的结果，和罪恶所造成的带来灾难的后果，那时似乎都浮现在我们眼前，并且好像比上述两者所具有的其他各种品质更为突出和醒目。

最早解释效用为什么会使人快乐的那个具有独创性和受人欢迎的著述家，为这种看法所打动，以致把我们对美德的全部赞同归结于我们直觉到这种产生于效用的美。他说，除了对那个人自己或其他的人来说都是有用或适意的内心的品质之外，没有一种品质可以作为美德加以赞同，并且除了具有相反趋向的品质之外，没有一种品质可以作为邪恶的东西加以反对。确实，对个人或社会的便利来说，天性似乎如此恰当地调整了我们关于赞同和反对的情感，以致我相信，在经过最严格的考察后，将会发现这是普遍的情况。但是，我仍然断言，对于这种效用或危害的看法，并不是我们赞同和反对的首要的或主要的原因。毫无疑问，这些情感因关于美或丑的直觉而得到增强和提高，这种对美或丑的直觉产生于它的效用或危害。但是，我仍要说，这些情感原本和本质上与这种直觉截然不同。

首先，这是因为对于美德的赞赏似乎不可能同我们赞赏某种便利而设计良好的建筑物时所具有的情感相同;或者说,我们称赞一个人的理由不可能与称赞一个屉橱的理由相同。

其次,在考察的基础上,将发现任何内心气质的有用性很少成为我们赞同的最初根据;赞同的情感总是包含有某种合宜性的感觉,这种感觉和对效用的直觉是完全不同的。我们可以在被认为是美德的所有品质中见到这种情况。根据这种分类,那些品质因为对我们自己有用而最初就受到重视,也因为对他人有用而受到尊重。

对我们自己最为有用的品质,首先是较高的理智和理解力,我们靠它们才能觉察到自己所有行为的长远后果,并且预见到从中可能产生的利益或害处;其次是自我控制,我们靠它才能放弃眼前的快乐或者忍受眼前的痛苦,以便在将来某个时刻去获得更大的快乐或避免更大的痛苦。这两种品质的结合构成了谨慎的美德,对个人来说,这是所有美德中最有用的一种。

关于在前一个场合所考察的第一种品质,即那种较高的理智和理解力,最初是因为正义、正当和精确,而不是仅仅因为有用或有利而为人所赞同。正是在深奥的科学中,尤其是在更高级的数学中,表现出人类理智的最伟大和最可钦佩的努力。但是那些科学的效用,对个人或公众来说都不是非常清楚的,要去证实这种效用,需要某种并不总是十分容易领会的论述。因此,最初使它们受到公众钦佩的,不是它们的效用。这种品质,在有必要对那些自己对这种卓越的发明毫无兴趣,竭力贬低其作用的人所提出的指责作出某种回答之前,很少为人所坚持。

同样,我们克制自己当前的欲望以便在另一场合得到更充分满足的那种自我控制，如同在效用方面为我们所赞同那样，在合宜性方面也得到我们的赞同。当我们以这样的方式行动时，影响我们行为的情感似乎确实和旁观者的那种情感相一致。旁观者并没有感受到我们目前欲望的诱惑。对他来说，我们一个星期以后或者一年之后享受到的欢乐，其所具有的吸引力一如我们现在享受到的欢乐。因此，当我们为了眼前的缘故而牺牲将来的时候，我们的行动在他看来是极其荒唐和放肆的，也不能够理解影响这种行为的原则。相反，当我们放弃当前的快乐以便得到即将到来的更大的快乐时；当我们似乎表现出遥远的对象和即刻作用于感官的对象一样吸引我们时，由于我们的感情和他的感情确实相一致，所以他不可能不赞同我们的行为；由于他从经验中知道很少人能做到这种自我控制，他将怀着较大程度的惊奇和钦佩的心情来看待我们的行动。因此所有的人自然而然地对在节俭、勤劳和不断努力的实践中表现出来的坚韧不拔品质表示高度的尊重，虽然这些实践除了获得财富之外，没有指向其他目的。那个以这种方式行动并为了获得某种重大的虽则是遥远的利益，不仅放弃了所有眼前的欢乐，而且忍受着肉体和心灵上巨大劳累的人，他的坚定不移必然博得我们的赞同。他对自己的利益和幸福所具有的那种似乎控制着他的行动的看法，确实同我们自然而然地形成的对他的看法相吻合。在他的情感和我们自己的情感之间存在着最完美的一致，同时，根据我们关于人类天性的通常弱点的体验，这是一种我们不可能合理地期待的一致。因此，我们不仅赞同，而且在某种程度上钦佩他的行为，并认为他的行为值得高度赞赏。只有这种值得赞同和尊敬的意识，能够在这种行动的进程中支持那个行为者。

我们10年以后享受到的快乐，同我们今天能够享受的快乐相比，其对我们的吸引力如此微小，前者所激起的激情同后者容易产生的强烈情绪相比，又天然地如此微弱，以致前者决不能与后者等量齐观，除非前者为合宜感、为我们通过以一种方式行动而应该得到每个人尊敬和赞同的意识，以及为我们以另一种方式行动而成为人们轻视和嘲笑的合宜对象的意识所证实。

人道、公正、慷慨大方和热心公益的精神都是对别人最有用的品质。关于人道和公正的合宜性存在于什么地方已经在前一个场合作了说明，那里表明我们对那些品质的尊敬和赞同，有几分是决定于行为者和旁观者感情之间的一致的。

慷慨大方和热心公益的精神所具有的合宜性，是建立在和正义所具有的合宜性相同的基础上的。慷慨大方不同于人道。这两种品质乍看起来是如此密切相关，但总是不为同一个人所具有。人道是女人的美德，慷慨大方则是男子的美德。那种通常比我们更为温柔的女人，很少如此慷慨大方。妇女难得作出重大的捐赠，这一点已为民法所注意*。人道仅仅存在于旁观者对主要当事人的情感所怀有的强烈的同情之中，致使旁观者为当事人所受的痛苦而感到伤心，为他们所受的伤害而感到愤怒，为他们的幸运而感到高兴。最人道的行为不需要自我否定，不需要自我控制，不需要有关合宜感的巨大努力。它们仅仅存在于做这种与其自身一致的强烈的同情促使我们去做的事情之中。但是，对于慷慨大方来说就完全不一样了。我们从来不是慷慨大方的，除非在某些方面我

* Raro mulieres donare solent(妇女们很少捐赠)。

们宁愿先人后已，并且为了某个朋友或上级的一些重大而又重要的利益而牺牲自己相等的利益。一个人因为认为别人的贡献使他们更有资格担任自己的职位——取得这个职位曾经是他的抱负——而放弃了自己在这一职位上的权利；一个人为了保护朋友的生命——这是他认为更为重要的东西——而牺牲了自己的生命，他们的行为都不是出于人道，也不是因为他们感知有关别人的事情比关涉自己的事情更为敏锐。他们两者不是用自己看待两种对立的利益时所天然具有的眼光，而是用他人天然具有的眼光来考虑那两种利益。对每个旁观者来说，他人的这种成功或保护确实可能比他们自己的成功或保护更富有吸引力；但是他们自己却不可能如此看问题。因此，他们在为了这种他人的利益而牺牲自己的利益时，一般都按旁观者的情感来调整自己的情感，并且根据他们所感受到的对那些事物的看法，通过作出某种高尚行为的努力，必定自然而然地想到第三者。那个为了保护其长官的生命而牺牲自己生命的士兵，如果自己毫无过失而发生那个长官的死亡，那么或许感触极少；而落在他自己身上的一种非常小的灾难却可能激起一种非常强烈的悲伤。但是，当他努力行动以便获得称赞并使公正的旁观者理解他行动的原则时，他感到除他自己之外，对每个人来说，他自己的生命同长官的生命相比是微不足道的，也感到当他为了保护长官的生命而牺牲自己的生命时，每个公正的旁观者所天然具有的理解力都会认为他的行动是非常合宜而又令人愉快的。

热心公益的精神所作出的更大努力也正是这样。如果一个年青的军官牺牲自己的生命以使其君主的领土得到些微的扩大，那并不是因为在他看来获得新的领土是一个比保护自己的生命更值得追求的目标。对他来说，自己生命的价值远远超过为他所效劳的国家征服整个王国的价值。但是，当他把这两个目标加以比较时，他不是用自己看待这两个目标时天然具有的眼光，而是用他为之战斗的整个民族的眼光来看待它们。对整个民族来说，战争的胜利是至关紧要的，而个人的生命是无足轻重的。当他把自己摆到整个民族的位置上时，他立即感到，如果流血牺牲能实现如此有价值的目标，他就无论怎么浪费自己的鲜血也不过分。出于责任感和合宜感这种最强烈的天性倾向，其行为所具有的英雄主义便体现在这种对自然感情的成功抑制中。有许多可敬的英国人，处于个人的地位会因为一个畿尼的损失而不是为米诺卡[1]民族的覆灭而深感不安。然而，如果保卫这个要塞是他们的职权范围以内的事，则他们宁愿上千次地牺牲自己的生命，也不愿由于自己的过失而让它落入敌人之手。当布鲁图一世由于他的儿子们阴谋反对罗马新兴的自由而把他们判处死刑时，如果他只考虑到自己的心情，那么他似乎为较弱的感情而牺牲了较强的感情。布鲁图自然应该痛惜自己儿子们的死亡，这种心情比罗马由于不做出这样大的惩戒而可能遭受的痛苦更为深切。但是，他不是用一个父亲的眼光，而是用一个罗马公民的眼光来看待他们。他如此深切地浸沉在后一种品质的情感之中，以致丝毫不顾他和儿子们之间的血肉关系；对一个罗马公民来说，即使是布鲁图的儿子，在同罗马帝国最小的利益一起放在一个天平的两边时，似乎也是不屑一顾

〔1〕 米诺卡(岛)，西班牙东部的一个岛。

的。在这种情况下以及在其他所有这类情况下，我们的钦佩与其说是建立在效用的基础上，还不如说是建立在这些行为的出乎人们意料的、因而是伟大、高尚和崇高的合宜性的基础上。当我们开始观察这种效用时，不容置疑，它给予了这些行动一种新的美感，并由此使它们更进一步博得我们的赞同。然而，这种美，主要通过人们的深思熟虑才能察觉出来，绝不具有一开始就使这些行为受到大多数人的天然情感的欢迎的性质。

可以看到，就赞同的情感来自效用的这种美的知觉作用而论，它和其他人的情感没有任何关系。因此，如果可能的话，一个人同社会没有任何联系也会长大成人，他自己的行动仍然会因其所具有的有利或不利的倾向而使他感到适意或不愉快。他可以在谨慎、节制和良好的行动中觉察到这种美，而在相反的行为中觉察到丑恶；他可以以我们在前一场合用以看待一架设计良好的机器的那种满足，或者以我们在后一场合用以看待一个非常笨拙而又粗陋的发明的那种厌恶和不满，来看待他自己的性格和品质。然而，由于这些概念只关涉爱好问题，并且具有这类概念的全部脆弱性和微妙性，而所谓爱好正是建立在这类概念的适当性之上，所以，它们可能不会被一个处在这种孤独和不幸境况中的人所重视。即使它们在他同社会有所联系之前出现在他面前，也绝不会由于那种联系而具有相同的结果。他不会在想到这种缺陷时因内心羞愧而沮丧；也不会在意识到相反的美时因暗自得意而振奋。在前一场合，他不会因想到自己应当得到报答而狂喜；在后一场合，他也不会因怀疑自己将会得到惩罚而害怕。所有这些情感意味着一些别人的想法，他是感觉到这些情感的人的天生的法官；并且只有通过对他的行为的这种仲裁人的决断抱有的同感，他才能够想象出自我赞赏的喜悦或自我谴责的羞耻。

第 五 卷

习惯和风气对有关道德赞同和不赞同情感的影响

（本卷只有一篇）

第一章　论习惯和风气对我们有关美和丑的看法的影响

除了那些已经列举过的，对人类的道德情感具有重大影响的，并且成为流行于不同时代和不同国家的有关什么是应该责备或值得赞扬的许多不规则和不一致的观点的主要原因的原则之外，还存在其他一些原则。这些原则就是习惯和风气，它们是支配我们对各种美的判断的原则。

如果人们经常同时见到两个对象，其想象就会形成从一个对象很快联想到另一对象的习惯。假如前者出现了，我们就期待后者跟着出现。它们主动地使我们彼此联想，我们的注意力也容易跟它们一起变化。虽然若不受习惯的影响，它们的联系并不存在真正的美，然而，如果习惯已经这样地把两者联在一起，我们对两者的分离就会感到不合宜。如果前者出现时后者没有像通常那样随之出现，我们就认为这是令人困惑的。我们没有看到我们期望看到的东西，自己习惯性的想法也被这种失望搅乱。例如，一套衣服，如果缺少通常连在一起的小小的装饰物，似乎就少了一点东西，甚至少了一粒腰扣，我们也会感到不适或别扭。如果在它们的联系中存在某种天然的合宜性，习惯就会增强我们对它的感觉，而使不同的安排更让人感到不愉快。那些习惯于用某种高尚的情趣来看待事物的人，对任何平庸或难看的东西都更为厌恶。在那种联系不合宜的地方,习惯或者会减弱,或者会全部消除我们的不合宜感。那些习惯于不整洁和杂乱无序的人,丧失了一切对整洁或优雅的感觉。对陌生人来说似乎是可笑的家具或衣服的式样,并没有引起习惯于它们的人们的反感。

风气不同于习惯,或者更确切地说,它是某种特殊的习惯。那种风气不是每个人所呈现的、而是地位高或品质好的那些人所呈现的风气。大人物的优雅、安闲和威风凛凛的样子,连同他们通常穿着的贵重豪华,给予了他们偶然作出的姿态一种魅力。只要他们继续采取这种姿态,在我们的想象中,它就会同我们对某种优雅和豪华的东西的想法联系起来,虽然这种姿态本身无足轻重,但是因为这种联系,它似乎也成了某种优雅和豪华的东西。一旦他们改掉这种姿态,它就失去了此前具有的全部魅力,而且现在仅仅为下等人所应用,似乎具有他们的某种平庸和难看的样子。

世上所有的人都认为,衣服和家具完全受习惯和风气的支配。然而,那些原则的影响绝不局限于如此狭隘的范围,而是扩展到在各个方面都有情趣的对象,——音乐、诗歌和建筑学之中。衣服和家具的样式正在不断地变化;5 年以前人们所欣赏的式样今天看来会显得可笑,经验使我们确信,这主要或完全要归因于习惯和风气的流行一时。衣服和家具不是用非常结实的材料制成的。一件设计良好的外套花费了 12 个月才制成,它的款式就不能再作为时髦式样流传开来。家具式样的改变不像衣服款式的改变那样快;因为家具通常较为耐用。然而,它一般五六年就经历一次更新换代,每一个人都会在他的一生中见到家具变换各种不同的流行式样。其他一些艺术作品更为经久不变,乐观一点估计,它们制作的式样可以持续流行很长的时期。一座精心建造的房屋可以持续存在许多世纪;一首优美的歌曲可以通过口头相传而流传好几代;一首精心写作的诗篇可以与世长存;所有这些艺术品依据创作它们的特殊风格、特殊情趣或手法,接连流行多年。很少有人有机会在他的一生中见到这些艺术品的式样有任何重大变化。很少有人对在不同的年代和国家流行的各种样式具有如此之多的经验和知识,以致对它们表示完全满足,或者不带偏见地在它们和现时在本国出现的事物之间作出判断。因此,很少有人愿意承认,习惯或风气对他们关于任何艺术品中什么是美的或者其他方面的判断具有很大的影响;而是认为,他们应该在观察它们时想到的一切准则,都是以理智和本性、而不是以习惯或偏见为依据。可是,只要稍微留神一下,他们就会相信情况正好相反,并确信习惯和风气对建筑学、诗歌和音乐的影响,同对衣服和家具的影响一样确定无疑。

例如,有什么理由能用来确定陶立克式(Doric)柱头的高度相当于直径的八倍,爱奥尼亚式(Ionic)柱头的盘蜗是直径的九分之一,科林斯式(Corinthian)柱头的叶形装饰是直径的十分之一,才是适当的呢?这些建筑方法的合宜性只能以风俗和习惯为根据。眼睛看惯了与某个装饰物相关的特定比例之后,如果看到与装饰物不协调的某种比例,就会感到不舒服。五种柱式中的每一种都有它的特殊的装饰物,这些装饰换成其他任何装饰,都不能不引起那些洞察建筑学准则的人的不满。确实,据某些建筑师说,这就是精确的判断,古人依此确定了每个柱头上相宜的装饰,除此之外再也找不到同样合适的装饰。然而,这些样式虽然无疑是极其适意的,但是,要使人想象它们是唯一合乎比例的样式,或者,要使人想象在习惯形成之前不曾有过500种同样合适的样式,还是有点困难的。不管怎样,在习惯形成了建筑物的特殊准则后,如果它们不是毫无道理的话,那么,想以其他一些仅仅是同样适合的准则,甚至以从高雅和优美的观点看来自然比原有法则略胜一筹的其他法则去改动它们,是荒唐可笑的。一个人穿了一套不同于他过去常穿的衣服出现在公众面前,虽然新衣服本身非常雅致或合身,但是会显得滑稽可笑。同样,在习惯和风气已经确定之后,以与之极为不同的方式去装饰一座房屋,似乎也是荒唐可笑的,即使新的装饰本身比常见的装饰要优越。

据古代的一些修辞学家说,就像一定的诗歌的韵律生就用来表达那种应当在其中占支配地位的品质、情感或激情那样,它们自然适用于各种特殊的写作。他们说,一种诗体适宜于严肃的作品,而另一种适宜于明快的作品,他们认为两者不可能互换而不具有最大的不合宜性。然而,现代的经验似乎同这一原则相矛盾,虽然这一原则本身好像很有道理。在英国,是讽刺诗,在法国就是英雄诗。拉辛的悲剧和伏尔泰的《亨利亚德》几乎写下了同样的诗句,

“让我把你的忠告当作一件大事。”

相反,法国的讽刺诗与英国的十音节的英雄诗同样美妙。习惯使一个国家把严肃、庄重和认真的思想和某种韵律联系起来,另一个国家把这种韵律和任何有关愉快、轻松和可笑的东西联系起来。在英国,再也没有什么比用法国亚历山大格式的诗写的悲剧更荒唐可笑的了;在法国,再也没有什么比用十音节的诗体写作的同类作品更荒唐可笑的了。

一个著名的艺术家会使各种已确立的艺术形式发生重大的变

化，并开创一种新的写作、音乐或建筑学的风气。因为一个受人欢迎的上层人士的服装会使它本身受到欢迎，并且不管它如何稀奇古怪，不久就为人们所羡慕和模仿；所以一个杰出的大师会使他的特色受到欢迎，并使他的手法在他从事的艺术之中变成风行一时的风格。由于模仿音乐和建筑学的各个艺术领域中一些著名大师的特色，意大利人在音乐和建筑学方面的情趣在那 50 年中发生了令人瞩目的变化。塞尼加受到昆体良〔1〕的指责，说他破坏了罗马人的情趣，并且倡导一种轻佻浮华的东西来取代庄严的理性和有力的雄辩。萨卢斯特〔2〕和塔西佗〔3〕受到他人以同样罪名进行的指责，虽然方式有所不同。他们要把虚假的荣誉授予这样一种风格，这种风格虽然最为简洁、优美、富于表情，甚至富有诗意，然而缺乏舒畅、质朴和自然，并且显然是最费力和矫揉造作的产物。一个作家要具备多少伟大的品质才能使自己的缺陷变成受人欢迎的东西呢？继对一个民族的情趣的改善给予的赞扬之后，能给予任何一个作家的最高度的颂扬，或许就是说他败坏了这种情趣。在我们自己的语言中，蒲柏先生和斯威夫特博士〔4〕各自在所有用韵文写成的作品中采用了一种不同于先前所运用的手法，前者在长诗中这样做，后者在短诗中这样做。巴特勒的离奇有趣让位于斯威夫特的平易简朴。德莱顿〔5〕的散漫自由和艾迪生〔6〕那表达正

〔1〕 昆体良，公元一世纪的罗马修辞学家。
〔2〕 萨卢斯特(公元前 86—前 34)，罗马历史学家。
〔3〕 塔西佗(55？—117?)，罗马历史学家。
〔4〕 斯威夫特(1667—1745)，英国讽刺作家，《格列佛游记》的作者。
〔5〕 德莱顿(1631—1700)，英国诗人及剧作家。
〔6〕 艾迪生(1672—1719)，英国散文家及诗人。

确，但常常是冗长乏味和使人厌倦的郁闷，不再成为模仿的对象，现在，人们都按照蒲柏先生简练精确的手法来写作所有的长诗。

习惯和风气，不只是使艺术作品受到其支配性的影响，它们同样影响我们对自然对象的美的判断。在不同的事物中，有多少不同的和对立的形态被认为是优美的？在一种动物中受到赞扬的比例，完全不同于在另一种动物中得到尊重的比例。每一样东西都有它自己的特殊形态，这种形态受到人们的称赞，并且具有自己的美，区别于其他任何东西。因此，博学的耶稣会会士比菲埃神父断定，每一种对象的美存在于其所归属的那种特殊事物中的最常见的形态和颜色之中。这样，在人的外形中，各种容貌的美都处于一种适中的状态，跟其他种种难看的外貌相差不多。例如，一个漂亮的鼻子，既不太长也不太短，既不太直也不太弯，在所有这些极端中居适中地位，并且其同各种极端中的任何一种之间的差异，很少超过所有那些极端相互之间的差异。这就是造物主似乎意欲造就的形状，然而，造物主大大地偏离了这一切，很少恰如其分地做到；但是，对所有那些偏差来说，仍然具有十分相似之处。当人们照某张图案来描画若干张图画时，虽然它们在某一方面可能都有所忽略，但它们同原样相似的程度都会大于它们彼此之间相似的程度；原样的一般特征在所有的图画中都得到体现；最离奇古怪的图画当是那些非常离谱的图画；虽然很少有人精确地临摹这一图案，但是最精确的线条写生画和最粗心的线条写生画所具有的相似之处，会多于最粗心的线条写生画之间的相似之处。同样，在每一种生物中，最漂亮的都具有该类生物一般构造上最强烈的特征，并且同大部分的个体十分相似。相反，怪物或完全变形的东西，总是最离奇古怪的，并且极少同它们所属的那类生物的大部分相像。这样，每种东西的美，虽然在某种意义上它在所有的事物中最为罕见，因为能够精确地达到这种适中形状的个别东西很少，但是，在另一种意义上它又最为平常，因为所有和它相异的东西与之相似之处，都多于它们彼此之间的相似之处。因此，根据比菲埃神父的说法，在各种东西中，最常见的形状是最美的形状。因而，在我们能够判断各种对象的美，或者了解适中而又最常见的形状存在于什么地方之前，需要凭借一定的实践和经验来仔细观察它们。有关人种外形美的最佳判断将无法帮助我们去判断花、马或任何其他东西的美。由于同样的理由，在不同的地带以及产生不同的习惯和生活方式的地方，因为每种生物大多数都因其所处的环境不同而具有不同的形态，所以盛行着各种不同的美的概念。摩尔人的马的美确实不同于美国人的马的美。在不同的国家中，形成了多少有关人类外形和面容的美的不同的概念？白皙的肤色在几内亚海岸就是一种令人吃惊的丑陋。厚嘴唇和塌鼻子在那儿是一种美。在有些国家里，垂肩长耳是普遍为人羡慕的对象。在中国，如果一位女士的脚大到适于行走，她就会被认为是一个丑八怪。在北美有些野蛮的民族中，人们把四块板绑在自己孩子的头上，就这样在孩子的骨头柔软未成熟之时，把头挤压成差不多完全是四方的形状。欧洲人对这种荒唐凶残的习惯感到震惊，一些传教士把它归因于盛行这些习俗的那些民族的无知愚昧。但是，当他们谴责那些野蛮民族时，他们并没有想到直到最近这几年为止，欧洲的女士们已经作了近一个世纪的努力把她们天生的漂亮的圆形头颅挤压成同样一种四方的形状。尽管已经知道这种习俗会引起不少痛苦和疾病，但是习惯还是在一些或许是人们所能看到的最文明的国家里使它受到大家欢迎。

这就是这个博学而又机智的神父关于美的本性的(理论)体系；按照他的说法，美的全部魅力就这样似乎来自它赞成某种习性，即习惯给人们对于每一特定事物的想象留下了深刻印象。然而，我不能因此而相信，我们甚至对外表美的感觉也完全决定于习惯。任何形状的效用，其对人们意欲达到的有用目的的适用性，显然使它受到我们的欢迎，而不受习惯的影响。某种颜色比其他颜色更受人欢迎，在眼睛看到它的最初时刻，更令人赏心悦目。迷人的外表比粗俗的外表更受人欢迎。姿态万千比单调乏味千篇一律更使人愉快。具有联系的各种变化，其中每个新的变化出现似乎都是由在它之前发生的变化引起的，并且所有联系在一起的部分在其中似乎具有相互之间的某种天然联系，比没有联系的对象杂乱无章的集合更受人欢迎。虽然我不能承认习惯是美的唯一原则，但是我可以在以下程度上同意这一天才体系的真实性，即我承认，任何外部的形状，如果和习惯大相径庭，并且与我们通常在各种特殊事物中看到的那种样子不相似，那么几乎没有一种会美得如此令人愉快；或者，任何外部的形状，如果它同习惯相符，并且我们已习惯于在每一个某类事物中看到它，那么几乎没有一种会丑得如此令人不快。

第二章　论习惯和风气对道德情感的影响

由于我们对各种美的情感受到习惯和风气如此重大的影响，

所以不能指望对行为美的情感完全避免那些原则的支配。然而，它们在这里的影响似乎远远不及其在任何其他地方的影响。或许，没有一种外界对象的形状——无论多么荒唐和奇异——习惯不会使我们看惯它，或风气不会使它受人欢迎。但是，尼禄或克劳迪厄斯[1]式的品质和行为，是习惯永远不会使我们与其协调的东西，也是风气永远不会使其为人们所赞同的东西；前者总是恐惧和仇恨的对象；后者总是轻视和嘲笑的对象。我们的美感所赖以产生的那些想象的原则，是非常美好而又脆弱的，很容易因习惯和教育而发生变化；但是，道德上的赞同与不赞同的情感，是以人类天性中最强烈和最充沛的感情为基础的；虽然它们有可能发生一些偏差，但不可能完全被歪曲。

虽然习惯和风气对道德情感的影响并不完全如此重大，但是，同它在任何其他地方的影响相比却非常相似。当习惯和风气同我们关于正确和错误的天然原则相一致时，它们使得我们的情感更为敏锐，并增强了我们对一切近乎邪恶的东西的厌恶。那些在真正的良朋益友而不是在通常所谓的良朋益友中间受到教育的人，他们在自己所尊敬的以及与其共处的人们身上惯常见到的，只是正义、谦虚、人道和井井有条，对看来是同那些美德所规定的准则相矛盾的东西至为愤慨。相反，那些不幸在强暴、放荡、虚伪和非正义之中长大的人，虽然没有完全丧失对这种行为的不合宜性的感觉，但是，完全丧失了对这种可怕的暴行，或者它应当受到报复

〔1〕 克劳迪厄斯(Cloudius，公元前 10—公元 54)，罗马皇帝，公元 41—54 年在位。

和惩罚的感觉。他们从幼年时起就熟悉这种行为,习惯已使他们对这种行为习以为常,并且非常容易把它看成是所谓世之常情的东西,即某些可能并且必然被我们实行,从而妨碍自己成为正直的人的东西。

风气有时也会给一定程度的混乱带来声誉,相反,有时会使应当受到尊敬的品质受到冷遇。在查理二世[1]在位时代,某种程度的放荡不羁被认为是自由主义教育的特征。按照那个时代的看法,这种放荡不羁是同慷慨大方、真诚、高尚和忠诚联系在一起的,以这种态度行动的人被证明是一位绅士,而不是一个清教徒。另一方面,举止的庄重和行为的正规都不时兴,在那个时代的人们的想象中,它们是同欺骗、狡诈、伪善和下流联系在一起的。对浅薄的人来说,大人物的缺陷似乎一直是可以赞同的。他们不仅把这些缺陷同特别好的运气联系起来,而且把它们同许多较高的美德——他们把这些美德归因于大人物的地位——联系起来;同自由和独立的精神,同坦率、慷慨、人道和彬彬有礼联系起来。相反,地位比较低的人所具备的美德——极端节俭简朴、勤勉刻苦和严守准则,在他们看来似乎都是粗俗的和讨厌的。他们把后者的美德同那些品质通常归属的地位的低下联系起来,同自己猜想的,通常与诸如卑鄙的、怯懦的、脾气坏的、虚伪的和小偷小摸的性情相伴而生的许多重大缺陷联系起来。

在不同的职业和生活状况中,人们熟悉的对象非常不同,使他

---

〔1〕 查理二世(Charles II,1630—1685 年),查理一世之子,1660—1685 年为英王。

们习惯于非常不同的激情，自然而然地在他们之中形成了非常不同的品质和行为方式。在每个阶层和每种职业中，我们期望经验已告诉我们属于这个阶层和这种职业的某种程度的行为方式。但是因为在各种事物中，我们特别喜欢中间形态，这种形态的每一部分、每一种特点都精确地同造物主似乎已为那种事物制定的一般标准相一致，所以在各个阶层中，或者，如果我可以这样说的话，在各种各样的人中间，我们特别喜欢这样一些人，在他们身上，那种通常和他们特殊的生活条件和境遇相伴而生的品质，既不太多也不太少。我们说，一个人看上去应当符合他的行业或职业，但如果故意卖弄每种职业就不受人欢迎。出于同样的理由，不同的生活阶段具有不同的行为方式。在老年人身上，我们期望看到庄严和稳重，衰弱多病、饱经风霜和衰退的感受能力，这些似乎把庄严和稳重变得既自然又令人肃然起敬；在青年人身上；我们期望看到敏锐、轻松愉快和生气勃勃，因为经验告诉我们，一切有趣的事物会强烈影响年轻人幼稚而无经验的感官。然而，那两个时期的每一个，都可能容易具有过多的属于这个时期的特点。青年人的飘忽轻浮，老年人的固执迟钝，同样是令人不快的。根据通常的说法，如果青年人在自己的行为中具有老年人的某种行为方式，而老年人仍然保持着青年人的轻松活泼，都是令人愉快的。但是，两者都可能容易过多地具有对方的行为方式。在老年时得到原谅的过分冷静和呆板拘谨，会使年轻人变得可笑。年轻时所放纵的轻浮、粗心和虚荣，会使老年人受到蔑视。

我们因习惯而产生的与各个阶层和职业相适应的特殊品质和举止，或许有时具有一种跟习惯无关的合宜性；而且，如果我们考虑到自然影响生活状况不同的那些人所处的一切不同的环境,我们就应当为此而对这种特殊的品质和举止表示赞同。一个人行为的合宜性,不是凭靠它适宜于他所处的任何一种环境,而是凭靠它适宜于他所处的一切环境,它们在我们设身处地着想时我们认为自然会引起他的注意。如果他看起来过分地为其中某一环境所吸引,像是全然忽略了其他环境,我们就像不能完全赞成某件事情那样不赞成他的行为,因为他不能恰当地适应自己所处的一切环境;然而,他对自己主要感兴趣的对象所表现的情感,在没有其他事物需要他注意时,或许并未超出我们会完全同情和赞同的范围。在个人生活中,一位父亲在失去独生子时可能表现的某种程度的悲痛和脆弱是无可指责的,但在作为一支军队首领的将军身上,当荣誉和公众安全需要他倾注心力的时候,这种悲痛和脆弱就是不可原谅的了。因为在一般情况下,不同的对象应当引起职业不同的人们的注意,所以不同的激情必然应当成为他们惯常怀有的感情;当我们在这一特殊方面设身处地地设想他们的处境时,我们必定明白,每件事情自然会按照它所激起的情绪与他们既定的习惯和心情是否一致而或多或少地影响他们。我们不可能期望一个牧师表现出与我们期待一位官员表现的对生活乐趣和愉快的感觉相同的感觉。牧师的特殊职业是记挂等待着世人的严峻的前程,是预告违背有关责任的准则将会产生什么不幸的后果,并且他自己要成为一个切实遵奉上述准则的榜样,他似乎是一个传递(上帝)音信的使者,轻率和冷漠都不能合宜地传递这种音信。人们设想,他的心一直为过于庄重和严肃的东西所占据,不能腾出地方来容纳那些有关琐屑事物的印象,这种印象充塞于放荡和轻松愉快的人的注意之中。因此,我们很快地感到,有着某种不以习惯为转移的行为方式的合宜性,习惯已使其为这种职业所具有;就一个牧师的品质而言,再也没有什么能够比庄重、严肃和一尘不染这些我们惯常期待他的行为表现的品质更加合适。上述看法是如此简单明了,以致几乎没有什么人会粗心到有时不这样想,不以这种态度来说明他对牧师这种职业通常具有的品质的赞同。

其他一些职业通常具有的品质的基础却不是如此简单明了,我们对这些品质的赞同完全根据习惯,不必通过上述看法去确定和加深对它们的赞同。例如,我们出于习惯把快活、轻浮、活泼自由,以及某种程度的放荡的性格加到军人的职业上去。但是,如果我们考虑到什么样的性情最适合于这种职业,或许我们就容易断定:对一直暴露在非同寻常的危险之下,因而会比他人更经常地想到死亡及其后果的那些人来说,极其严肃和思虑周全的性情是最好的性情。然而,军人的这种处境,或许也是相反的性情在军人中间如此普遍地流行的原因。如果我们冷静、专心地加以观察,就会看到,为了征服对于死亡的恐惧,需要作出如此巨大的努力,以致那些经常面临死亡的人发现,使自己不关心自身的安全并置之度外,并因此而投身于各种娱乐和放荡之中,这样更容易使自己忘掉死亡的恐惧。一座军营不是一个富有思想的人或一个沉思默想的人的活动范围:确实那种人常常是很果断的,并且能够通过某种巨大的努力,以坚定不移的决心面对几乎不能避免的死亡。但是面对持续的、虽然不是近在眼前的危险而被迫作出长期努力,这种努力会耗尽心力、压抑心情,使得内心再也不能感受到一切幸福和享乐。那些纵情逸乐、无忧无虑的人,根本没有必要作出任何努力,他们简直从来不下决心去考虑它们，而只是在不断的享受和娱乐中忘却有关自己处境的一切忧虑，这些人更容易忍受这种境遇。无论什么时候，当一个军官没有理由去考虑正在遭受的不寻常的危险时，他很可能失去自己欢乐而又放荡不羁的性格。一座城市的卫队长通常是同其他公民一样清醒、仔细而又吝啬的动物。由于同样的原因，长期的和平非常容易缩小市民和军队之间性格上的区别。不管怎样，从事这种职业的人的通常的处境，使欢乐和某种程度的放荡不羁如此明显地变成了他们的常见的品质，并且，在我们的想象中，习惯如此强有力地把这种品质同这种生活状况联系在一起，以致我们非常容易轻视这样的人，他的个人气质或处境使他不能获得这种品质。我们嘲笑一个城市卫兵严肃而又小心谨慎的面部表情，它和他的同事们的面容大为不同。那些同事似乎常常以自己行为方式的一成不变为耻，并且不是出自自己职业的风气，喜欢装出对他们来说绝非出乎本性的轻率的样子。无论我们惯常在某一可尊敬阶层的人士身上看到的举止是什么，在我们的想象中，这种举止是如此密切地同这个阶层联系在一起，以致无论什么时候见到这个阶层的人士，我们都期望见到这种举止，而如果未见到便觉得缺点什么。我们感到窘迫和为难，不知道自己如何去谈论那种品质，它显然像是一种与我们曾经想加以分类的那些品质不同的品质。

同样，不同时代和不同国家的不同情况，容易使生活在这些时代和国家中的大多数人形成不同的性格，人们怎样看各种品质，认为各种品质应在多大程度上受到责备或称赞，也随国家和时代的不同而不同。那种受到高度尊敬的文明礼貌，在俄罗斯或许被认为是带女人气的谄媚奉承，在法国宫廷里或许被看成是粗野和鄙俗的风尚。那种定购和俭朴，在一个波兰贵族身上会被认为是过分节省，在阿姆斯特丹的一个公民身上就被看成是奢侈浪费了。每个时代和每个国家，把那种能在受人尊重的那些人中间通常见到的品质，看成是适中的特殊才能或美德。而且，当这种变化按照不同的环境使不同的品质或多或少地习惯于它们时，他们有关品质和行为完全合宜的情感也会相应地发生变化。

在文明国家中，以人道为基础的美德得到比以自我克制和对激情的控制为基础的那些美德更多的培养。在野蛮和未开化的国家中，情况完全相反——自我克制的美德得到比有关人道的那些美德更多的培养。在文明和有教养的各个时代到处可见的那种歌舞升平和幸福安宁，使人很少有机会磨炼出对危险的轻视和忍受劳累、饥饿和痛苦的耐心。贫困可以轻易地避免，因此，对贫困的轻视几乎不再是一种美德。对享乐的节制已没有多大的必要，心儿可以随意放松，并且在各个方面尽情满足出乎本性的各种爱好。

在野蛮人和未开化的人中间情况完全相反。每个野蛮人经受了某种斯巴达式的训练，并且，为环境所迫，能经受各种艰难困苦。他处在持续不断的危险之中：经常遭受极度的饥饿，每每由于生活资料匮乏而死亡。他的环境不仅使他习惯于各种困苦，而且教育他不屈服于困苦所引起的各种激情。他不可能期望他的同胞因这种弱点而表示同情或纵容。在我们能更多地同情别人之前，我们自己必须处在某种程度的舒适安闲之中。如果我们自己受到痛苦极为严重的折磨，我们就无暇顾及邻人的痛苦；并且所有的野蛮人为满足自己的欲求和急需而奔忙不已，不会太多地注意他人的欲求和急需。因此，一个野蛮人，无论他的苦难的性质是什么，并不期望从周围的人那里得到同情，因而他不愿因让人们知道他的一丁点弱点而暴露自己。他绝不许自己的激情——无论它如何狂暴和激烈——扰乱他那面部表情的平静，或行为举动的镇定。有人告诉我们，北美的野蛮人在一切场合都装作满不在乎的样子，并且认为如果自己在任何方面表现出被爱情、悲痛或愤恨所左右，将有损自己的尊严。他们在这一方面的高尚行为和自我克制出乎欧洲人的意料。在一个一切人的地位和财产都相等的国家里，可以期望双方之间相互倾慕是结婚时唯一要考虑的事情，并不受任何约束地纵情享受。然而，正是在这样的国家里，所有的婚姻毫无例外地都是由父母决定的，而且，在这样的国家里，一个年轻的男人会认为，如果自己对某个女子流露出丝毫超过对别的女子的爱情，或者不表现出对什么时候同谁结婚这些问题十足的冷漠，那将是一辈子丢脸的事情。在富有人性和教养的时代普遍地加以纵容的对爱情的向往，在野蛮人中间被看成是最不能原谅的女人气质。即使在结婚以后，双方似乎也以在如此卑鄙的需要的基础上结合为耻。他们不住在一起。他们只是在暗中相见。他们仍然各自住在自己父亲的家里，在所有其他国家里都被允许而不会受到责备的两性的公开同居，在这里被认为是最下流的和不像男子汉的淫荡。野蛮人不仅仅是在这种令人喜欢的激情上发挥无限的自我控制能力。他们常常在同胞们众目睽睽之下以极其冷漠的态度忍受诽谤、指责和最大的侮辱，而不表示丝毫的愤慨。当一个野蛮人成为战争的俘虏，并且像通常所发生的那样，从他的征服者那里听到被处死刑的消息时，他不露声色地听着，而且在忍受最可怕的折磨之后从不悲叹，或者说，除了对敌人的轻蔑之外，不显示什么别的激情。当他被军人们吊在慢慢燃烧的火上时，他嘲笑那些折磨他的人，并且告诉他们，如果他们之中有人落在他的手里，他会用比这更别出心裁的方法去折磨他。在他身上最柔软和最敏感的一切部位被灼痛、烧伤和划破达数小时以后，为了延长他的痛苦，刑罚常常暂停一下，他被人从火刑柱上放下来。他利用这个间歇谈论各种无关紧要的事情，询问国家大事，似乎不感兴趣的只是自己的处境。在旁边观看的野蛮人同样地无动于衷，似乎如此可怕的景象并未在他们身上发生什么影响。除了在他们加剧其痛苦的时候，几乎不去看一下那个被俘的人。在其他时刻，他们吸着烟草，以任一平常的事情来取乐，似乎没有发生这种可怕的事情。每个野蛮人，从幼年时起，就知道要为这种可怕的结局作好准备；他为了这个目的创作了他们叫做死亡之歌的歌曲，这是一首在他落入敌人之手并且在敌人加到自己身上的折磨之中死去时所唱的歌曲。其内容包含了对折磨他的人的睥睨，并且表达了对死亡和痛苦的极度蔑视。他在一切重要场合唱这首歌，当他出发去打仗时，当他在战场上遇见敌人时，或者，当他在什么时候想表示自己已在思想上对这种可怕的不幸作好准备，并且任何事情都不能动摇他的决心或改变他的意志时，他都唱这首歌。对死亡和拷打的同样的蔑视盛行于所有其他的野蛮民族之中。没有一个来自非洲海岸的黑人在这一方面不具备一定程度的高尚品质，这种品质常常是他那卑劣的主人所不能想象的。命运女神对人类实行的绝对统治，从来不比下面这种情况更为残酷，那就是：使那些英雄民族受欧洲监狱里放出来的残渣余孽的支配，受那些既不具备自己祖国、也不具备征服国美德的坏人的支配，他们的轻浮、残忍和卑鄙，十分公正地使他们受到被征服者的轻视。

野蛮人国家的习惯和教育要求每个野蛮人具备的那种超人的、百折不回的坚定，并不要求在文明社会里养育的那些人也具备。如果后者在痛苦中抱怨，在贫困中悲叹，听任自己受爱情摆布或为愤怒所困扰，他们很容易得到人们的谅解。人们并不认为这种软弱会影响他们的某些基本品质。只要他们不让自己激动得干出任何违反正义或人道的事，那么虽然他们面部表情的平静或他们的谈吐和行为的镇定多少会受到干扰和破坏，失去的只是一点声誉。一个对其他激情更为敏感的富有人性和文明的人，可能更容易同情某种激昂振奋的行为，更容易原谅某种略微过火的行动。当事人意识到这一点；确信自己的判断公正，从而纵容自己强烈地表露出自己的激情，而不那么害怕因为暴露自己强烈的情绪而遭到人们的轻视。我们敢于在一个朋友面前表露强烈的情绪，而不在一个陌生人面前表露这种情绪，是因为我们期待从前者而不是从后者那里得到宽容。同样，在文明民族中，得体这类准则容许比在野蛮民族中得到认可的更为激烈的行为。文明人以朋友般的坦白相聚交谈；野蛮人以陌生人般的保留态度相聚交谈。法国人和意大利人这两个欧洲大陆上最文明的民族，在自己对一切都感到满意时所流露的那种情绪和高兴劲儿，首先使碰巧在他们中间旅行的那些陌生人感到惊讶，这些人在感觉比较迟钝的人中间接受教育，不能理解这种热情的表现，他们在自己的国家里从未见过类似的表现。一个年轻的法国贵族在被拒绝编入一个军团时，会在全体朝臣面前哭泣起来。男修道院院长达·波斯(Dû Bos)说，一个意大利人被判罚款 20 先令时所表现的情绪，比一个英国人得知自己被判处死刑时所表现的更为强烈。西塞罗在罗马的优雅之风达到顶峰的时候，会怀着满腹的伤情愁绪当着全体元老和全体人民的面哭泣起来，而不感到降尊纡贵——因为很明显，他必须在每一次演说结束时这样做。在罗马早期和未开化的时代，按照当时的行为方式，演说者或许不会表现出自己如此强烈的情绪。我想，如果西庇阿家族、莱列阿斯和老加图当着公众的面流露如此脆弱的感情，会被认为是违背本性和不合宜的事情。古代的那些武将能够显示自己的地位、庄重和良好的判断，但是，据说他们对那种卓越和热情洋溢的演说却感到陌生，这种演说是在西塞罗诞生之前不久由格拉古兄弟、克拉苏和苏尔皮西乌斯率先介绍到罗马来的。这种成功或不成功地在法国和意大利盛行已久的激动人心的演说，只是在最近才开始介绍到英国来。要求各文明民族和野蛮民族实行的自我控制的程度之间的差别极大，致使他们各自按照这种不同的标准来判断行为的合宜性。

这种差别引起了其他许多并非不重要的差别。一个多少有些习惯于听从天性倾向的文明人变得坦率，豪爽和真诚。相反，被迫抑制和隐藏各种激情表现的野蛮人必然养成虚伪和掩饰的习惯。所有那些同亚洲、非洲或美洲的野蛮民族有交往的人都注意到，他们都是同样难以理解的，并且当他们有意隐瞒真情时，没有哪种查询可以从他们那里获知真相。他们不会被那些巧妙的问题诱入圈套。拷打本身不能使他们供认任何他们一点儿也不想讲的事情。一个野蛮人的激情，虽然从未通过任何外部情绪表达出来，却隐匿在受害者的心里，尽管他的愤怒已达到最强烈的程度。虽然他很少显露出任何愤怒的迹象，但是，当他终于抑制不住自己的复仇欲望时，他的报复总是残暴和可怕的。最小的侮辱都会使他陷入绝望。他的面部表情和谈吐确实还是平静和从容自若的；但是他的行动常常是极其凶猛和狂暴的。在北美那些到了最易动感情的年龄和比较胆怯的女性中间，在只是受到母亲轻微的责备时，除了说一句“你不会再有一个女儿了”以外，不表露出任何激情，也不说别的什么，就去跳水自尽的人，并不少见。在文明民族中，一个男人的激情通常不是这样狂暴或猛烈。他们常常吵吵闹闹，但很少造成伤害；而且通常似乎只指望使旁观者确信他们这样激动是正确的，并得到他的同情和赞同，做到这一点，他们就满足了。

然而，习惯和风气对人类道德情感产生的所有这些影响，同它们在其他地方产生的影响相比，是微不足道的；那些原则所造成的判断的最大失误，并不同一般的品格和行为有关，而是同特殊习惯的合宜或不合宜有关。

在不同的职业和不同的生活状况中，习惯引导我们去赞同的不同的行为方式，并不是至关紧要的事情。从老年人和青年人身上，从牧师和官员身上，我们都期待着真理和正义；我们正是在瞬息即逝的事情中，寻找他们各自品质中的明显特征。关于这些，如果我们留意，也常常可以看到我们没有注意到的情况，即有一种习惯已经教导我们赋予各种职业的品质的合宜性，独立于习惯之外。因此，在这种情况下，我们不能抱怨说，天然情感的反常是十分明显的。虽然不同民族的行为方式要求在他们认为值得尊敬的品质方面具备不同程度的同一品质，但是，可以说甚至在这里也会发生最坏的事情。那就是，某种美德的功能有时被扩大，以至对其他一些美德有所损害。波兰人中间盛行的那种质朴的殷勤好客,或许对节约和良好的秩序有所损害;荷兰人中间得到尊重的节俭,或许对慷慨和亲密关系有所损害。野蛮人所需要的勇气减弱了他们的人性;或许,文明民族所需要的灵敏感觉有时也会损坏他们刚强的坚定性格。一般说来,在任何民族中产生的行为风格,常常在整体上被认为是最适合于那个民族的处境的。勇气是最适合于一个野蛮人的处境的品质;灵敏的感觉是最适合于生活在非常文明的社会中的那些人的品质。因此,即使在这一点上,我们也不能抱怨人们的道德情感全面败坏。

因而,习惯所许可的对行为的自然合宜性的最大背离不是在一般行为方式方面。至于某些特殊的行为方式,习惯的影响往往是比较严重地损害良好的道德,它也可能把严重违反了有关正确和错误的极为清楚的原则的各种特殊行为,判定为合法的和无可责备的。

例如,还有什么比伤害一个婴儿更野蛮的行为呢?这个婴儿的孤弱无助、他的天真无邪、他的惹人喜欢,甚至引起了敌人的怜悯,不饶恕这个婴儿的性命,被认为是一个狂怒和残酷的征服者的最凶暴的行为。那么,一个父亲若伤害即使凶暴的敌人也不敢伤害的那个幼小的婴儿,对于这个父亲的心肠我们必然会有什么想法呢?但是,遗弃婴儿,即杀害新生婴儿,是几乎在全希腊,甚至在最有教养和最文明的雅典人中间都被允许去做的事;无论什么时候,父母的境况使他们难以把这个婴儿养大,从而把他遗弃在外任其挨饿,或者被野兽吃掉,都不受到责备或非难。这种做法可能始于最野蛮的未开化时代。人们在社会发展的最初阶段就已熟悉了这种做法，对这种习惯做法始终如一的承袭，妨碍了后代的人去察觉它的残暴。我们现在发现，这种做法盛行于所有的野蛮民族，最原始和最低级的社会肯定比其他的社会更加原谅这种做法。一个野蛮人的极端贫困，常常是这样一种贫困，他本人常常遭受极度的饥饿，他常常死于生活资料匮乏之中，对他来说同时维持自己和自己孩子的生命常常是不可能的。因此，对他在这种情况下抛弃自己的孩子我们不会感到奇怪。一个人在逃离无法抵抗的敌人时，会丢下自己的婴儿，因为后者妨碍他逃命。这个人肯定会被人原谅，因为，如果他企图救出这个婴儿，他所能得到的唯一安慰是和婴儿同归于尽。因而，在这样的社会状况下，允许一个父亲去判断他能否把自己的孩子养大，对此，我们不应当深感意外。然而，在希腊社会晚期，出于模糊的利益或便利上的考虑而允许发生这种事情，这是绝不能原谅的。延续下来的习惯在这个时候如此彻底地认可这种做法，以致不仅世人松弛的行为准则容忍这种暴虐的特权，而且甚至应当是很合理和精确的哲学家们的理论，也被业已养成的习惯引入歧途；在这里像在许多其他情况下一样，不去加以谴责，反而依据这种公众利益，这种牵强附会的理由支持这种恶习。亚里士多德把这种做法说成是地方长官在许多场合应当加以鼓励的事情。仁慈的柏拉图具有同样的观点，似乎赋予他的一切哲学著作以生命的人类之爱，并没有在什么地方指明他不赞同这种做法。如果习惯能够认可如此可怕的违反人性的行为，我们就很可能推想，几乎没有什么如此粗野的特殊的行为不能够得到认可。这种我们天天听到人们在谈论的事情已经司空见惯。人们也似乎认为，这是为那种本身是最不义和最无理性的行为进行的一种十足的辩解。

有一个浅显的理由可以说明，为什么习惯从来没有使我们对人类行为和举止的一般风格和品质所怀有的情感，产生其程度同我们对特殊习惯的合宜或非法所怀有的情感一样的失常。从来不会有任何这样的习惯。没有一个这样的死会能够存在一分钟，在这个社会里，人们行为和举止中常见的倾向就是我刚才提到的那种可怕的习惯做法。

第 六 卷

论有关美德的品质

（本卷有三篇）

引　言

当我们考虑任何个人的品质时，我们当然要从两个不同的角度来考察它：第一，它对那个人自己的幸福所能产生的影响；第二，它对其他人的幸福所能产生的影响。

第一篇　论个人的品质，就它对自己幸福的影响而言；或论谨慎

身体的保养和健康状况似乎是造物主首先劝每一个人关心的对象。饥饿和口渴时的欲望，快乐和痛苦、热和冷等等令人愉快或不快的感觉，可能被认为是造物主本身给予他的亲口训诫，它指导他为了上述目的应当选择什么和回避什么。一个人最初得到的训诫，来自在童年时代负责照管他的那些人。这种训诫大部分倾向于与上述相同的目的。它们的主要目的，是教会他如何避免伤害身体。

在他长大成人后，他很快就知道，为了满足那些天生的欲望，为了得到快乐和避免痛苦，为了获得令人愉快的和避免令人不快的冷热温度，某些小心和预见作为达到这些目的的手段有其必要。保持和增进他的物质财富的艺术，就存在于小心和预见的合宜的倾向之中。

虽然对我们来说，物质财富的用处首先是提供肉体所需的各种必需品和便利，但如果我们未觉察到同等地位者对我们的尊重，我们在社会上的名誉和地位在很大程度上取决于我们所拥有的或者人们猜想我们拥有的物质财富，那么我们在这个世界上就活不长久。把自己变成这种尊重的合宜对象的愿望，应当在同自己地位相等的人中间得到和实际获得这种名誉和地位的愿望，或许是

我们所有的愿望中最强烈的;因而我们急于获得财富的心情,在很大程度上是由这种比提供肉体上所需的各种必需品和便利——这些往往是很容易提供的——的愿望更强烈的欲望引起和激发出来的。

我们在同自己的地位相等的人间的地位和名誉,也在很大程度上依赖自己的品质和行为,或许它们是一个善良的人想完全信赖的;或者,依这些品质和行为在同自己相处的人们中自然地激发出来的信任、尊敬和好意而定。

个人的身体状况、财富、地位和名誉,被认为是他此生舒适和幸福所依赖的主要对象,对它们的关心,被看成是通常称为谨慎的那种美德的合宜职责。

我曾经说过,当我们从较好的处境落到一个较差的处境时,我们所感受到的痛苦,甚于从差的处境上升到一个较好的处境时所享受到的快乐。因此,安全是谨慎这个美德的首要和主要的对象。把自己的健康、财产、地位或名誉孤注一掷地押出去,是人们不乐意做的事情。人们宁可小心谨慎而不愿进取,更多地挂念的是如何保持自己已经拥有的有利条件,而不是进一步激励自己去获得更多的有利条件。我们所依靠的增进自己财富的主要方法是那些不致遭受损失或危险的方法:在自己的行业或职业中的真才实学,在日常工作中的刻苦和勤勉,以及在所有的花费中的节约,甚至某种程度的吝啬。

谨慎的人总是认真地学习以了解他表示要了解的一切东西,并不仅仅是为了使他人相信自己了解那些东西;虽然他的天资不可能总是很高,但是,他所掌握的总是完美的真才实学。他既不会竭力用一个狡猾的骗子所用的奸计来欺骗你，不会用一个自大的炫耀学问的人所用的傲慢气派来欺骗你，也不会用一个浅薄而又厚颜无耻的冒牌学者所用的过分自信的断言来欺骗你。他甚至并不夸示自己已真正掌握的才能。他的谈吐纯朴而又谦虚，而且，他讨厌其他人常常用来骗取公众对其注意和信任的一切胡吹乱扯的伎俩。为了在自己的职业中获得信誉，他自然倾向于在很大程度上依赖自己真实的知识和本领；并且，他总是不想谋求那些小团体和派系对他的支持，在较高级的艺术和科学领域，这些人时时把自己标榜为至高无上的良好品质的裁判者；他们以此为业，彼此称颂天才和美德，而指责能够同他们竞争的任何东西。如果这个谨慎的人曾经同任何这样的团体有联系，那也只是出于自卫的需要，不是为了欺骗公众，而是为了利用那个团体或其他一些同类团体的各种不利于他的喧嚣责难，秘密传闻或阴谋诡计，来使公众避免上当。

谨慎的人总是真诚的，并且一想到随虚妄的露馅而至的自己所蒙受的耻辱，就感到恐怖。可是，虽然他总是真诚的，但并不总是直言不讳；虽然他只说实话，从不讲假话，但他并不总是认为自己有义务在不正当的要求下也去吐露全部真情。因为他的行动小心谨慎，所以他讲话有所保留；从不鲁莽地或不必要地强行发表自己对他事或他人的看法。

谨慎的人，虽然并不总是以最敏锐的感受能力著称，但总是非常会交朋友。然而，他的友情并不炽热和强烈，而常常是短暂的慈爱，这对于大度的年轻人和无人生阅历的人来说，显得很投合。对少数几个经过多次考验和精选的伙伴来说，它是一种冷静而又牢固和真诚的友爱；在对他们的选择中，他并不被对他们杰出才能的轻率赞扬所左右，而是为自己对他们的谦虚、谨慎和高尚行为的审慎的尊重所支配。他虽然很会交友，但并不经常喜欢一般的交际。他很少常在，更多是罕见地在那些好宴饮的社交团体中露面，这些社交团体是以欢乐和愉快的言谈出名的。他们的生活方式可能会过多地妨害他那节制的习惯，可能会中断他那坚持不懈的勤劳努力，或者打断他严格实行的节约。

虽然他的谈吐并不总是非常活泼或有趣，但总是丝毫不令人讨厌。他憎恶犯有无礼或粗鲁之罪的想法。他从来不傲慢地采取超出别人的姿态；并且，在所有普通的场合，他宁愿把自己置于同他地位相等的人们之下而不愿置于他们之上。他在行动上和谈话中都是一个恪守礼仪的人，并以近乎笃信的严谨态度去尊重所有那些已经确立的社交礼节和礼仪。并且，在这方面，他同那些具有更突出的才能和美德的人——这些人在各个时代，从苏格拉底和亚里斯提卜〔1〕时代到斯威夫特博士和伏尔泰时代，以及从腓力二世〔2〕和亚历山大大帝时代到莫斯科维的沙皇彼得大帝〔3〕时代，用最不合宜的手段甚至是对关于生活和言谈的一切通常礼仪的粗野的轻视，来过于突出地表现自己；并且，他们因此为那些愿意仿效他们的人树立了一个最坏的榜样，后者过分地满足于模仿

〔1〕 亚里斯提卜(Aristippus，公元前435？—公元前356？)，希腊哲学家。

〔2〕 腓力二世(公元前382—公元前336)，马其顿国王。

〔3〕 莫斯科维的沙皇彼得大帝(1672—1725)，俄国沙皇(1682—1725、1721年起称帝)。

这些人身上的错误行为，甚至不想得到这些人身上的一些优点——相比，他树立了一个更好的榜样。

谨慎的人身上的那种坚持不懈的勤劳和俭朴，那种为了将来更遥远但是更为持久的舒适和享受而坚决牺牲眼前的舒适和享受的精神，总是因为公正的旁观者和这个公正的旁观者的代表、即内心的那个人的充分赞同，而得到支持和报答。这个公正的旁观者，既不会因为看到自己观察其行动的人们的当前的劳累而感到筋疲力尽，也不会因为看到他们对当前一些欲望的缠绕不休的呼喊而受到诱惑。对他来说，他们现在的处境，和他们将来可能会有的处境是近乎一样的：他几乎以同样的距离来看待这两种处境，以几乎相同的方式受到它们的影响。然而，他知道，对那些当事人来说，它们绝不是相同的，两者必然以截然不同的方式影响他们。因此，他不能不赞同，甚至称赞这种自我控制的合宜运用，这种自我控制能使他们像他们现今和未来的处境以与影响这个旁观者的方式几乎相同的方式影响他们一样去行动。

按照自己的收入来安排生活的人对自己的处境自然是满意的，这种处境，通过连续不断的、虽然是小额的积蓄，会一天比一天好起来。他可以逐步地放松节约措施和放宽应用之物的简朴程度。他对这种逐步增加的舒适和享受加倍地感到满意，因为过去他感受过伴随着追求舒适和享受时的那种艰难困苦。他并不急于改变如此满意的处境，也不去探求新的事业和冒险计划，它们可能危害而不是进一步改善他如今享受着的有保证的安定生活。如果他从事任何新的项目或事业，它们可能是经过充分的安排和准备的。他从来不会为贫困所逼而急于或被迫去从事这些项目和事业，而总是有时间和闲暇去清醒和冷静地考虑它们可能带来的后果是什么。

谨慎的人不愿意承担任何不属于自己职责范围的责任。他不在与己无关的事务上奔忙；他不干预他人的事情；他不是一个乱提意见或乱作劝告的人，即在没有人征询意见的情况下硬把自己的想法强加于人的人。他把自己的事务限制在自己的职责所容许的范围，他并不爱好那种显要地位，这种地位许多人想从对他人的事务管理似乎具有的某种影响中取得。他反对加入任何党派之间的争论，憎恨宗派集团，并不总是非常热心地去倾听甚至有关宏图大略的陈说。在特殊的要求下，他也不拒绝为自己的国家做些事情，但他并不会玩弄阴谋以促使自己进入政界。并且，公共事务得到他人出色的管理，在同由他自己管理而遇到麻烦来承担责任相比之下，他会感到更大的高兴。他在心灵深处更喜欢的是有保证的安定生活中的那种没有受到干扰的乐趣，不仅不喜欢所有成功的野心所具有的表面好看的光彩，而且不喜欢完成最伟大和最高尚的行动所带来的真正和可靠的光荣。

总之，谨慎这种美德，在仅仅用来指导关心个人的健康、财富、地位和名声时，虽然被视为最值得尊重，甚至在某种程度上是可爱的和受欢迎的一种品质，但是，它从来不被认为是最令人喜爱或者最高贵的美德。它受到某种轻微的尊敬，而似乎没有资格得到任何非常热烈的爱戴或赞美。

明智和审慎的行为，当它指向比关心个人的健康、财富、地位和名誉更为伟大和高尚的目标时，时常而又非常合宜地被称做谨慎。我们谈论一个伟大将军的谨慎，一个伟大政治家的谨慎，一个上层议员的谨慎。在所有这些场合,谨慎都同许多更伟大和更显著的美德,同英勇,同广泛而又热心的善行,同对于正义准则的神圣尊重结合在一起,而所有这些都是由恰如其分的自我控制所维持的。这种较高级的谨慎,如果推行到最完美的程度,必然意味着艺术、才干以及在各种可能的环境和情况下最合宜的行为习惯或倾向。它必然意味着所有理智和美德的尽善尽美。这是最聪明的头脑同最美好的心灵合二为一。这是最高的智慧和最好的美德两者之间的结合。它非常接近于学院派[1]和逍遥学派(Peripatetic)中哲人的品质,正像较低级的谨慎非常接近于伊壁鸠鲁学派(Epicurean)哲人的品质一样。

单纯的不谨慎,或只是缺少关心自己的能力,是宽宏大量和仁慈的人们怜悯的对象;对那些感情不那么细腻的人来说,是轻视的对象,或者,在最坏的情形下,是蔑视的对象,却绝不会成为憎恶或愤恨的对象。但是,当它同其他一些坏品质结合在一起时,则会极大地加重伴随着这些坏品质的臭名声和不光彩。一个狡猾的无赖,他的机敏和灵巧虽然不可能使他避免强烈的猜疑,但却使他免遭惩罚和特别侦查,在世上常常受到他绝不应得到的纵容。一个笨拙和愚蠢的人,由于缺少这种机敏和灵巧,就被宣判有罪并遭到惩罚,这个人是万人憎恨、轻视和嘲笑的对象。在重大的罪行时常免遭惩罚的国家里,最凶暴的行为几乎已为人们所司空见惯,并且不再在他们心中引起恐怖。而在切实施行正义的国家里,这种恐怖人人都会感到。在上述两种国家里,对不义的看法是相同的,但

〔1〕 学院派是柏拉图学派的另一种称呼。

对不谨慎却常常有非常不同的看法。在后一种国家里，最大的罪行显然是最愚蠢的行为。在前一种国家里，它们并不总是被看作愚蠢行为。在意大利，在16世纪的大部分期间，暗杀、谋杀甚至受托谋杀，在上层人士中似乎是司空见惯的。恺撒·博尔吉亚邀请邻国四个君主——他们都掌握着各小国的统治权，统率着自己国内小小的军队——来塞内加各利亚(Senigaglia)开一个友好的会议，当他们一到那里，他就把他们统统杀死。这种不光彩的行动，虽然即使在那个罪恶的年代也一定不会得到赞成，但似乎只是使他的名誉受到轻微的影响，而并没有促使这个杀人犯下台。他的下台发生在数年之后，出于与这个罪行全然无关的一些原因。马基雅维利[1]——甚至在他那个时代也的确不是一个最有道德的人——在这个罪行发生时，作为佛罗伦萨共和国的公使，正好常驻在恺撒·博尔吉亚的宫廷。他对此事作了非常奇特的说明，并在说明中采用了不同于他的一切作品的洗练、优雅和质朴的语言。他非常冷漠地谈论这件事；为恺撒·博尔吉亚处理此事的本领感到高兴；对受害者的被骗与软弱不屑一顾；对他们不幸和过早的死亡不抱同情态度，并且对他们的谋害者的残酷和虚伪不表示愤慨。对于伟大的征服者的残暴和不义之举，人们常常荒唐可笑地惊叹与赞美；而小偷、强盗和杀人犯的残暴和不义之举，在一切场合，都为人们所轻视、憎恨甚至恐惧。虽然前者的危害和破坏性比后者大一百倍，但是，当他们得逞时，常常被认为是一种英勇、高尚的行为。后者，作为愚蠢之举，也作为最低层和最无地位的人犯下的罪

[1] 马基雅维利(1469—1527)，意大利政治家及作家，主张权谋霸术者。

行，总是遭到憎恨和嫌恶。至少，前者的不义肯定同后者一样大；而愚蠢和不谨慎相差并不很远。一个邪恶和卑劣的智者从世人那里得到的信任常常比他应该得到的多。一个邪恶和卑劣的愚者总是在所有的人中显得最可恨，也最可鄙。因为谨慎同其他美德结合在一起构成了所有品质中最高尚的品质，不谨慎同其他坏品质结合在一起也构成了所有品质中最卑劣的品质。

第二篇　论个人的品质，就它可能对别人的幸福发生影响而言

引　言

每个人的品质，就它可能对别人的幸福发生影响而言，必定是根据其对别人有害或有益的倾向来发生这种影响的。

在公正的旁观者看来，人们对我们不义的企图或实际罪行所产生的正当的愤恨，是能够在各方面证明我们危害或破坏邻人幸福的唯一动机。使他愤恨的另一动机，是行为本身违犯了有关正义的各种法律，这些法律的威力应当被用来约束或惩罚违法行为。每个政府或国家殚精竭虑，也能做到，运用社会力量来约束这样一些人，这些人慑于社会力量的威力而不敢相互危害或破坏对方的幸福。为了这个目的而制定的这些准则，构成了每个特定的政府或国家的民法和刑法。这些准则用作根据的或应该用作根据的那些原则，是一门特定的学科的研究对象，一门在所有的学科中最重要的学科的研究对象。但是，或许迄今为止，这门学科最少得到研究和发展。它就是自然法学。对这门学科作任何细致的探讨，不是我们当前的目的。无论在什么方面，甚至在没有法律能合宜地

提供保护的情况下，不危害或不破坏我们邻人幸福的某种神圣的和虔诚的尊重，构成了最清白和最正直的人的品质；这种品质若在某种程度上还表现出对他人的关心，则其本身总是得到高度尊重甚至崇敬，并且几乎不会不伴有许多其他的美德，例如对他人的深切同情、伟大的人道和高尚的仁爱。这是一种人们充分了解的品质，不需要对它作进一步的说明。在这一篇中，我只是尽力解释：天性似乎已经描绘的那种次序——区分我们的仁慈行为的次序，或对我们非常有限的行善能力所指向和作用的对象的次序，即首先指向和作用于个人，其次指向和作用于社会的次序——的根据。

可以看到，调节天性在其他各方面所作所为的那同一种至高无上的智慧，在这一方面也指导着它所给予的那种次序；这一智慧的强弱，常常同我们的善行的必要性的大小或有用性的大小成比例。

第一章　论天性致使个人成为我们关心和注意的对象所依据的次序

像斯多葛学派的学者常说的那样，每个人首先和主要关心的是他自己。无论在哪一方面，每个人当然比他人更适宜和更能关心自己。每个人对自己快乐和痛苦的感受比对他人快乐和痛苦的感受更为灵敏。前者是原始的感觉；后者是对那些感觉的反射或同情的想象。前者可以说是实体；后者可以说是影子。

他自己的家庭的成员，那些通常和他住在同一所房子里的人，他的父母、他的孩子、他的兄弟姐妹，自然是他那最热烈的感情所关心的仅次于他自己的对象。他们当然常常是这样一些人——他们的幸福或痛苦必然最深刻地受到他的行为的影响。他更习惯于同情他们。他更清楚地知道每件事情可能如何影响他们，并且对他们的同情比能对其他大部分人表示的同情更为贴切和明确。总之，它更接近于他关心自己时的那些感受。

天性把这种同情以及在这种同情的基础上产生的感情倾注在他的孩子身上，其强度超过倾注在他的父母身上的感情，并且，他对前者的温柔感情比起他对后者的尊敬和感激来，通常似乎是一种更为主动的本性。我们曾经说过，在事物的自然状态中，在孩子来到世上以后的一段时间里，他的生存完全依赖于父母的抚育；而父母的生存并不必然要靠子女的照拂。人的天性似乎认为，孩子是比老人更重要的对象；并且，小孩激起人们更强烈和更普遍的同情。这是理所当然的。从孩子身上可以期待、至少可以希望得到一切东西。在普通的场合，从老人身上所能期待或希望得到的东西都非常少。幼年的软弱引起最凶残和最冷酷的人的关心。只有对具有美德和人道的人来说，老年的虚弱才不是轻视和厌恶的对象。在普通的场合，老年人的死并不使任何人感到十分惋惜。孩子的死却几乎不会不使一些人感到心痛欲裂。

最初的友谊，即幼小的心灵最容易有所感受时自然而然地建立的那种友谊，是兄弟姐妹之间的友谊。当他们共处在一个家庭之中时，相互之间的情投意合，对这个家庭的安定和幸福来说是必要的。他们彼此能够给对方带来的快乐或痛苦，比他们能够给其他大部分人带来的快乐或痛苦要多。他们的这种处境使得他们之间的相互同情，成为对他们的共同幸福来说是极端重要的事情，并且,由于天性的智慧,同样的环境通过迫使他们相互照应,使这种同情更为惯常,因此它更为强烈、明确和确定。

兄弟姐妹们的孩子由这样一种友谊天然地联结在一起,这种友谊在各立门户之后,继续存在于他们的父母之间。孩子们的情投意合增进了这种友谊所能带来的愉快;他们的不和会扰乱这种愉快。然而,由于他们很少在同一个家庭中相处,虽然他们之间的相互同情比对其他大部分人的同情重要,但同兄弟姐妹之间的同情相比,又显得很不重要。由于他们之间的相互同情不那么必要,所以不很惯常,从而相应地较为淡薄。

表[堂]兄弟姐妹们的孩子,因为更少联系,彼此的同情更不重要;随着亲属关系的逐渐疏远,感情也就逐渐淡薄。

被称作感情的东西,实际上只是一种习惯性的同情。我们对看做自己感情作用对象的那些人的幸福或痛苦的关心,我们增进他们的幸福和防止他们的痛苦的愿望,既是出自这种习惯性同情的具体感受,也是这种感受的必然结果。亲属们通常处于会自然产生这种习惯性同情的环境之中,因而可以期望他们之间会产生相当程度的感情。我们普遍地看到这种感情确实产生;因而,我们必然期待它产生。因此,在任何场合,我们发现这种感情没有产生,就十分激动。由此确立了这样一条一般准则:有着某种关系的人之间,总是应当有一定的感情;如果他们之间的感情不是这样,就一定存在最大的不合宜,有时甚至是某种邪行。身为父母而没有父母的温柔体贴,作为子女却缺乏子女应有的全部孝敬,似乎是一种怪物,不仅是憎恨的对象,而且是极端厌恶的对象。

虽然在特殊的场合,像人们所说的那样,由于某种偶然的原因，通常会产生那些天然感情的环境可能不会出现，但是，对于一般准则的尊重，常常会在某种程度上提供那些环境，并且，常常会产生某些感情——虽然它与处于上述环境的感情不完全相同，但同那些天然感情非常相似。一个父亲，对于自己的一个在幼年时代就因某种偶然的原因而不同他生活在一起，直到长大成人才回到身边来的孩子的喜爱程度容易减弱。这个父亲内心存在的对这个孩子的父爱会少一些，这个孩子对他父亲的孝敬也容易减轻。兄弟姐妹们如果在相隔遥远的国家里受教育，彼此的感情同样会减弱。然而，恭顺和有道德地考虑到上述一般准则，常常会产生和那些天然感情绝不相同但又非常相似的感情。即使是天各一方，父亲和孩子，兄弟们或姐妹们，彼此之间也绝不是漠不关心的。他们彼此把对方看成是应该给予某种感情和应该从那儿得到某种感情的人，并且，他们都生活在这样一种希望之中，那就是在这个或那个时候能在某种环境下享受那种自然产生于朝夕相处的人们中间的天伦之乐。在他们相聚之前，这个不在身边的儿子，这个不在身边的兄弟，常常是心中最喜爱的儿子和兄弟。他们之间从来不会有什么不和。如果有，这也在很久之前，像孩子的某种玩具那样不值得记忆而被遗忘。他们所听到的彼此之间的每一件事情，如果是由某些品质比较好的人转达的，都会使他们感到莫大的满足和高兴。这个不在身边的儿子，这个不在身边的兄弟，同其他一般的儿子们和兄弟们不一样，是一个十全十美的儿子，是一个十全十美的兄弟；同他们保持友谊或谈话时所能享受的愉快，成为其所怀抱的富有浪漫精神的希望。当他们相见时，他们常常会带着一种如此强烈的倾向去设想那种构成家人之间感情的习惯性的同情，以致他们非常容易认为自己确实抱有这种同情，并且彼此的行为像真有这种同情时一样。然而，我担心时间和经验常常会打破他们的幻想。在更加熟识之后，他们常常彼此发现，因为缺乏习惯性的同情，因为缺乏被合宜地称为家人感情的这种实际的动因和基础，对方的习性、脾气和爱好，同自己所期待的不一样。他们现在再也不能和睦相处了。他们从未生活在几乎必然促使他们和睦相处的环境之中，虽然他们现在还可能真诚地希望和睦相处，但是他们确实已经不可能这样做了。他们日常的谈话和交往，对他们来说，很快就变得乏味，因而不常进行了。他们可能继续生活在一起，彼此互相关照，表面上客客气气。但是，他们很少充分享受到在彼此长期和亲密地生活在一起的人们谈话中自然产生的那种由衷的愉快，那种可贵的同情，那种推心置腹的坦率和无所拘束。

然而，只是对守本分和有道德的人，上述一般准则才具有这种微弱的力量。对那些胡闹、放荡和自负的人，它完全不起作用。他们对它极不尊重，除了用最粗鄙的嘲弄口气谈论它之外，很少提及；而且，这种人少小时候的分离和长期的分居，肯定会使他们相互之间十分疏远。这种人对上述一般准则的尊重，充其量只能产生某种冷淡和矫揉造作的客套（它同真正的尊重相似之处极少）；即使这样，最轻微的不和，利益上微不足道的对立，也常使这种客套完全结束。

男孩子在相隔很远的著名学校里所受的教育、年轻人在远方的大学里所受的教育、女青年在遥远的修道院和寄宿学校里所受的教育，似乎从根本上损害了法国和英国上层家庭中的伦理道德，从而损害了家庭幸福。你愿意把你的孩子们教育成对他们的父母孝顺尊敬，对他们的兄弟姐妹们亲切厚道和富有感情的人吗？要使他们能够成为孝敬父亲的孩子，成为对兄弟姐妹们亲切厚道和富有感情的人，就必须在你自己的家庭中教育他们。他们每天会有礼貌懂规矩地离开自己父母的房子去公共学校接受教育，但要让他们经常住在家里。对你的敬重，必然经常会使他们的行为受到一种非常有用的限制；对他们的尊重，也常常会使你自己的行为受到有益的限制。确实，也许能够从所谓公共教育中得到的收获，不能对由这种教育引起的几乎是肯定和必然的损失有任何补偿。家庭教育是一种天然的教育制度；公共教育是一种人为的教育方法。断定哪一种可能是最好的教育方法当然没有必要。

在一些悲剧和恋爱故事中，我们见到过许多美丽和动人的场景，它们以所谓血缘关系的力量为根据，或者以这样一种奇妙的感情——人们认为亲人们因具有这种感情而彼此想念，即使在他们知道彼此有这种关系之前也是这样——为根据。然而，我担心这种血缘关系的力量除了在悲剧和恋爱故事中存在以外，并不存在于其他任何地方。即使在悲剧和恋爱故事中，这种感情也只存在于在同一个家庭中生活的那些人之间，即只存在于父母和子女之间、兄弟姐妹们之间。认为任何这种神秘的感情存在于堂表兄弟姐妹之间，甚或存在于婶婶叔伯和侄子侄女等等之间，都是大谬不然的想法。

在从事畜牧业的国家里，以及在法律的力量不足以使每一个国民得到完全的安全保障的所有国家里，同一家族不同分支的成员通常喜欢住在彼此邻近的地方。他们的联合对他们的共同防御来说通常是必要的。所有的人，从地位最高的到地位最低的，彼此都或多或少地有用。他们的和谐一致加强了他们之间的必要联系;而他们的不一致则总是削弱甚至可能破坏这种联系。他们彼此之间的交往比与任何其他家族成员的交往更为频繁。同一家族中即使关系最远的成员也有某些联系;因而,在其他一切条件相同的情况下其所期望得到的关注比没有这种关系的那些人要多。没有多少年之前,在苏格兰高地,酋长习惯于把自己部族中最穷的人看成是自己的堂表兄弟和亲戚。据说,在鞑靼人、阿拉伯人和土库曼人中,也存在着对同族人的广泛关注,并且,我认为,和本世纪初的苏格兰高地部族的社会状况几乎相同的所有其他民族中,也有这种情况。

在从事商业的国家中,法律的力量总是足以保护地位最低下的国民,同一家庭的后代,没有这种聚居的动机,必然会为利益或爱好所驱使而散居各地。他们彼此对对方来说很快就不再有什么价值;并且,只过几代,他们就不仅失去了相互之间的一切关怀,而且忘记了他们之间具有同一血缘,也忘记了他们祖先之间曾经具有的联系。在每一个国家里,随着这种文明状态建立的时间越来越长久和越来越完善,对远地亲戚的关心也越来越少。在英格兰,同苏格兰相比,这种文明状态确立的时间更为长久,也更为完善;相应地,远地的亲戚在后一国家受到的重视甚于前一国家,虽然在这一方面这两个国家的差别日益缩小。在每一个国家里,显赫的贵族们确实以记得和承认彼此之间的关系为荣,不管这种关系是多么疏远。对这些显赫亲戚的记忆,在相当大的程度上炫示了他们整个家族的荣耀。而且,这种记忆被如此小心地保存下来,既不是出于家族感情,也不是出于任何与这种感情相似的心理,而是出于那种最无聊最幼稚的虚荣。假如某一地位很低但关系或许近得多的男亲戚，敢于提醒这些大人物注意他同他们家庭的关系，那么这些大人物多半会告诉他，他们是糟糕的家系学者，不知道自己家庭的历史。恐怕我们不应指望所谓天赋感情会向那一方向有特别大的扩展。

我认为，所谓天赋感情更多地是父母和子女之间道德联系的结果，而不是想象的自然联系的结果。确实，一个猜疑心重的丈夫，常常怀着憎恨和厌恶情绪来看待那个不幸的孩子，这个孩子被他认为是自己妻子不贞的产物，尽管他和这个孩子在伦理上还是父子关系，尽管这个孩子一直在他的家庭中受教育。对他来说，这是一个最不愉快的冒险的永久标记，是他蒙受耻辱的永久标记，也是他的家耻的永久标记。

在好心的人们中间，相互顺应的必要和便利，常常产生一种友谊，这种友谊和生来就住在同一家庭之中的那些人中间产生的感情并无不同。办公室中的同事，贸易中的伙伴，彼此称兄道弟，并且常常感到彼此像真的兄弟一样。他们之间的情投意合对大家都有好处；而且，如果他们是一些有理智的人，他们自然倾向于和谐一致。我们以为他们应当这样做，并把他们之间的不和看成是一种小小的丑事。罗马人用“必要”(necessitudo)这个词来表示这种依附关系，从词源学的角度来看，它似乎表示这种依附是环境对人们的必要要求。

即使是住在同一区域中的人们的生活细节，也会对道德产生某种影响。我们不损害一个天天见面的人的面子，假若他从未冒犯我们。邻居们彼此可以给对方带来很大的便利，也可以给对方带来很大的麻烦。如果他们是品质良好的人，他们自然倾向于和谐一致。我们料想他们和谐一致；并认为一个不好的邻居是一个品质很坏的人。因而，邻居之间存在着某种微小的互相帮助，一般地说，这种帮助总是在任何没有邻居关系的人之先给予一个邻人。

我们尽可能多地迁就他人和求得一致的这种自然意向，我们认为在我们必须与其共处和经常交往的人们中间已经确定和根深蒂固的我们自己的情感、道义和感受，是对好朋友和坏朋友产生有感染力的影响的原因。一个主要与有智慧和有美德的人交往的人，虽然他自己既不会成为有智慧的人，也不会成为有美德的人，但不能不对智慧或美德至少怀有一定的敬意。而主要同荒淫和放荡之徒打交道的人，虽然他自己不会成荒淫和放荡的人，但至少必然很快会失去他原有的对荒淫和放荡行为的一切憎恶。或许，我们如此经常地看到的通过接连几代人的遗传产生的家庭成员品质上的相似，或许可以部分地归因于这种意向，同我们必须与其共处和经常交往的那些人求得一致的意向。然而，家庭成员的品质，像家庭成员的相貌一样，似乎不应全部归因于道德方面的联系，而应当部分地归因于血统关系。家庭相貌当然完全是由于后一种联系。

但是，对一个人的全部感情，如果完全是以对这个人高尚的行为和举动所怀有的尊敬和赞同为基础，并为许多经验和长期的交往所证实，则是最可尊重的感情。这种友情并不是来自一种勉强的同情，也不是来自这样一种为了方便和便利而假装和表现为习惯的同情，而是来自一种自然的同情，来自这样一种自然而然的感情——我们自己对这些人的依恋，是尊敬和赞同的自然而又合宜的对象,这种感情只能存在于具有美德的人之中。具有美德的人们只会认为彼此的行为和举止——无论何时,可以确信他们绝不会相互冒犯——完全可以信任。邪恶总是反复无常的;只有美德才是首尾一贯的和正常的。建立在对美德的热爱这个基础上的依恋之情,由于它无疑是所有情感中最有品德的,所以它也是最令人愉快的,又是最持久和最牢靠的。这种友情不必局限于一个人,而可以肯定它是一切有智慧和有美德的人都具有的,这些人是我们长期和密切交往的人,因此,我们可以完全信赖他们的智慧和美德。把这种友情局限在两个人身上的那些人,似乎把友情的明白确实同爱情的妒忌和放荡混淆起来了。年轻人轻率的、多情的和愚昧的亲昵行为,通常建立在同高尚行为完全没有联系的某些性格的细小相似之处上,或者建立在对于同样的研究对象、同样的娱乐活动和同样的消遣方式的某种情趣上,或者建立在他们对未被普遍采纳的某一奇特原则或观点的一致上。这种反常的朝三暮四的亲昵行为,无论在其存在时显得如何令人愉快,绝不应该冠以神圣的和令人肃然起敬的友情之称。

然而,在天性所指出的适于得到我们的特殊恩惠的所有人中间,似乎没有什么人比我们已经领受过其恩惠的人更适合得到我们的恩惠。把人们塑造成为了自己的幸福非常有必要彼此以仁相待的造物主,把每一个曾经对人们做过好事的人,变成人们特定的友好对象。虽然人们的感激并不总是同他的善行相称,但是,公正的旁观者对他那优良品德的看法,以及那种表示同感的感激,总是同他的善行相称。其他人对某些卑劣的忘恩负义者的普遍愤慨,有时甚至会加深对他的优良品德的全面认识。一个乐善好施的人从来没有全然得不到他那善行的结果。如果他并不总是从他应当得到它们的人们那里取得它们,他就很少忘记以十倍的增量从他人那里得到它们。好有好报;如果被同道热爱是我们热望达到的最大目的,那么,达到这个目的之最可靠的方法,是用自己的行为表明自己是真正热爱他们的。

无论是因为他们同我们的关系,还是因为他们的个人品质,或者是因为他们过去对我们的帮助,在他们成为我们善行的对象之后,他们并不确实应该得到我们那被称为友情的感情,而是应该得到我们仁慈的关怀和热情的帮助;这些人由于自己所处的特殊处境——有的非常幸福,而有的则十分不幸;有的富裕而有权力,而有的则贫穷而又可怜——而显得与众不同。地位等级的区别,社会的安定和秩序,在很大程度上建立在我们对前一种人自然怀有的敬意的基础上。人类不幸的减轻和慰藉,完全建立在我们怜悯后一种人的基础上。社会的安定和秩序,甚至比不幸者痛苦的减轻更为重要。我们对大人物的尊敬,极容易因其过分而使人感到不舒服;我们对不幸者的同情,极容易因其不足而使人感到不舒服。伦理学家们劝告我们要宽以待人和同情他人。他们警告我们不要为显贵所迷惑。这种迷惑力是如此强烈,以致人们总是愿成为富人和大人物,而不愿当智者和有美德者。天性作出明智的决断:地位等级的区别,社会的安定和秩序应当更可靠地以门第和财产的清楚和明显的差别为基础,而不是以智慧和美德的不明显并且常常是不确定的差别为基础。大部分人平凡的眼光完全能够察觉前一种差别,而有智慧和有美德的人良好的辨别力有时要辨认出后一种差别却有困难。在上述所有作为我们关心对象的事物的序列中，天性善良的智慧同样是明显的。

或许没有必要再陈述，那种由两个或更多的激起善行的原因的结合，会增进这种善行。在没有妒忌的场合，我们对显贵所必然产生的好感和偏爱，因其与智慧和美德的结合而得到加深。尽管大人物具有智慧和美德，他仍然会陷于那些不幸，那些危险和痛苦。地位最高的人所受的影响往往最深，而我们对他命运的深切关心，其程度会超过我们对具有同样美德而地位较低的人的命运所应有的关心程度。悲剧和恋爱故事中最有吸引力的主题是具有美德和高尚品质的国王和王子们所遇到的不幸。如果他们运用智慧和毅力，使自己从这种不幸之中解脱出来，并完全恢复他们先前的那种优越和安全的地位，我们就会不由自主地怀着最大的热情甚至是过度的赞赏之情来看待他们。我们为他们的痛苦所感到的悲伤，为他们的顺遂所感到的高兴，似乎结合在一起，增强了那种偏向一方面的钦佩——我们对他们的地位和品质自然怀有的钦佩情绪。

当那些不同的仁慈感情偶然趋于不同的意向时，用任何一种精确的准则来判定在什么情况下我们应当按某种感情行事，在什么情况下我们应当按另外一种感情行事，或许是完全不可能做到的。在什么情况下，友情应当让位于感激，或者感激应当让位于友情；在什么情况下，所有天生感情中最强烈的一种，应当让位于对那些优越者的安全——全社会的安定仰赖于他们的安全——的重视；在什么情况下，天生感情可以正当地胜过这种重视，都必须留待内心的这个人——这个设想出来的公正的旁观者，这个我们行为的伟大的法官和裁决者来决定。如果我们把自己完全放在他的位置上，如果我们真正用他的眼光并且像他看待我们那样来看待我们自己，如果我们专心致志，洗耳恭听他对我们的建议，他的意见就绝不会使我们受骗。我们不需要各种独断的准则来指导我们的行为。这些准则，常常不能使我们适应环境、品质和处境中的种种色调和层次，以及虽然不是觉察不到的，但是，由于它们本身的精细和微妙，常常是完全无法确定的各种差别和区分。在伏尔泰的那一动人的悲剧《中国孤儿》中，我们在赞美赞姆蒂——他愿意牺牲自己的孩子的生命，以保存已往的君主和主人们的唯一幸存的弱小后代——的高尚行为的同时，不仅原谅而且称赞艾达姆(Idame)的母爱，她冒着暴露自己丈夫重要秘密的危险，从鞑靼人的魔掌中取回自己的幼儿，送到曾解救过他的人手中。

第二章　论天性致使社会团体成为我们慈善对象的次序

用以指导把个人作为我们慈善对象的那种先后次序的这些原则，同样指导着把社会团体作为我们慈善对象的那种先后次序。正是那些最重要的或者可能是最重要的社会团体，首先和主要成为我们的慈善对象。

在通常的情况下，我们在其中生长和受教育，并且在其保护下继续生活下去的政府或国家，是我们的高尚或恶劣行为可以对其幸福或不幸产生很大影响的最重要的社会团体。于是，天性极其坚决地把它作为我们的慈善对象。不仅我们自己，而且，我们最仁慈的感情所及的一切对象——我们的孩子、父母、亲戚、朋友和恩人，所有那些我们自然最为热爱和最为尊敬的人，通常都包含在国家中；而他们的幸福和安全在一定程度上都依赖国家的繁荣和安全。因此，天性不仅通过我们身上所有的自私感情，而且通过我们身上所有的仁慈感情，使得我们热爱自己的国家。因为我们自己同国家有联系，所以它的繁荣和光荣似乎也给我们带来某种荣誉。当我们把它和别的同类团体进行比较时，我们为它的优越而感到骄傲，如果它在某个方面显得不如这些团体，我们就会在某种程度上感到屈辱。自己的国家在过去时代中所出现的那些杰出人物(不同于当代那些杰出人物，妒忌有时会使我们带上一点偏见去看待他们)，如勇士、政治家、诗人、哲学家、各种各样的文学家，我们倾向于带着具有极大偏向的赞美去看待他们，并且把他们排在(有时是最不公正地排在)所有其他民族的杰出人物之上。为了国家这个社会团体的安全，甚至为了它的荣誉感而献出自己生命的爱国者，表现出了一种最合宜的行为。他显然是用那公正的旁观者自然和必然用来看待他的眼光来看待自己。照这个公正的评判者看来，他只是把自己看成是大众中一个仅仅有义务在任何时候为了大多数人的安全、利益甚至荣誉而去牺牲和贡献自己生命的人。虽然这种牺牲显得非常正当和合宜，但是，我们知道，作出这种牺牲是多么困难，而能够这样做的人又是多么少。因此，我们不仅完全赞同、而且极其佩服和赞赏他的行为，并且，这种行为似乎应该得到可以给予最高尚的德行的所有赞扬。相反，在某种特殊情况下，幻想他能够通过把祖国的利益出卖给公敌来获得自己的一点私利的叛国者，无视内心这个人的评判，而极其可耻和卑劣地追求自己的利益而不顾所有那些同自己有血缘关系的人的利益的叛国者，显然是一切坏人中最可恶的人。

对自己国家的热爱常常使我们怀着最坏的猜疑和妒忌心理去看待任何一个邻国的繁荣和强大。独立和互相接界的国家，由于没有一个公认的权威来裁决相互之间的争端，彼此都生活在对邻国的持续不断的恐惧和猜疑之中。每个君主几乎不能期待从他的邻国那里得到正义，致使他毫无二致地这样对待他的邻国。对各国法律的尊重，或者对这样一些准则——一些独立国家声言或自称它们在相互交往时有义务遵守的准则——的尊重，常常只不过是装腔作势。我们每天可以见到，从最小的利害关系出发，各国动不动就无耻或无情地回避或直接违反这些准则。每个国家都预料或认为它预料到，自己被它的任何一个邻国不断增长的实力和扩张势力征服；这种民族歧视的恶劣习惯常常以热爱自己祖国的某种高尚想法为依据。据说老加图每次在元老院讲话时，不管演讲的主题是什么，最后的结束语总是："这同样是我的看法：迦太基应当被消灭。"这句话是一个感情强烈而粗野的人的爱国心的自然表现，这个人因为某国给自己的国家带来那么多苦难而激怒得近于发狂。据说，斯奇比奥·内西卡在他的一切演说结束时所说的更富有人性的一句话是："这也是我的看法：迦太基不应当被消灭。"这句话是胸襟更为宽阔和开明的一个人的慷慨表现，这个人甚至对一个宿敌的繁荣也不抱反感，如果它已衰落到对罗马不再构成威胁的地步。法国和英国可能都有一些理由害怕对方海军和陆军实力的增强。但是，如果两国妒忌对方国内的繁荣昌盛、土地的精耕细作、制造业的发达、商业的兴旺、港口海湾的安全和为数众多、所有文科和自然科学的进步，无疑有损于这两个伟大民族的尊严。

这些都是我们生活于其中的这个世界的真正的进步。人类因这些进步而得益,人的天性因这些进步而高贵起来。在这样的进步中,每个民族不仅应当尽力超过邻国,而且应当出于对人类之爱,去促进而不是去阻碍邻国的进步。这些进步都是国与国之间竞争的适宜目标,而不是偏见和妒忌的目标。

对自己国家的热爱似乎并不来自人类之爱。前一种感情完全不受后一种感情的支配,有时甚至似乎使我们的行动同后一种感情大相径庭。或许法国的居民数等于大不列颠居民数的近三倍。因此,在人类这个大家庭中,法国的繁荣同英国的繁荣相比好像应当是一个更重要的目标。然而,大不列颠的国民因此在一切场合看重法国的繁荣而不看重英国的繁荣,不能认为是大不列颠的好公民。我们热爱自己的国家并不只是由于它是人类大家庭的一部分;我们热爱它是因为它是我们的祖国,而且这种热爱同前面的理由全然无关。设计出人类感情体系的那种智慧,同设计出天性的一切其他方面的体系的智慧一样,似乎已经断定:把每个人主要的注意力引向人类大家庭的一个特定部分——这个部分基本上处在个人的能力和理解力所及的范围之内——可以大大地促进人类大家庭的利益。

民族的偏见和仇恨很少能不影响到邻近的民族。我们或许怯懦而又愚蠢地把法国称为我们当然的敌人。法国或许也同样怯懦而又愚蠢地把我们看成是当然的敌人。法国和我们都不会对日本或中国的繁荣心怀妒忌。然而,我们也很少能卓有成效地运用我们对这些遥远国家的友好感情。

最广泛的公共善行——这是通常可以相当有效地实行的——

是政治家们的善行。他们筹划和实现同邻国或距离不远的国家结成同盟，以保持所谓力量平衡，或者在与其谈判的一些国家的范围内保持普遍的和平和安定。然而，政治家们谋划和执行这些条约，除了考虑各自国家的利益之外，很少会有任何其他目的。确实，有时他们的意图更为广些。阿沃(Avaux)伯爵，这个法国全权大使，在签订蒙斯特条约时，甘愿牺牲自己的生命(根据雷斯[Retz]红衣主教，一个不轻易相信他人品德的人的要求)，以便通过签订条约恢复欧洲的普遍安定。威廉王似乎对欧洲大部分主权国家的自由和独立具有一种真正的热忱；或许这种热忱在很大程度上是由他对法国特有的嫌恶激发出来的，德国的自由和独立在威廉王时代大抵处于危险之中。同一种仇视法国的心情似乎部分地传到了安妮女王[1]的首相身上。

每个独立的国家分成许多不同的阶层和社会团体，每个阶层和社会团体都有它自己特定的权力、特权和豁免权。每个人同自己的阶层或社会团体的关系自然比他同其他阶层或社会团体的关系更为密切。他自己的利益，他自己的声誉，以及他的许多朋友和同伴的利益和声誉，都在很大程度上同他人有关联。他雄心勃勃地扩展这个阶层或社会团体的特权和豁免权；他热诚地维护这些权益，防止它们受到其他阶层或社会团体的侵犯。

每个国家的所谓国体，取决于如何划分不同的阶层和社会团体，取决于在它们之间如何分配权力、特权和豁免权。

国体的稳定性，取决于每个阶层或社会团体维护自己的权力、

[1] 安妮女王(1665—1714)，詹姆斯二世之女，1702—1714年为英国女王。

特权和豁免权免受其他阶层侵犯的能力。无论什么时候，某个阶层的地位和状况比从前有所上升或下降，国体都必然会被或大或小地改变。

所有不同的阶层和社会团体都依靠国家，从国家那里得到安全和保护。每个阶层或社会团体中最有偏见的成员也承认如下的真理：各个社会阶层或等级都从属于国家，只是凭借国家的繁荣和生存，它们才有立足之地。然而，要使他相信，国家的繁荣和生存需要减少他自己那个阶层或社会团体的权力、特权和豁免权，往往难以做到。这种偏心，虽然有时可能是不正当的，但是也许不会因此而毫无用处。它抑制了创新精神，它倾向于保持这个国家划分出来的各个不同的阶层和社会团体之间任何已经确立的平衡；当它有时似乎阻碍了当时也许是时髦和流行的政治体制的变更时，它实际上促进了整个体制的巩固和稳定。

在一般情况下，对自己国家的热爱，似乎牵涉到两条不同的原则：第一，对实际上已经确立的政治体制的结构或组织的一定程度的尊重和尊敬；第二，尽可能使同胞们的处境趋于安全、体面和幸福这个诚挚的愿望。他不是一个不尊重法律和不服从行政官的公民；他肯定也不是一个不愿用自己力所能及的一切方法去增进全社会同胞们福利的循规蹈矩的公民。

在和平和安定的时期，这两个原则通常保持一致并引出同样的行为。支持现有的政治体制，显然是维持同胞们的安全、体面和幸福处境的最好的办法，如果我们看到这种政治体制实际上维护着同胞们的这种处境。但是，在公众们有不满情绪、发生派别纠纷和骚乱时，这两个不同的原则会引出不同的行为方式，即使是一个明智的人也会想到这种政治体制的结构和组织需要某些改革，就现状而言，它显然不能维持社会的安定。然而，在这种情况下，或许常常需要政治上的能人智士作出最大的努力去判断：一个真正的爱国者在什么时候应当维护和努力恢复旧体制的权威；什么时候应当顺从更大胆但也常常是危险的改革精神。

对外战争和国内的派别斗争，是能够为热心公益的精神提供极好的表现机会的两种环境。在对外战争中成功地为自己的祖国作出了贡献的英雄，满足了全民族的愿望，并因此而成为普遍感激和赞美的对象。进行国内派别斗争的各党派的领袖们虽然可能受到半数同胞的赞美，但常常被另一半同胞咒骂。他们的品质和各自行为的是非曲直，通常似乎是更不明确的。因此，从对外战争中获得的荣誉，几乎总是比从国内派别斗争中得到的荣誉更为纯真和显著。

然而，取得政权的政党的领袖，如果他有足够的威信来劝导他的朋友们以适当的心情和稳健的态度（这是他自己常常没有的）来行事，他对自己国家作出的贡献，有时就可能比从对外战争中取得的辉煌胜利和范围极其广泛的征服更为实在和更为重要。他可以重新确定和改进国体，防范某个政党的领袖中那种很可疑和态度暧昧的人，他可以担当一个伟大国家的所有改革者和立法者中最优异和最卓越的人物；并且，用他的各种聪明的规定来保证自己的同胞们在国内得到好几个世代的安定和幸福。

在派别斗争的骚乱和混乱之中，某种体制的精髓容易与热心公益的精神混合，后者是以人类之爱，以对自己的一些同胞可能遭受的不便和痛苦产生的真正同情为基础的。这种体制的精髓通常倾向于那种更高尚的热心公益的精神，总是激励它，常常为它火上加油，甚至激励到狂热的程度。在野党的领袖们，常常会提出某种好像有道理的改革计划——他们自称这种计划不仅会消除不便和减轻一直在诉说的痛苦，而且可以防止同样的不便和痛苦在将来任何时候重现。为此，他们常常提议改变国体，并且建议在某些最重要的方面更改政治体制，尽管在这种政体下，一个大帝国的臣民们已经连续好几个世纪享受着和平、安定甚至荣耀。这个政党中的大部分成员，通常都陶醉于这种体制的虚构的完美，虽然他们并未亲身经历这种体制，但是，他们的领袖们用自己的辩才向他们进行描述时却给它涂上了极其炫目的色彩。对这些领袖本身来说，虽然他们的本意也许只是扩大自己的权势，但是他们中的许多人迟早会成为自己雄辩术的捉弄对象，并且同他们的极不中用和愚蠢的一些追随者一样，渴望这种宏伟的改革。即使这些政党领袖实际上像他们通常所做的那样，保持了清醒的头脑，没有盲从，他们也始终不敢使自己的追随者失望；而常常不得不在行动上做出他们是按照大家的共同幻想行事的样子，虽然这种行动同自己的原则和良心相违背。这种党派的狂热行为拒绝一切缓和手段、一切调和方法、一切合理的迁就通融，常常由于要求过高而一无所获；而稍加节制就大半可以消除和减轻的那些不便和痛苦，却完全没有缓解的希望了。

其热心公益的精神完全由人性和仁爱激发出来的那个人，会尊重已确立的权力甚至个人的特权，更尊重这个国家划分出来的主要社会阶层和等级的权力和特权。虽然他会认为其中某些权力和特权在某种程度上被滥用了，他还是满足于调和那些不用强大的暴力便常常无法取消的权力和特权。当他不能用理性和劝说来克服人们根深蒂固的偏见时，他不想用强力去压服它们，而去虔诚地奉行西塞罗正确地认为是柏拉图的神圣的箴言的那句话："同不用暴力对待你的父母一样，绝不用暴力对待你的国家。"他将尽可能使自己的政治计划适应于人们根深蒂固的习惯和偏见；并且，将尽可能消除也许来自人们不愿服从的那些法规的要求的不便之处。如果不能树立正确的东西，他就不会不屑于修正错误的东西；而当他不能建立最好的法律体系时，他将像梭伦[1]那样尽力去建立人们所能接受的最好的法律体系。

相反，在政府中掌权的人，容易自以为非常聪明，并且常常对自己所想象的政治计划的那种虚构的完美迷恋不已，以致不能容忍它的任何一部分稍有偏差。他不断全面地实施这个计划，并且在这个计划的各个部分中，对可能妨碍这个计划实施的重大利益或强烈偏见不作任何考虑。他似乎认为他能够像用手摆布一副棋盘中的各个棋子那样非常容易地摆布偌大一个社会中的各个成员；他并没有考虑到：棋盘上的棋子除了手摆布时的作用之外，不存在别的行动原则；但是，在人类社会这个大棋盘上每个棋子都有它自己的行动原则，它完全不同于立法机关可能选用来指导它的那种行动原则。如果这两种原则一致、行动方向也相同，人类社会这盘棋就可以顺利和谐地走下去，并且很可能是巧妙的和结局良好的。如果这两种原则彼此抵触或不一致，这盘棋就会下得很艰苦，而人类社会必然时刻处在高度的混乱之中。

[1] 梭伦，古代雅典政治改革家和诗人，传为古希腊"七贤"之一。

某种一般的甚至是有系统的有关政策和法律的完整的设想，对于指导政治家持何见解很可能是必要的。但是坚决要求实现这个设想所要求做到的一切，甚至要求一切都马上实现，而无视所有的反对意见，必然常常是蛮横无理的。这里想使他自己的判断成为辨别正确和错误的最高标准。这使他幻想自己成为全体国民中唯一有智慧和杰出的人物，幻想同胞们迁就他，而不是他去适应同胞们的要求。因此，在所有搞政治投机的人中，握有最高权力的君主们是最危险的。这种蛮横无理在他们身上屡见不鲜，他们不容置疑地认为自己的判断远比别人正确。因此，当这些至高无上的皇家改革者们屈尊考虑受其统治的国家的组成情况时，他们看到的最不合心意的东西，便是有可能妨碍其意志贯彻执行的障碍。他们轻视柏拉图的神圣箴言，并且认为国家是为他们而设的，而不是他们自己是为国家而设的。因此，他们的改革的伟大目标是：消除那些障碍；缩小贵族的权力；剥夺各城市和省份的特权；使这个国家地位极高的个人和最高阶层的人士成为像最软弱和最微不足道的人那样的无力反对他们统治的人。

第三章　论普施万物的善行

虽然我们有效的善良行为很少能超出自己国家的社会范围，我们的好意却没有什么界限，而可以遍及茫茫世界上的一切生物。我们想象不出有任何单纯而有知觉的生物，对他们的幸福，我们不衷心企盼，对他们的不幸当我们设身处地想象这种不幸时，我们不感到某种程度的厌恶。而想到有害的（虽然是有知觉的）生物，则自然而然地会激起我们的憎恨;但在这种情况下,我们对它怀有的恶意实际上是我们普施万物的仁慈所起的作用。这是我们对另外一些单纯而有知觉的生物——它们的幸福为它的恶意所妨害——身上的不幸和怨恨感到同情的结果。

这种普施万物的善行,无论它如何高尚和慷慨,对任何这样的人来说——他并不完全相信:世界上所有的居民,无论是最卑贱的还是最高贵的,都处于那个伟大、仁慈以及大智大慧的神的直接关怀和保护之下,这个神指导着人类本性的全部行为;而且,其本身不能改变的美德使他注意每时每刻在其行动中给人们带来尽可能大的幸福——只能是不可靠的幸福的源泉。相反,对这种普施万物的善行来说,他这种对于一个无人主宰的世界的猜疑,必然是所有感想中最令人伤感的;因为他想到在无限的、广大的无边的空间中人所未知的地方除了充满着无穷的苦难和不幸以外什么也没有。一切极端幸运的灿烂光辉,绝不能驱散阴影,从而上述十分可怕的悲观想法必然使想象出来的事物黯然失色;所有最折磨人的不幸所产生的忧伤,也不能在一个有智慧和有美德的人身上,消除他的愉快情绪——他之所以有这种愉快情绪肯定是由于他习惯性地完全相信与上述悲观看法相反的看法的真实性。

有智慧和有美德的人乐意在一切时候为了他那阶层或社会团体的公共利益而牺牲自己的私人利益。他也愿意在一切时候,为了国家或君权更大的利益,而牺牲自己所属阶层或社会团体的局部利益。然而,他得同样乐意为了全世界更大的利益,为了一切有知觉和有理智的生物——上帝本身是这些生物的直接主管和指导者——这个更大的社会的利益,去牺牲上述一切次要的利益。如果他出于习惯和虔诚的信念而深切地感到，这个仁慈和具有无上智慧的神，不会把对普天下的幸福来说是没有必要的局部的邪恶纳入他所管理的范围，那么，他就必须把可能落到自己身上、朋友身上、他那社会团体身上或者他那国家身上的一切灾难，看成是世界的繁荣所必需的，从而认为它们不仅是自己应当甘受的灾难，而且是——如果他知道事物之间的一切联系和依赖关系——他自己应当由衷地和虔诚地愿意承受的灾难。

对于宇宙伟大主宰意志的这种高尚的顺从，看来也没有超出人类天性所能接受的范围。热爱和信赖自己的将军的优秀军人们，开往他们毫无生还希望的作战地点，常常比开往没有困难和危险的地方，更为乐意和欣然从命。在向后一地方行军的途中，他们所能产生的情感只是单调沉闷的平常的责任感；在向前一地方行军的途中，他们感到自己正在作出人类所能作出的最高尚的努力。他们知道，如果不是为军队的安全和战争的胜利所必需，他们的将军不会命令他们开往这个地点。他们心甘情愿地为了一个很大的机体的幸福而牺牲自己微不足道的血肉之躯。他们深情地告别了自己的同伴，祝愿他们幸福和成功，并且不仅是俯首帖耳地从命，而且常常是满怀喜悦地欢呼着出发，前往指定的那个必死无疑但是壮丽而光荣的作战地点。任何一支军队的指挥者，都不能得到比宇宙的这个最大的管理者所得到的更为充分的信任、更为强烈和狂热的爱戴。无论对于最重大的国家的灾祸还是个人的灾难，一个有理智的人都应当这样考虑：他自己、他的朋友们和同胞们不过是奉宇宙的最大管理者之命前往世上这个凄惨的场所；如果这对整个世界的幸福来说不是必要的，他们就不会接到这样的命令；

他们的责任是，不仅要乖乖地顺从这种指派，而且要尽力怀着乐意和愉快的心情来接受它。一个有理智的人，确实应当能够做一个优秀的军人时刻准备去做的事情。

亘古以来，以其仁慈和智慧设计和制造出宇宙这架大机器，以便不断地产生尽可能大的幸福的那个神的意念，当然是人类极其崇敬地思索的全部对象。同这种思索相比，所有其他的想法必然显得平庸。我们相信，倾注心力作这种崇高的思索的人，很少不成为我们极为尊敬的对象；并且虽然他的一生都用来作这种思索，但是，我们所怀有的对他的虔诚的敬意，常常比我们看待国家最勤勉和最有益的官员时所怀有的敬意更进一步。马库斯·安东尼努斯主要针对这个问题所作的冥想，其使他的品质得到的赞美，或许比他公正、温和和仁慈的统治期间处理的一切事务所得到的更为广泛。

然而，对宇宙这个巨大的机体的管理，对一切有理智和有知觉的生物的普遍幸福的关怀，是神的职责，而不是人的职责。人们对他自己的幸福、对他的家庭、朋友和国家的幸福的关心，被指定在一个很小的范围之内，但是，这却是一个更适于他那绵薄之力、也更适合于他那狭小的理解力的范围。他忙于思考更为高尚的事情，绝不能成为他忽略较小事情的理由；而且，他必须不使自己受到这样一种指责，据说这是阿维犹乌斯·卡修斯[1]用来反对马库斯·安东尼努斯的或许是不公正的指责：在他忙于哲学推理和思考整个世界的繁荣昌盛时，他忽略了罗马帝国的繁荣昌盛。爱默

〔1〕 阿维犹乌斯·卡修斯，死于公元前42年，罗马大将及谋叛者。

想的哲学家的最高尚的思考，几乎不能补偿对眼前最小责任的忽略。

第三篇　论自我控制

按照完美的谨慎、严格的正义和合宜的仁慈这些准则去行事的人，可以说是具有完善的美德的人。但是，只靠极其正确地了解这些准则，并不能使人以这种方式行事：人自己的激情非常容易把他引入歧途——这些激情有时促使他、有时引诱他去违反他在清醒和冷静时赞成的一切准则。对这些准则的最充分的了解，如果得不到最完善的自我控制的支持，总是不能使他尽到自己的职责。

古代的一些最优秀的道德学家，似乎曾经把这些激情分成两种不同的类型来研究：第一，要求作出相当大的自我控制的努力来抑制的激情，甚至是片刻的激情；第二，容易在转瞬间，甚或在较短的时期内加以抑制的激情；但是，由于这种激情频繁地而且几乎是连续地进行诱惑，它们在人的一生中非常容易把人们引到偏差很大的歧路上去。

恐惧和愤怒，同与它们混合和有联系的其他一些激情一起，构成了第一种类型。对舒适、享乐、赞扬和其他许多只是使个人得到满足的事情的喜爱，构成了第二种类型。过分的恐惧和强烈的愤怒，常常难以抑制，甚至难以抑制片刻。对舒适、享乐、赞扬和其他许多只是使个人得到满足的事情的喜爱，总是容易抑制片刻，甚或一个较短的时期；但是，由于它们无休止的诱惑，它们常常把我们引入歧途，使我们陷入今后很有理由对此感到羞耻的许多弱点之中。前一种激情的趋向常常可以说是促使我们背离自己的职责，后一种激情的趋向常常可以说是引诱我们背离自己的职责。对前一种激情的控制，被上述古代的道德学家们说成是意志坚忍、刚毅和坚强。对后一种感情的控制，被他们说成是节制、庄重、谨慎和适度。

对上述两种激情中的每一种激情的控制本身，具有一种美的东西，为了这种控制本身，它似乎应该得到一定程度的尊敬和称颂。这种美的东西同从这种控制的效用中所得到的、同从这种控制能使我们在一切场合按照谨慎、正义和合宜的仁慈的要求采取的行动中得到的美无关。在一种情况下，这种努力所表现出来的力量和高尚激起了某种程度的尊敬和称颂。在另一种情况下，这种努力所表现出来的一致性、均等性和坚忍性，激起了某种程度的尊敬和称颂。

处于危险、痛苦之中，接近死亡之时，保持着同平时一样的镇定，并且隐忍不说同最公正的旁观者的看法不完全一致的话、也不作这样的表示的那个人，必然博得高度的钦佩。如果他为了人类和出于对自己国家的热爱，在争取自由和正义的事业中受难，对他的苦难最亲切的同情，对迫害他的人的不义最强烈的义愤，对他善良意图最深切的由衷的感激，对他的优点的最深刻的认识，都同对他高尚行为的钦佩融合和混杂在一起，并且常常激起这种情感，使其变成最热烈和狂热的崇敬。古代和近代史上人们抱着最特殊的喜爱和好感来回忆的英雄们，许多是这样一些人：他们在争取真理、自由和正义的事业中，在断头台上死去，并且在那儿表现出同他们的身份相称的那种自在和尊严。如果苏格拉底的敌人容许他在自己的床上平静地死去，那么对这个伟大的哲学家的称赞，便不可能获得那种使人眼花缭乱的光彩，这种光彩在后世的人士中一直可以看到。当我们浏览弗图(Vertue)和霍布雷肯(Houbraken)雕刻的杰出人物头像时，我想，在英国的历史上难得有这样的人：他并不感到，雕刻在一些最杰出的人物——托马斯·莫尔先生、雷利、罗素、西德尼等——头像下面的这把一直作为砍头标记的斧子，给附有这种标记的这些人物显示出某种真正的尊贵和情趣，这比他们从自己有时佩带的纹章这种无用的装饰物中所得到的更为优越。

这种高尚行为也不只是给无辜和具有美德的人们的品质增添光辉。它甚至使人对要犯的那些品质也产生一定程度的亲切的敬意；当一个盗贼或拦路强盗被带到断头台上时，他在那儿显得庄重和坚定，虽然我们完全赞成对他的惩罚，但是，我们常常不得不感到惋惜：一个具有这种优异和卓越的才能的人，竟然会犯下这样卑劣的滔天大罪。

战争是一个获得和锻炼这种高尚品质的大学校。如同我们所说的那样，死亡是最可怕的事情；克服了对死亡的恐惧的人，在任何其他的自然灾难临近时，都不会心慌意乱。在战争中，人们逐渐熟悉了死亡，从而必然会消除在意志薄弱和没有经过战争的人身上可以看到的那种迷信式的恐怖。他们只把死亡看成是生命的丧失，只把它看成厌恶的对象，正如生命恰巧是想望的对象那样。他们也从经验中知道，许多表面看来很大的危险，并不像它们所显现的那么大；通过振奋精神、开动脑筋和沉着应付，常常很有可能从最初看来没有希望的处境中光荣地解脱出来。对死亡的恐惧就这样大为减轻，而从死亡中逃脱的信心或希望则增强了。他们学会了不很勉强地使自己面对危险。当他们处在危险之中时，他们不那么急于摆脱，也不那么心慌意乱。正是这种对危险和死亡习惯性的轻视，使得军人的职业高尚起来，并且在人们的意识中，这种职业同其他职业相比显得更为高贵和体面。在为自己的国家服役期间，熟练和成功地履行军人的职责，似乎已经成为一切时代人们特别喜爱的英雄们的品质的最显著的特征。

巨大的军事上的勳业，虽然同一切正义原则相违背，并且丝毫没有人性，但是，有时也会引起我们的兴趣，甚至为指挥战争的毫不足取的人博得一定程度的尊敬。我们甚至对海盗们的业绩感到兴趣，怀着某种尊敬和钦佩的心情来读知一些微不足取的人的历史。他们在追逐最罪恶的目的时，与任何一般的历史课本或许能提到的情况相比，忍受了更大的艰辛，克服了更大的困难，遇到了更大的危险。

在许多场合，对愤怒的控制似乎没有对恐惧的控制那样高尚和崇高。在古代和现代的雄辩中，正义的愤慨的恰当表示构成了许多最好和最令人叹服的段落。雅典的狄摩西尼[1]痛骂马其顿国王的演说，西塞罗控告喀提林党徒的演说，从表达这种激情的高尚的合宜行为中导出了它们的全部妙处。但是，这种正当的愤怒，只不过是抑制并合宜地缓和到公正的旁观者能够给予同情的愤怒。超过这个界限的那种怒气冲冲的、喧闹的激情，总是讨厌和令

〔1〕 狄摩西尼(Demosthenes，公元前385？—公元前322)，古希腊演说家和政治家。

人不快的。使我们感兴趣的，不是这个发怒的人，而是作为他的愤怒对象的那个人。在许多场合，宽恕这种高尚的品质，甚或比最合宜的愤恨更为优越。在引起愤怒的一方作了合宜的谢罪时，或者即使他们完全没有作这样表示，在公众的利益需要与最可恨的敌人联合起来以便履行某项最重要的职责时，那个能够抛却一切敌意，对曾经最强烈地反对过他的人们表示信任和热诚的人，似乎应当得到我们高度的钦佩。

然而，对愤怒的抑制，并不总是显出这种绚烂的色彩。恐惧是愤怒的对立面，也常常是抑制愤怒的动机；在这种场合，动机的卑微消除了这种抑制的一切高尚性质。愤怒促使人们攻击对方，而纵容愤怒有时似乎显示出某种胆量和高于恐惧的品质。纵容愤怒有时是虚荣的对象，纵容恐惧却从来不是。爱好虚荣和意志薄弱的人，在他们的下级或不敢反对他们的人中间，常常装出一副激昂慷慨的样子，并且自以为他们也显示出了所谓气魄。恶棍常编造许多自己如何蛮横无理的谎言，并且想象自己因此会成为对他的听众来说如果不是一个和蔼可亲和值得尊敬的人，起码也是一个很可怕的人。现代的风气鼓励人们决斗，因而在一些场合可以说是鼓励私人复仇，这种风气或许在很大程度上使当今因恐惧而抑制愤怒变得更为可鄙。在对于恐惧的抑制之中，总有某些高尚的东西，不管这种抑制以什么动机为依据。对于愤怒的抑制则并非如此。除非这种抑制完全以体面、尊严、合宜的意识为基础，不然，绝不会得到完全的赞同。

按照谨慎、正义和合宜的仁慈的要求行事，在没有什么诱惑使我们不这样去做的情况下，似乎并不具有高贵的品质。但是，在巨大的危险和困难之中冷静审慎地行动；虔诚地奉行神圣的正义准则，不顾可以引诱我们违反这些准则的重大利益，也不顾可以激怒我们去违反这些法则的重大伤害；从不听任自己的仁慈的性情由于个别人的狠毒和忘恩负义而受到抑制和妨害——这种仁慈可能对这些人实施过，属于最高贵的智慧和美德这样的品质。自制不仅其本身是一种重要的美德，而且，所有其他美德的主要光辉似乎也源自自制。

对恐惧的抑制，对愤怒的抑制，总是伟大和高尚的自制力量。当它们为正义和仁慈所驱使时，不仅是伟大的美德，而且为其他美德增添了光辉。然而，它们有时也会受到截然不同的动机驱使；而且，在这种场合，虽然这种自我控制仍然是一种伟大的和值得尊敬的力量，但是，它们可能会是极端危险的力量。大无畏的勇猛可能被用于最不义的事业。在受到重大的挑衅时，表面上的平静和好脾气有时可能隐匿着非常坚决和残忍的复仇决心。为这种掩饰所必需的内心力量，虽然总是并且必然被卑劣的虚妄所玷污，但是常常受到不持卑劣看法的许多人的高度钦佩。梅迪契家族[1]中的凯瑟琳的掩饰功夫常常受到学识渊博的历史学家达维拉的称颂；迪格比勋爵及其后布里斯托尔伯爵的掩饰功夫，受到了严肃、认真的克拉伦敦勋爵的称颂；沙夫茨伯里伯爵（第一）[2]的掩饰功夫，受到了很有见识的洛克[3]先生的称颂。甚至西塞罗似乎也认为，这种欺骗确实不是非常高尚的品质，但也不是不适用于具有一定

---

〔1〕 梅迪契家族，15—16世纪意大利佛罗伦萨城中一有钱有势的家族。
〔2〕 沙夫茨伯里伯爵（1621—1683），英国政治家。
〔3〕 洛克（1632—1704），英国哲学家。

灵活性的行为方式，他认为，尽管如此，从总体来看，它还是可以赞同和尊重的。他以荷马著作中的尤利西斯[1]、雅典的地米斯托克利[2]、斯巴达的来山得[3]、罗马的马库斯·克拉苏[4]等人的品质作为这种欺骗的例子。这种隐秘和心计很深的欺骗经常出现在国内大乱之时，出现在激烈的党派斗争和内战之中。当法律在很大程度上变得无能为力的时候，当最清白无辜的人不能获得起码的安全保障时，为了保护自己，大部分人面对恰巧在那个时候占上风的任何政党，不得不采取随机应变、见风使舵和表面上顺从的态度。这种虚伪的品质，也常常伴有极其冷静的态度和毅然决然的勇气。其出色的运用以具有那种勇气为必需条件，正如死亡通常要通过某种检测来确定一样。它可以平常地用来加剧或减轻对立派别之间的那些深切的敌意，正是这种敌意使其成为必要。虽然它有时会有些用处，但是它至少同样可能是十分有害的。

对不很强烈和狂暴的激情的抑制，似乎更不容易被滥用到任何有害目的上去。节制、庄重、谨慎和适度，总是可爱的，而且不大可能被用于任何有害的目的。令人感到可爱的纯洁简朴这种美德，令人敬重的勤奋和节俭这些美德，来自和缓地实行自我控制这种坚持不懈的努力，获得了伴随它们的一切朴实的光彩。在幽僻而宁静的生活道路上行走的那些人，他们的行为从自我控制中获

---

〔1〕 尤利西利，希腊传说中伊萨卡之王，为荷马史诗《奥德赛》中的主人公，据传是特洛伊战争中智勇双全的英雄。

〔2〕 地米斯托克利(公元前 527？—公元前 460?)，雅典将军及政治家。

〔3〕 来山得(公元前？—公元前 395)，斯巴达将军及政治家。

〔4〕 马库斯·克拉苏(公元前 115？—公元前 53)，罗马将军，首任三执政之一。

得了属于这种行为的很大部分优美和优雅;这种优美和优雅,虽然不那么光彩夺目,但是,其令人喜爱的程度并不总是低于英雄、政治家和议员的显赫行为所伴有的那种优美和优雅。

在对自我控制的性质从几个不同的方面作了说明之后,我认为,没有必要再进一步详述这种美德。现在我只打算考察:合宜的程度,即公正的旁观者所赞成的任何激情的程度,是因激情的不同而不同的。对某些激情来说,过分比不足较少使人感到不快;而且这种激情所达到的合宜程度似乎较高,或者说,它更接近于过分这一头而不是不足这一头。对另一些激情来说,不足比过分更少使人感到不快;而且这种激情所达到的合宜程度似乎较低,或者说,它更接近于不足这一头而不是过分这一头。前者是旁观者最乐于表示同情的激情,后者是旁观者最不想表示同情的激情。前者也是其即时的感受或感觉合乎当事人心意的一种激情,后者则是其即时的感受或感觉不合当事人心意的一种激情。如下一点可以作为一条一般准则确定下来:旁观者最乐于表示同情的那种激情——因此,其所达到的合宜程度可以说是较高的——是其即时的感受或感觉或多或少合乎当事人心意的一种激情;相反,旁观者最不想表示同情的那种激情——因此,其所达到合宜程度可以说是较低的——是一种其即时的感受或感觉或多或少不合当事人心意的甚或使他厌烦的激情。这条一般准则,到目前为止在我所能作出的考察之中,还不容有一个例外。少数几个例子马上就能充分地说明这条准则并证明它的真实性。

有助于把社会上的人团结起来的内心感情的倾向,即仁爱、仁慈、天伦之情、友谊、尊敬的倾向,有时可能过分。然而,即使这种过分的感情，也会使得一个人为每一个人所喜欢。我们虽然责备这种过分的感情，但是，仍然同情地甚至是亲切地看待它，而从来不会厌恶它。我们对它的感受更多的是遗憾而不是愤怒。在许多场合，纵容这种过分的感情，对直接产生这种感情的人本身来说，不仅是愉快的，而且是饶有兴味的。确实，在某些场合，尤其在这种过分的感情施加到卑劣的对象身上(这是常有的事)时，常常使产生这种感情的人感到十分真切和出自内心的苦恼。然而，即使在这种场合，一个心地善良的人也会怀着最大的同情来看待他，并且对由于他软弱和轻率而矫揉造作地藐视的那些人感到极大的愤慨。相反，被叫做铁石心肠的这种感情的不足，当它使一个人对别人的感受和痛苦无动于衷的时候，同样使别人对他的感受和痛苦无动于衷；而且，由于把他排斥在世上一切人的友谊之外，也就把他排斥在社会上一切最好的和最舒适的享受之外。

使人们不相往来并且似乎有助于切断人类社会各种联系的内心感情的倾向，即愤怒、憎恨、妒忌、怨恨、仇恨的倾向，其过分较之不足更易使人感到不快。这种过分使一个人自己也感到卑劣和可耻，并且使他成为他人所憎恨的有时甚至是很可怕的对象。其不足却很少受到人们的埋怨。然而它可能是有缺陷的。缺乏正当的义愤是男子品质中最基本的缺陷，而且，在许多场合，这使一个男子没有能力保护他自己或他的朋友使之免受侮辱和侵害。甚至愤怒和憎恨这一本能本身，也是有缺陷的。过度的和方向不适当的愤怒和憎恨便是可恶可憎的妒忌。妒忌是这样一种激情，即以怀有恶意的厌恶心情来看待真正配得上他们所具有的一切优势的那些人身上的优势。然而，在大事情上温顺地容忍无从具备这种优势的其他一些人凌驾于自己之上或超越自己的人，被公正地指斥为没有骨气的人。这种软弱，通常可以在怠惰、有时可以在好脾气、在不爱与人作对、讨厌忙乱和恳求之中看到，有时也可以在某种不合时宜的宽宏大量之中看到，这种宽宏大量幻想它始终可以藐视它那时藐视的利益，于是就十分轻易地放弃了它。然而，继这种软弱之后到来的常常是极度的懊丧和悔恨；而且开始时表面上所具有的那种宽宏大量，到最后常常让位于最恶毒的妒忌以及对这样一些人身上优势的憎恨——这些人一旦获得了这种优势，便常常仅仅因为获得了这种优势而成为真正配得上这种优势的人。为了在世界上舒舒服服地生活，在所有情况下都有必要像维护自己的生命或财产那样，去维护自己的尊严和地位。

我们对个人的危险和痛苦的感受，像对个人的挑衅的感受一样，更容易因为它的过分而不是不足使人感到不快。没有一种品质比一个懦夫的品质更可鄙；没有一种品质比一个在最可怕的危险中无畏地面对死亡，并且保持着镇定和沉着的人的品质更值得赞美。我们尊敬以男子气概和坚定态度来忍受痛苦甚至折磨的人；我们几乎不能尊重在痛苦和折磨面前意志消沉，并且任性地作无谓的喊叫和妇人气的痛哭的人。对每个小小的不幸过于敏锐地感到的烦躁不安，把人变成一个他自己也感到可怜的人，变成一个他人感到讨厌的人。一个镇定沉着的人不允许内心的平静为人类日常生活进程中的小小伤害或微不足道的不幸事件所打扰；但是在侵扰世界的自然的和道德上的邪恶中，期待并甘于忍受来自两者的一点痛苦，对他本身来说是一幸事，也给他的所有伙伴带来舒适和安宁。

但是,我们对自己所受到的伤害和不幸的感受,虽然通常会非常强烈,但也可能非常薄弱。对自己的不幸几乎没有什么感受的人,对他人的不幸必然也总是没有什么感受,并且更不愿意去解除这些不幸。对自己蒙受的伤害几乎没有什么愤恨的人,对他人蒙受的伤害必然也总是没有什么愤恨,并且更不愿意去保护他人或为他人复仇。对人类生活中的各种事变麻木不仁,必然会消减对自己行为合宜性的一切热切而又诚挚的关注。这种关注,构成了美德的真正精髓。如果我们对自己的行为所能产生的结果漠不关心,则我们几乎不会挂虑这些行为的合宜性。感受到落在自己身上的灾难所带来的全部痛苦,感受到自己蒙受的伤害所具有的一切卑劣性质,而更强烈地感受到自己的品格所要求具有的那种尊严,并不听任自己受其处境必然会激发的那些散漫的激情所摆布,而是按照他内心的那个伟大居民、那个神一样的人所指定和赞许的那些受约束的和矫正过的情绪来支配自己的全部举止和行为,这样的一个人,才是真正具有美德的人,才是热爱、尊敬和钦佩的唯一真正的和合宜的对象。麻木不仁和那种高尚的坚定,即以尊严和合宜的意识为基础的高贵的自我控制,两者绝不是完全相同的,后者依前者的发生程度而变,在许多情况下,其所具有的价值会全然丧失。

虽然对于个人所遭到的伤害、对于个人的危险和不幸完全没有感受,会使自我控制的一切价值化为乌有,但是,上述感受却可能极易过分,而且常常是这样。当合宜感,或者内心这个法官的权能,能够控制这种极度的感受时,毫无疑问,那种权能必然显得非常高尚和伟大。但是,这种控制自己强烈感受的努力可能非常费劲，是很不容易做到的。一个人通过某种巨大的努力可能在行为上表现得完美无缺。但是，两种本性之间的争执，内心的思想冲突，可能过于激烈，以致不能始终保持内心的平静和愉快。造物主已经赋予他这种过于强烈的感受，而且他的这种感受并没有因早期的教育和适当的锻炼而大为减弱和变得冷酷的聪明人，将在职责和合宜性所许可的范围内，回避自己不能很好适应的境况。软弱和脆弱的感情使其对疼痛、苦难和各种肉体上的痛苦过于敏感的人，不会鲁莽地从事军人的职业。对伤害过于敏感的人，不会轻率地投身于派系之争。虽然合宜感会加强到足以控制所有那些感情，但内心的平静却总是在这种斗争中遭到破坏。在这样的骚扰中，判断并不总是能够保持平常的那种敏锐性和精确度；虽然他总是打算采取合宜的行动，但他常常会鲁莽和轻率地以一种他在自己今后的生活中将永远感到羞耻的方式行事。一定的刚毅、胆量和坚强的性格，不管是先天的还是后天的，对自我控制的一切高尚努力来说，无疑是最好的准备。

虽然战争和派系斗争肯定是形成每个人的坚强和坚定性格的最好的学校，虽然它们是医治一个人的同上述性格相反的懦弱的最好的药物，然而，如果考验他的日期，恰好在他完全学完他的课程之前来到，恰好在药物有时间产生它应有的疗效之前来到，其结果就不会令人满意。

我们对人类生活中的欢乐、娱乐和享受的感受，同样会因其过分或不足而有所不快。然而，两者之中，过分似乎不像不足那样使人感到不快。无论是旁观者还是当事人，对欢乐的强烈癖好，必然比对娱乐和消遣对象的麻木不仁更令人愉快。我们迷恋于年轻人的欢乐，甚至小孩子的嬉戏，而很快就对经常伴随着老年人的那种单调乏味的庄重感到厌烦。确实，当这种癖好并没有被合宜感抑制时，当它同时间或地点、同那个人的年龄或地位不相称时，当他沉迷于它以致忽视自己的利益和职责时，它就被正确地指责为过分，并且被说成对个人和社会都是有害的。然而，在大部分这样的场合，人们主要挑剔的，并不是对欢乐的极为强烈的癖好，而是合宜感和责任感的薄弱。对天然适合于他那年龄的消遣和娱乐不感兴趣，所谈论的只是书本和事业的一个年轻人，因刻板和迂腐而为人所讨厌；而且我们并不因他清心寡欲，甚至避开各种不合宜的纵情享乐，他对它们似乎没有多少爱好，而称赞他。

自我评价可能太高，也可能太低。高估自己是如此令人愉快，低估自己是如此令人不快，以致对个人来说无可怀疑的是：在某种程度上高估自己没有少许低估自己那样令人不快。但是，那个公正的旁观者的看法也许会截然不同。对他来说，低估自己必然总是没有高估自己那样令人不快。就我们的同伴而言，我们更经常抱怨的无疑是其自我评价过高而不是不足。当他们摆出一副凌驾于我们之上的样子或者把自己摆在我们前面时，他们的自我评价就伤害了我们的自尊心。我们的自尊和自负促使我们去指责他们的自尊和自负，而且我们不再充当他们行为的公正的旁观者。然而，如果这些同伴容忍其他任何人在他们面前假装他具有并不属于他的某一优点，我们就不仅责备他们，而且常常把他们当作为卑劣的人加以鄙视。相反，如果他们在其他人中间竭力争取使自己再靠前一点，接着爬到我们认为同他们的优点不相称的很高的地位，那么，虽然我们不可能完全赞成他们的行为，但总的来说，我们常常会对此感到高兴;而且,在无所妒忌的情况下,我们对于他们所感到的不快,几乎总是大大少于如果他们容忍自己被贬到低于自己应有的地位我们就会感到的那种不快。

在评价我们自己的优点,评判我们自己的品质和行为方面,具有两种不同的、我们必然据以衡量它们的标准。一种是完全合宜和尽善尽美的观念,这是我们每个人都能够理解的观念。另一种是接近于这种观念的标准,通常是世人所能达到的标准,是我们的朋友和同伴、对手和竞争者中的大部分或许实际上已经达到的标准。我们在试图评价自己时,很少(我倾向于认为从来没有)不或多或少地注意到这两种不同的标准。但是,各种各样的人的注意力,甚至同一个人在不同时间的注意力,常常极为不同地在它们之间分配,有时主要是指向前一种标准,有时主要是指向后一种标准。

当我们的注意力指向前一种标准时,我们中间最有智慧和最优秀的人,在自己的品质和行为中所能见到的只是缺点和不足;除了能找到许多理由来表示谦卑、遗憾和悔改以外,找不出什么理由来妄自尊大和自以为是。当我们的注意力指向后一种标准时,我们可能受到这样或那样的影响,感到自己真正处在我们用来衡量自己的那个标准之上或之下。

具有智慧和美德的人把他的主要注意力集中于前一种标准——完全合宜和尽善尽美的观念。每一个人的心中都存在这种观念,它是人们根据对自己和他人品质行为的观察逐渐形成的。这是内心这个伟大的神一样的人,这个判断行为好坏的伟大的法官和仲裁者缓慢、循序渐进和逐步进行加工的作品。每个人都或多或少地准确地掌握这种观念，根据为此作出的那些观察的感受的细微程度和精确程度，根据进行这种观察的专心程度和注意力的大小，所掌握的这种观念在色彩上或多或少是协调的，所勾画出来的轮廓或多或少是逼真的。具有智慧和美德的人，生来就赋有极其精确和细微的感受能力，他们在进行这种观察时，倾注了全部心力。轮廓上的特征天天有所改进，色彩上的瑕疵天天有所改正。他比其他的人更加努力地探索这种观念，他更加深入地理解了它，他在自己的心中形成了某种更加正确的概念，而且更加深切地迷恋于它那优雅而神妙的美。他尽其所能地按照那个完美的模型来塑造自己的品质。他临摹那个非凡的画家的作品，但他绝不能临摹得一模一样。他感到自己一切最大的努力中存在着不够完美的地方，并忧伤和苦恼地看到人造的复制品有多少地方不同于神造的原物。他怀着关切和羞耻的心情回忆起，自己是如何常常由于缺乏注意力，缺乏良好的判断力和性情，从而在言语和行动、行为和谈吐上，违反这些严格的完全合宜的法则；并且就这样偏离了那个他愿意据以改变自己品性和行为的模型。确实，当他把自己的注意力指向第二条标准时，指向他的朋友和熟人通常能达到的那种完美程度时，他可能意识到自己身上的长处。但是，由于他主要的注意力总是指向前一条标准，他从与前一条标准的对比中所受到的贬抑，必然远甚于从与后一条标准的对比中可能得到的抬高。他从来不如此洋洋得意以致甚至傲慢地看不起真正不如他的那些人。他十分清楚地感到自己的不足，他十分清楚地知道自己在做出那个跟正确模型约略相似的复制品时所遇到的困难，因而他不会抱着轻视的态度来看待他人更大的不足。他绝不以其卑贱而凌辱他们，而是怀着最宽容的同情心去看待他们，并且，乐意以自己的劝告和实例，在一切时刻促使他们进一步提高。如果，在某种特定的条件下，他们偶然胜过他（谁的品质能如此完美无缺以致不会有不少人在许多不同的条件下会胜过他呢?），他绝不去妒忌他们的长处，他知道，超过自己是多么不容易，因而他对他们的长处表示尊重和敬意，并且必然给予它们以应得的高度赞许。总之，那种真正谦虚的品质，非常谦逊地估计自己的优点、同时充分认识他人优点的品质，在他的全部心田里留下了深刻的印象，在他一切行为和举止上刻下了显著的印记。

在所有自由和有独创性的艺术中，在绘画、诗歌、音乐、雄辩和哲学中，最伟大的艺术家总是感到他自己最好的作品中存在着真正的不足之处，他比任何人更清楚地认识到，这些作品同他观念中的完美作品相比存在着很大的差距，对于这种完美作品他已经形成了某种观念，他尽其所能地模仿它，但是他不能指望自己能模仿得一模一样。只有次等的艺术家才对自己的成就感到非常满足。他对那个观念中的完美无缺几乎没有形成什么概念，他对这种概念几乎不加考虑；而且，他屈尊用来同自己的作品进行比较的，主要是其他艺术家的作品，或许还是更次一等的艺术家的作品。布瓦洛〔1〕，这个伟大的法国诗人（他的某些作品或许并不比古代或现代的同类优秀诗歌差）常常说：没有一个伟大人物曾经对自己的作品感到十分满意。他的老朋友桑托伊尔（一个拉丁诗作家，因创作了一些只具中学生水平的作品而喜欢幻想自己是一个诗人）却

〔1〕 布瓦洛（1636—1711），法国评论家及诗人。

装出一副总是对自己的作品十分满意的样子。布瓦洛用某种可能是狡黠的双关语来回答他:他当然是这方面有史以来唯一伟大的人。布瓦洛在评价自己的作品时,是用他那诗歌领域里某种观念上的完美的标准来加以对比的。我相信,他尽了一个人所能作出的最大努力,来深刻地思考这个观念上的标准,来精确地把它想象出来。我认为,桑托伊尔在评价自己的作品时,主要是用他那个时代其他一些拉丁诗人的作品来加以对比的。对这些人中的大多数来说,他的水平当然是不低的。但是,如果可以这样说的话,使整个一生的行为和谈吐始终如一地和这种观念上的完美有些相像的话,确实要比渐渐做成任何一个精微艺术品的复制品困难得多。艺术家总是以其全部技能、经验和知识的充分掌握和重新整理,从容不迫地坐下来从事他那宁静的工作。聪明人在健康时和患病时、在成功时和失意时、在劳累和懒懒散散时、也在最清醒时,都必定保持自己行为的合宜性。极其突然和出乎意料的困难和不幸的袭击绝不会使他惊骇。他人的不义绝不会惹得他采取不义行动。激烈的派系斗争绝不会使他惊慌失措。战争的一切艰难险阻绝不会使他沮丧和胆寒。

在以其很大部分的注意力指向第二条标准、指向他人通常得到的那种平常程度的优良品质,以评价自己的优点,判断自己的品质和行为的人们中间,有一些人真实和正确地感到自己的所作所为大大超过了这条标准,这一点也为每个富有理智和没有偏见的旁观者所承认。然而,这些人的主要注意力总是指向一般的完美标准而不是观念上的完美标准,他们很少意识到自己的缺点和不足;他们几乎谈不上什么谦虚;他们常常是傲慢、自大和专横的;他们还是那种最喜欢赞美自己和小看别人的人。虽然他们的品质一般说来是很不端正的，而且他们的优点不具有真正谦虚美德的人所具备的那种优点，但是，他们那以极端的自我赏识为依据的极端的自以为是，迷惑了民众，甚至常常使比民众高明得多的那些人受到欺骗。民间和宗教界最没有学问的冒充内行的人和骗子经常并且是令人惊奇的成功，足以说明民众是多么容易为最放肆和没有根据的各种自我吹嘘所欺骗。而且，当这些自我吹嘘为某种高度真实和实在的优点所维护时，当它们因为夸示卖弄所能给与的一切光彩而变得炫耀夺目时，当它们得到地位很高和拥有巨大权力的人物的支持时，当他们常常吹牛成功并且为此博得民众的高声喝彩时，即使能清醒地作出判断的人也常常沉湎于众口交赞之中。正是这种愚蠢的喝彩声常常起到使他那悟性发生混乱的作用。而且当他只是从某一远处观察那些伟大人物时，他常常倾向于怀着某种真诚的钦佩心情去敬仰他们，甚至怀着比那些人所显示的自我尊崇更强烈的尊崇心情去敬仰他们。在不存在妒忌的场合，我们都乐于表示钦佩，并且因此而在自己的心意中，自然而然地倾向于把在许多方面非常值得赞美的那些品质，变得在一切方面都十全十美。或许这些伟大人物过分的自我赞美是很容易理解的，甚至被十分熟悉他们并且对这些目空一切的自我吹嘘——不接近他们的人常常怀着尊重、而且几乎是崇敬的心情来看待它——一笑置之的那些聪明人抱着某种程度的嘲笑态度看透。然而，在所有时代中都有这种情况：大部分名噪一时、信誉卓著的人，其名声和信誉也常常在相隔最远的后代中变得一文不值。

如果没有一定程度的这种过度的自我赞赏，就很少能取得人世间的伟大成就，取得支配人类感情和想法的巨大权力。最杰出的人物，完成了最卓越行动的人，在人类的处境和看法方面引起了极其剧烈的变革的人；成就巨大的战争领导人，最伟大的政治家和议员，人数最多和取得最大成功的团体和政党的能言善辩的创始人和领袖，他们中间的许多人不是因为他们所具有的很大的优点，而是因为某种程度的，甚至同那种很大的优点完全不相称的自以为是和自我赞赏，而崭露头角。或许，这种自以为是，不仅是驱使他们去从事头脑冷静的人绝不想从事的一项事业所必需的，而且是驱使他们去博得追随者们的服从和忠顺，使其在这项事业中支持他们所必需的。因此，当他们屡获成功时，这种自以为是常常诱使他们迷恋虚荣，这是一种几乎接近疯狂和愚蠢的虚荣。亚历山大大帝不仅希望别人把他看成是一个神，而且起码很想把自己看成是这样一个神。他在临终时，完全不像神做的那样，要求他的朋友把他列入人们尊敬的神的名单——他自己很早以前就开列的名单，他那年迈的母亲奥林匹娅(Olympia)或许也荣幸地被列入了。在他的追随者和门徒们充满敬意的赞美声中，在公众普遍的赞扬声中、人们仿照神谕(或许是跟着这种赞扬声)，宣告他是最有智慧的人，是最伟大的苏格拉底式的贤人。虽然这个神谕已不容他自命为神，但其威力尚不足以阻止他幻想从某个无形而非凡的神那里得到神秘而频繁的提示。恺撒的头脑没有健全到足以阻止他非常愉快地认为自己是女神维纳斯的家谱中的一员；而且，在这个被他说成是自己曾祖母的维纳斯的神殿前，当罗马元老院这个显赫的机构把一些过高的荣誉作为天命授予他的时候，他没有离开座位去接受。这种目空一切同几乎是充满孩子气的爱好虚荣的其他一些行为结合在一起——这种孩子气的爱好虚荣是几乎不能马上凭借非常敏锐和广泛的理解力想象出来的——似乎加剧了公众的猜忌,从而增加了他的刺客的胆量,加速了他们的密谋的实施。当代的宗教和风俗很少鼓励我们的伟大人物自命为神,甚或自命为预言家。然而,成功同公众强烈的爱戴结合在一起,使得一些最伟大的人物晕头转向,以致把大大超过自己真正具有的价值和能力归于自己;而且,由于这种自以为是,促使自己从事许多轻率的有时具有毁灭性后果的冒险活动。伟大的马尔伯勒公爵所取得的几乎没有一个平常人能够自夸的那一10年不间断的辉煌胜利,并没有诱使他做出一个轻率的举动,说一句轻率的话或显示出一种轻率的表情。这几乎是他所独有的特性。我想,不能说后世另外一些伟大的战争领导人——尤金王子、已故的普鲁士国王、伟大的孔代亲王甚至古斯塔夫二世——也具备这种适度的冷静和自我控制。蒂雷纳似乎最接近于这种品质,但是,他一生中所处理的几件不同的事情足以表明,他身上的这种品质并没有马尔伯勒公爵身上的那种完美。

在平民百姓的小小打算中,同样也在高层人士的雄心勃勃和勇敢的追求中,巨大的才能和成功的计划起初常常怂恿人们去从事最后必然导致破产和毁灭的事业。

每一个公正的旁观者对勇敢、宽宏大量和品格高尚的那些人的真正优点所表示的尊敬和钦佩,是一种恰如其分和有充分根据的情感,所以也是一种稳固和持久的情感,并同他们命运的好坏完全无关。而这个旁观者对他们过分的自我评价和自以为是所易于产生的那种钦佩,是另外一回事。当他们取得成功时,他确实常常被他们完全征服和制服。成功遮住了他的眼睛,不仅使其不能看到他们事业中的许多轻率鲁莽之处,并常常使他不能看到他们事业中的许多不符合正义的地方;而且使他对他们品质中的缺陷不加挑剔,而常常抱着极其热烈的钦佩态度去看待它。然而,如果他们时运不济,各种事情的面目和名声就会大大不同。过去认为是英雄式的宽宏大量的行为,恢复了过分轻率鲁莽和愚蠢所应该有的名声;过去隐藏在繁荣景象后面的那些贪婪和不义的邪恶的东西,现在暴露无遗,并且损害了他们事业的一切声誉。如果恺撒在法萨卢斯战役中不是取得胜利而是遭到失败,这时他的品质就会被贬低到只比喀提林[1]稍好一点的程度,而且最愚钝的人也会用甚或比当时加图所具有的一个党徒看待恺撒的事时具有的全部敌意更为邪恶的情调,把这种事业看成是反对国家法律的行径。恺撒真正的美德——正当的爱好、简明而高雅的文笔、合宜的修辞、娴熟的指挥战争的能力、对付不幸事件的才略、面临危险时显示出的冷静和镇定的判断能力、对朋友忠诚的感情、对敌人无比的宽宏大量,这些都为人们所公认,同喀提林他具有许多高尚的品质的真实优点在当时为大家所公认一样。但是,他妄图夺取一切的野心所表明的那种目空一切和不义,将使所有那些真实优点黯然失色。在这方面和其他一些已经提到的方面,命运对人类的道德情感具有重大的影响。而且,根据境遇的有利或不利,能使同样的品质变成普遍爱戴和钦佩的对象,或者变成普遍憎恨和蔑视的对象。然而,人类道德情感的这种巨大的失调,并非毫无用处;在这里和在

〔1〕 喀提林(公元前108? —公元前62),罗马政治家和谋叛者。

其他许多场合一样,甚至在人类的弱点和邪恶方面,我们也可能赞佩上帝的贤明。我们对成功的钦佩,同我们对财富和地位的尊敬一样,是以同一原则为基础的,它对于确立各阶层之间的区别和社会的秩序同样是必要的。这种对于成功的钦佩,引导我们较为平静地去顺从人类事务的发展进程向我们指出的那些优胜者;引导我们以一种尊重、有时甚至是尊敬的心情来看待那种再也不能抗拒的能带来幸运的暴力,不仅是像恺撒或亚历山大大帝那种杰出人物的暴力,而且常常是最蛮横和残暴的人,如阿提拉[1]、成吉思汗或帖木儿[2]等人的暴力。对所有这些强大的征服者,人类之中的大部分人必然倾向于带着一种惊奇的、虽则无疑是不充分和愚蠢的钦佩心情来看待他们。这种钦佩引导他们不很勉强地顺从某种不可抗拒的力量对自己的统治,而且没有一种反抗能把他们从这种统治中解救出来。

虽然自我评价过高的人在顺利时,有时似乎会比具有端正和谦虚的美德的人得到更多的好处;虽然群众的赞扬声,以及那些从远距离来观察他们双方的人所发出来的赞扬声,其对前一种人发出的常常比对后一种人发出的更为响亮;但是,从各方面加以公正的估量,或许在所有场合,两相比较,真正大为有利的是后一种人而不是前一种人。那个既不把除了自己所真正具有的优点之外的任何其他优点都归于自己,也不希望别人把这种优点归于他的人,并不担心丢脸,并不害怕暴露真相,而是对自己品质名副其实的真

---

〔1〕 阿提拉(406? —453)于 433? —453 年为匈奴王,被称为上帝之鞭。

〔2〕 帖木儿(1336? —1405),蒙古将领,征服自伏尔加河到波斯湾地区。

实性和稳定性感到满意和安心。钦佩他的人可能不太多,他们的赞扬声也可能不很响亮;然而在其近旁观察他和极其深刻地了解他的那个最聪明的人,对他的赞扬最为热烈。一个真正的智者,对另外一个智者对他的审慎而恰如其分的赞美,比对一万个人对他的虽则热情然而出于无知的嘈杂的赞扬声,更感到由衷的满足。这个智者可能提到巴门尼德[1]:他在雅典的一次群众集会上宣读一篇哲学演讲时,看到除了柏拉图一人外,其他所有的听众都已离他而去,他还是继续宣读下去,并且说,只有柏拉图一个听众,我就心满意足了。

对自我评价过高的人来说,情况就不是如此。在其近旁观察他的那些明智的人,对他的赞美最少。在他陶醉于自己的成就时,他们对他表示的适度和恰当的敬意远远不及他那过度自我赞赏,因而他只把他们的敬意当成是某种恶意和妒忌。他猜疑自己那些最好的朋友。他对同他们交往感到不快。他把他们从自己身旁赶走,而且对他们为自己做的好事的报答,不仅常常采取忘恩负义的态度,而且常常是冷酷的和不公正的。他轻易地信任那些表面上迎合他的虚荣心和自大心理的奉承拍马的人和叛徒卖国贼,而且早先那些虽然在某些方面有缺点但是总的说来还是可亲可敬的人,最终变成了他所轻视和讨厌的人。在陶醉于自己的成就时,亚历山大大帝杀死了克莱特斯(Clytus),因为他想把自己父亲菲利普开拓疆界的功绩占为己有;他使卡利斯塞纳斯(Calisthenes)受尽折磨而死。因为后者拒绝按照波斯方式来崇敬他;他还因为对

[1] 巴门尼德,公元前5世纪的希腊哲学家。

父亲的好朋友、年高德劭的帕尔梅尼奥(Parmenio)产生毫无根据的猜疑而谋杀了他;其后先是使这个老人唯一存活的儿子——其余的儿子都在为亚历山大效劳时死去——受折磨,然后把他送上断头台。菲利普提到帕尔梅尼奥时常常说,雅典人非常幸运,每年能找到十个将军,而他自己在一生中除了帕尔梅尼奥之外找不到第二个这样的人。信赖帕尔梅尼奥的警戒防范和心无旁骛,菲利普在任何时候都可以安然入睡。他在高兴和欢宴时常常说:让我们干杯吧,朋友们,我们可以安然无虞地畅饮,因为帕尔梅尼奥从来不喝酒。据说,就是由于这个帕尔梅尼奥的干预和筹划,亚历山大大帝赢得了一切胜利;如果没有他的干预和筹划,亚历山大大帝就绝不会获得一次胜利。而那些恭顺的、赞声不绝的和奉迎拍马的朋友,他们拥有亚历山大给予的仅次于他的势力和权限,瓜分了他的帝国,甚而在劫走了他的家庭成员以及同这些成员有血统关系的亲属之后,不论男女,一个接一个地加以杀害。

对于具有比平常人更多和更卓越的长处的那些杰出人物的过高自我评价,我们不仅常常加以宽恕,而且常常完全加以体谅和同情。我们把他们看作勇敢的、宽宏大量的和品格高尚的人,用到他们身上的所有这些词语,意味着高度的赞扬和钦佩。但是,我们不能体谅和同情这样一些人过高的自我评价,在这些人身上,我们看不出什么超人之处。我们对他们过高的自我评价感到讨厌和憎恶,要我们加以原谅或容忍会有一些困难。我们把它称为骄傲和虚荣——用到他们身上的这两个词语中的后一个词总是意味着严厉的责备,前一个词也在很大程度上含有这个意思。

那两个罪名,虽然用来在某些方面制约过高的自我评价时是相似的，但是在许多地方，两者是大不相同的。

骄傲的人由衷地并且在自己的心灵深处确信自己身上的长处；虽然要去猜测这种确信以什么为基础有时可能是困难的。他希望你只用他把自己置于你的地位时真正能用来看待他自己的那种眼光来看待他。他向你提出的要求，只是他认为是正当的要求。如果你显然没有像他尊重自己那样去尊重他，他就会比受到屈辱更为不快，并且像受到某种真正的伤害那样感到愤愤不平。但是，甚至在那时，他也不会屈尊说明自己提出那种要求的理由。他不屑于求得你的尊敬。他还装作蔑视它，并努力保持自己虚假的身份，甚至不使你意识到他的优越从而意识到自己的低劣。他甚或不愿激起你对**他本人**的尊敬，从而伤害你对**你自己**的尊敬。

爱好虚荣的人并不是由衷地、并且在自己的心灵深处简直不相信自己真的具有他希望你归于他的那种长处。他希望你用来观察他的眼光比这种眼光——他把自己放到你的位置上，并假定你了解他所了解的一切时，他真正能用来观察自己的眼光——带有更为鲜明的感情色彩。因此，当你像是以不同的观点，或许是以他本来的面目来观察他时，他会比遭到伤害更感到不快。他抓住一切机会，通过极其夸张和极其不必要地显示他所具有的一些还算可以的优良品质和才能，有时甚至通过虚伪地夸示他具备或者没有具备或者具备得如此之少以致完全可以说他丝毫未曾具备的那些品质和才能，来展示自己提出希望你归于他的那种品质的要求的理由。他非但不轻视你的敬意，而且用使你极为不安的照顾来博取它。他非但不想压抑你的自我评价，而且适当地维护它，以期你用维护他对自己的评价来作为回报。他奉承你是为了得到奉承。他对你彬彬有礼，大献殷勤，有时甚至向你提供真正和实在的帮助（虽然往往是以此夸耀自己，或许还带有不必要的卖弄的味道），努力使你感到愉快，努力收买你，使你对他有一个好的看法。

爱好虚荣的人看到人们对地位和财产的敬意，很想得到这种敬意，也很想得到人们对才能和美德的敬意。因此，他的服饰、用具和生活方式，全都用来显示他具有比实际属于他的更高的地位和更多的财产。为了在他一生的早期阶段维持几年这种愚蠢的欺骗，他常常在这种状况终止以前长期陷于贫穷和不幸之中。然而，只要他能维持他的开支，他的虚荣心总是由于自我欣赏而得到满足，他不是在用如果你了解了他所了解的一切你会用来观察他的那种眼光来观察自己，而是在用他设想你受到他服饰的引诱而实际用来观察他的眼光来观察自己。在虚荣心所引致的一切幻觉之中，这或许是最常见的一种。到国外去访问的无名之辈，或者从一个僻远的省份到自己国家的首都作一次短期访问的人，常常试图以此满足自己的虚荣心。这种企图的愚蠢，虽然总是彰明较著的，虽然对一个有理智的人来说是极其卑劣，但是在这里，也许完全不像在其他大多数场合所表现出来的那样明显。如果他们逗留的时间不长，就可能避免不光彩地被别人察觉；而且，在几个月或几年的时间内满足了自己的虚荣心之后，他们可以回到自己的家里，用今后极度的节俭来弥补过去的挥霍所造成的浪费。

骄傲的人很少会因这种愚蠢而受人指责。他的自尊心使得他小心翼翼地保持自己的独立，并且，当他的财产恰好不多时，虽然他愿意过像样一些的生活，但他还是努力在一切开销中坚持节俭和谨慎用钱。他极其讨厌爱好虚荣的人的那种讲排场的花销。或许，这种开支会使他相形见绌。作为某种身份绝不应有的僭越，这种开支激起了他的愤怒；他谈到它时所作的责骂从来是极其刺耳和严厉的。

在同那些和自己地位相等的人们相处时，骄傲的人总是感到不那么舒服；在同地位比自己高的人们相处时，他更感到不舒服。他不能申述他那巨大的抱负，这些地位比他高的同伴的面容和谈吐深切地慑服了他，因而他不敢显示出他的抱负。他转而求助于比他低一等的同伴——他不太尊重的人，他不愿选为朋友的人，以及同他们相处不会使他愉快的人，这些人就是他的下级、他的奉承者和侍从们。他很少拜访地位比他高的人，或者，如果他这样做的话，与其说是为了在同他们相处时得到真正的满足，不如说是为了显示他有资格同这种同伴相处。正如克拉伦登勋爵在提到阿伦德尔伯爵时所说的：他有时到宫廷里去，因为只是在那里能发现比他伟大的人；但是阿伦德尔却很少去，因为他在那里发现了比他伟大的人。

爱好虚荣的人就完全不是这样。骄傲的人力求避开地位比他高的人；爱好虚荣的人则力求他们同自己相处。他似乎认为，他们的光彩总会有一些反射到接近他们的人身上。他经常出没于君主们的宫廷和大臣们的招待会，摆出一副就要得到财产和肥缺的神态，而实际上他若不得到财产和肥缺，反而拥有更珍贵得多的幸福，只要他知道如何享受这种幸福。他喜欢有资格成为大人物宴会的座上宾，更喜欢向其他人夸耀自己在那里荣幸地与大人物亲近。他尽可能同上流社会的那些人物，同被认为是指导公众舆论的那些人，同有聪明才智的、学识渊博的和深得民心的那些人交往;一旦易变的公众爱好的倾向偶然在某些方面对他最好的朋友们不利,他就会避免同他们相处。对于他希望他们引荐自己的那些人,他为了达到这个目的而采用的手法并不总是很高雅的:不必要的张大其词、没有根据的自我吹嘘、持续不断的盲从附和、习以为常的奉承拍马,虽然这种奉承拍马在大部分情况下是使人感到愉快和轻松的,而很少是一个谄媚者粗俗的和令人作呕的奉承拍马。相反,骄傲的人从来不是奉承拍马者,对任何人都并不总是那么彬彬有礼。

然而,尽管一切自我吹嘘都毫无根据,虚荣心几乎总是一种轻松和愉快的、而且常常是温厚的激情。骄傲总是一种庄重的、阴沉的和严厉的激情。爱好虚荣的人即使撒谎,说的也全是无害的谎言,意在抬高自己而不是压低他人。说句公道话,骄傲的人很少堕落到卑劣地撒谎。可是,如果他这样做,他的谎言就绝不会如此无害。骄傲的人撒谎和不撒谎对他人来说都是有害的,本意都是贬低他人。骄傲的人对于他认为他人不正当地享有的较高地位满怀愤怒;他怀着敌意和妒忌来看待他人;而且,在谈到他们时,他常常竭尽所能对凡是他认为是他人的长处由以产生的根据都加以低估和贬低。无论什么有关他人短处的流言蜚语传播开来,虽然这些流言蜚语很少是他自己编造出来的,但他常常乐于相信它们,绝不会不愿散播,有时甚至添油加醋。爱好虚荣的人最恶劣的谎言,都是我们称之为小谎的谎言;一旦骄傲的人堕落到说出最恶劣的谎言,情况就完全相反。

我们对骄傲和虚荣的厌恶,通常使我们宁可把我们指责为有这两种缺点的那些人置于通常水平之下而不愿把他们置于通常水平之上。然而我认为,我们的这种判断经常会使我们犯错误;而且骄傲的人和爱好虚荣的人常常是(或许绝大部分是)大大高于通常的水平,虽然并不像骄傲的人实际自认为的那么高,也不像爱好虚荣的人希望别人所看的那么高。如果我们把他们同他们的自我吹嘘相比较,他们好像是适当的鄙视对象。但是如果我们把他们同他们的大部分对手和竞争者真正具有的水平相比较,他们的水平就大不一样,很可能大大超过通常的水平。在存在这种真正的长处的地方,骄傲常常会伴随着这样一些令人尊敬的美德:真诚、正直、高度的荣誉感、热诚和始终如一的友谊、坚忍不拔和不可动摇的决心;虚荣心常常会伴随着许多令人感到亲切的美德:仁爱、有礼貌、在一切小事上报答别人、有时在一些重大的事情上真正慷慨地报答别人的愿望;然而,这种慷慨是虚荣心常常以它所能有的最绚丽的色彩展示出来的慷慨。在上个世纪,法国人被他们的竞争者和敌人指责为爱好虚荣;西班牙人被指责为骄傲;外国人倾向于把前者看成是更可爱的人;把后者看成是更令人尊敬的人。

爱虚荣的和虚荣心这两个词从来不会被人以褒义来使用。我们有时在心情很好的状况下谈论一个人时,说他因为有虚荣心反而显得更好一些,或者说,他的虚荣心给人的感受更多的是高兴而不是讨厌。但是我们仍然把这种虚荣心看成是他品质中的一个弱点和笑柄。

相反,骄傲的和骄傲这两个词有时会被人以褒义来使用。我们常常说起某个人,说他是一个很骄傲的人,或者说他过于高傲,从来不做一件下贱的事情。骄傲在这里就混杂着某种高尚的东西。亚里士多德这个当然是对世事洞察无遗的哲学家,在描写高尚人物的品质时，描绘了这种人物的许多特色，这些特色在过去两个世纪内，通常被说成是西班牙人的品质：对一切决心要做的事，他都曾深思熟虑；一切行动都从容不迫甚至迟缓；他的声音是庄重的，他的谈吐是审慎的，他的步伐和举止是缓慢的；他不是在为一切小事奔忙时显得不积极和懒散，而是在所有那些重大的和特殊的事务上，需要以最坚定的和最强烈的决心去行动时显得不积极和懒散。他不是一个喜欢危险的人，或者说不是一个鲁莽地去经受没有意义的危险的人，而是敢于使自己面临有重大意义的危险的人，而且，当他面临这样的危险时，他完全不顾自己的生命。

骄傲的人通常对自己感到非常满意，因而认为自己的品质不需要作任何改善。感到自己十全十美的人必然十分鄙视一切进一步的提高。对于自己的长处过于自信和荒唐可笑的自高自大，通常从他年轻时就伴随着他直至耄耋之年。像哈姆莱特所说的那样，他死时，未经抹油，没有受过临终涂油礼，负着他的全部罪恶死去。

爱好虚荣的人就常常不是这样。为了这样一些品质和才能——它们是尊敬和钦佩的自然和恰当的对象——而希望得到他人尊敬和钦佩的欲望，是一种对名副其实的光荣的真正的热爱。这种热爱即使不是人类天性中最好的激情，也肯定是最好的激情之一。虚荣心通常不过是企图过早地僭取今后在时机成熟时应该得到的荣誉。虽然你的儿子只有25岁(这当然只是一个纨袴子弟的年龄)，但不要因此对他的未来，对他在40岁之前成为一个非常聪明的和高尚的人，成为一个真正具有一切才能和美德的人——目前他只能是一个吹嘘自己具有或徒劳无益地妄求获得这些和美德的人——丧失信心。教育事业中的一个重要秘诀就是把这种虚荣心引导到正确的目标上去。绝不能容许他夸耀自己那些微不足道的才艺。但是,不要总是使他对实现有关真正重要的那些才艺的抱负失去信心。如果他并不热切地想具有这些才艺,他就不会要求获得它们。鼓励这种欲望;提供一切手段以促使他获得这种才艺;虽然有时他会在功夫尚未到家时装出一副已经获得这种才艺的样子,但不要对此过于生气。

我说,这些就是骄傲和虚荣心按照各自固有的品质发生作用时表现出来的不同特点。但是,骄傲的人常常是爱虚荣的;爱虚荣的人常常是骄傲的。没有什么会比如下情况更为自然:对自己的评价超过他应有评价的人,希望别人也更高地评价他;或者,希望别人对自己的评价超过他对自己所作评价的人,这时对自己的评价还是高于他应有的评价。这两种缺点常常存在于同一种品质之中,两者的特点必然混杂在一起;我们有时会发现,虚荣心的浅薄和不恰当的卖弄夸张同骄傲的最有害和幼稚的傲慢无礼结合在一起。因此,我们有时不知道如何去识别一种特定的品质,或者不知道把这种品质列为骄傲还是虚荣。

其优点显著地超过通常水平的人们,有时会低估自己,有时也会高估自己。这种人虽然不是非常高尚的,但在私人交往中往往完全不是令人不快的。他的同伴们在同这样一个虚怀若谷和不摆架子的人交往时都感到自己非常舒畅自在。然而,如果这些同伴们并不具有比常人更强的识别能力和更宽宏大量的品质,虽然他们会对他产生一些友好的感情,但是他们不常对他产生较大的敬意,而且他们的友好热情远远不足以补偿他们淡薄的敬意。不比常人具有更大识别能力的人们，对别人的评价从来不超过对自己的评价。他们认为，他似乎在怀疑自己是否同这样一种地位或这样一种职务完全相称；于是立即转而喜欢一些对自己的资格不抱任何怀疑的厚颜无耻的蠢徒。虽然他们可能具有识别能力，然而，如果他们不宽宏大量，他们肯定要利用他的单纯，并且装作对他们有某种优势的样子，这种优势是他们根本没有资格拥有的。他的和善可能使他对此忍受一段时间。但是最后，常常在为时已晚之时，在他应得的地位无可挽回地失去，因他的犹疑不决而被他的一些很热心虽则并不那么有功的同伴所篡夺时，他才变得不耐烦。这样一个人早先一定为选择了这些同伴而感到莫大的幸福，如果在以后的现实生活中，他从那些他昔日对他们友好的同伴中得到的总是相当公正的报答的话，他就会有某些理由把他们作为自己最好的朋友；而且，一个过于谦虚和过于朴实的年轻人常常会变为一个不被人看重、整天抱怨和心怀不满的老人。

天赋大大不如通常水平的不幸的人们，有时对自己的评价似乎更不如他们的实际状况。这种谦卑有时似乎会使他们陷入白痴的行列。无论谁不辞辛劳去仔细调查一下白痴，就会发现：他们中许多人的理解力绝不低于另外一些人——这些人虽然被人认为生性迟钝和愚蠢，但没有人认为他们是白痴。许多白痴受到同常人一样的教育，就差强人意地学会了读书、写字和算账。许多从未被看成是白痴的人，尽管受到了精心的教育，尽管在他们年事已高时尚有足够的精力去试图学会他们在幼时的教育中未能学到的东西，但从未能差强人意地学会上述三种技能中的任何一种。然而，出于某种骄傲的本能，他们把自己列入年龄和地位与自己相同的那些人的行列，并且鼓起勇气坚决地在自己的同伴中维护自己本来的地位。出于某种相反的本能，白痴感到自己不如你可以介绍他认识的每一个朋友。他非常容易受到的虐待，可能使他陷入愤激和狂怒剧烈发作的状态。但是，任何良好的对待，任何善意或恩惠，都不能使他挺起身来平等地同你交谈。然而，如果你最终能使他同你交谈，你就常常会发现他的答话非常中肯，甚至通情达理。不过，他们内心巨大的自卑感这种特有的意识总是留着痕迹。他似乎畏畏葸葸，而且可以说是不敢正视你的面容和同你谈话。尽管你貌似谦虚，他在把自己摆在你的位置上来考虑问题时，还是感到你必然会认为他大大地不如你。一些白痴，或许还是大部分白痴，似乎主要或完全由于理解能力上的某种麻木或迟钝，而被看成是白痴。但是，另外有些白痴，他们的理解力并不显得比未被看成是白痴的许多人更为麻木或迟钝。然而，在自己的同事中维持自己平等地位所必需的那种骄傲的本能，在前一种人身上似乎完全没有，在后一种人身上就不是如此。

因此，最能为当事人带来幸福和满足的那种自我评价，似乎同样也能给公正的旁观者带来最大的愉快。那个按照应有的程度、只按这种程度来评价自己的人，很少不能从他人身上得到他认为是应当得到的一切敬意。他所渴望的并不多于他所应得到的，而且他对此感到非常满足。

相反，骄傲的人和爱好虚荣的人始终不会感到满意。前者对于他认为别人的长处不符合实际感到愤慨和憎恨。后者对于他预先感觉到的随同自己那些没有根据的自我吹嘘被人发觉而来的羞耻一直忐忑不安。即使真正具有高尚品德的人的各种过分的自我吹嘘，因其杰出的才能和美德而得到维护，更主要的是因为他运气好而得到维护，它们也欺骗了群众，这些群众的赞赏他不怎么重视，但是它们欺骗不了那些智者，这些智者的赞同是他不得不加以重视的、他们的敬意是他渴望获得的。他觉得他们看透了他，也怀疑他们鄙视他那过度的傲慢；从而他常常相应地遭受很大的不幸，这些人起先是他留意提防和秘而不宣的敌人，最后是他公开的、狂暴的和极其仇恨的敌人，而他们以前的友谊似乎曾使他无忧无虑地享受最大的幸福。

虽然我们对骄傲的人和爱好虚荣的人所感到的厌恶，常常使得我们宁可把他们估计得低于他们的真正地位而不愿高估，然而，除非我们被某种特殊的人身侮辱所激怒，我们简直不敢粗鲁地对待他们。在一般情况下，为了使我们自己畅快，我们尽量采取默许的态度，并且尽可能迁就他们的愚蠢行为。但是，对于那些低估自己的人，除非我们具有比大部分人更大的识别能力和更慷慨的品质，至少我们很少不像他对待自己那样不公平地对待他，而是经常比他做得过头。不仅是他的心情比骄傲的人和爱好虚荣的人更不愉快，而且他更容易受到他人的各种虐待。几乎在一切场合，过于骄傲都稍好于在各方面过于谦逊；而且在当事者和公正的旁观者看来，某种过高的自我评价的情感似乎比任何过低的自我评价的情感更少令人不快。

因此，在这种自我评价的情感中，像在其他各种感情、激情和脾性中一样，最能使公正的旁观者感到愉快的程度也就是最能使当事人自己感到愉快的程度；而且，其过度或不足最少令前者不快，也就相应地最少令后者不快。

第六卷　结论

对自己幸福的关心，要求我们具有谨慎的美德；对别人幸福的关心，要求我们具有正义和仁慈的美德。前一种美德约束我们以免受到伤害；后一种美德敦促我们促进他人的幸福。在不去考虑他人的情感是什么、应该是什么，或者在一定的条件下会是什么这些问题的时候，那三种美德中的第一种最初是我们的利己心向我们提出来的要求，另两种美德是我们仁慈的感情向我们提出来的要求。然而，对别人情感的关心，会强迫所有这些美德付诸实施并给予指导；而且一个人若在其整个一生中或一生中的大部分时间坚定而又始终如一地仿效谨慎、正义或合宜的仁慈这种思想方式，则其行为便主要是受这样一种尊重的指导，即对那个想象中的公正的旁观者、自己心中的那个伟大居住者、判断自己行为的那个伟大的法官和仲裁者的情感的尊重。如果在一天之中，我们有什么地方背离了他给我们规定的一些准则；如果我们过于节俭或者放松了我们的节俭；如果我们过于勤劳或放松了我们的勤劳；如果因为感情冲动和粗心大意我们在什么地方损害了邻人的利益或幸福；如果我们忽视了促进那种利益和幸福的某个明显而又恰当的机会，内心的这个伟大的居住者，就会在傍晚要求我们对所有这些疏忽和违反作出说明，而且他的指责常常使我们在心里，为我们作出有损于自己幸福的蠢事和对这种幸福的疏忽感到羞愧，或许也为我们对他人幸福更大的冷淡和漠不关心感到羞愧。

虽然谨慎、正义和仁慈这些美德在不同的场合可能是由两种不同的原则几乎相同地向我们提出来的要求，但是，自我控制的美德在大多数场合主要并且几乎完全是由一种原则——合宜感，对想象中的这个公正的旁观者的情感的尊重——向我们提出来的要求。如果没有这种原则所施加的约束力，在绝大多数场合，如果我可以这样说的话，每一种激情就会急速地发泄出来并以此为快。愤怒就会由这种激情自身的烈性引发出来；恐惧也就会由这种激情自身的极度焦虑引发出来。考虑到时间和地点不许，会导致虚荣心受到一些抑制，使其不那么大声嚷嚷和不恰当地卖弄夸张；或者会导致骄奢淫逸受到一些限制，使其不那么肆无忌惮、低级下流和令人反感地纵欲过度。对他人的情感是什么、应该是什么或者在一定的条件下会是什么这些问题的重视，在大多数场合，是震慑所有那些难于驾驭和骚动的激情，把它们变成公正的旁观者能够体谅和同情的那种心情和情绪的唯一原则。

确实，在某些场合，抑制这些激情的，与其说是感到这些感情不合宜的意识，不如说是对可能随同放纵这些激情而来的一些恶果的谨慎考虑。在这种情况下，这些激情虽然受到约束，但一直没有被根除，其所固有的那种狂暴常常潜伏在心中。由于恐惧而抑制自己愤怒感情的人，并不总是消除自己的愤怒，而只是推迟到一个更为安全的时机去发泄。但是，一个人若向一些人讲述自己曾经受到的伤害，他便会立即感到，自己狂暴的激情因为他的同伴们以很有节制的情感来同情他而得到平息和抑制，他马上采用了那些很有节制的情感，不用他早先所用的那种怒气冲冲、凶暴残忍的目光来看待那种伤害，而用他的同伴们看待这种伤害时必然用的很温和和正直的眼光来开始看待它；他不仅抑制了他的愤怒，而且在一定程度上克服了他的愤怒。这种激情真正变得比从前淡薄一些，已不太可能激励他去采取早先他也许很想实施的那种激烈和残忍的报复行动。

受到上述合宜感约束的那些激情，都在一定程度上为这种合宜感所节制和克服。相反，只是受到某种谨慎考虑的约束的那些激情。常常因为这种约束而加剧，而且有时候（在他受到某种刺激以后很长一段时间，在没有人想到它的情况下）会荒谬地和出乎意料地、带着十倍的激怒和狂暴迸发出来。

然而，像其他各种激情一样，愤怒也可以在许多场合非常恰当地为谨慎的考虑所约束。刚毅和自制的某种努力对这种约束来说甚至是必要的；而且，那个公正的旁观者有时可能用那种敷衍人的敬意——他对他看作寻常之举的谨慎的行为的那种敬意——来看待这种刚毅和自我控制的努力；他从来不会用这样一种充满感情的钦佩——他在观察合宜感节制和克服他能真正体谅的那些相同激情时产生的钦佩——来看待上述行为。在前一种约束中，这个旁观者常常能看出几分合宜性，并且，如果你愿意的话，还能看出几分美德，但是，这是一种相对于后一种约束来说大为逊色的合宜性和美德，旁观者对于后一种约束总是具有心旷神怡和钦佩的感觉。

谨慎、正义和仁慈这些美德除了带来最令人愉快的后果外，不会产生别的倾向。正如起先行为者看到这些后果一样，其后公正的旁观者也看到了这些后果。在对谨慎的人的赞同中，我们非常满足地感到他一定享受着一种安全保障——这是他在沉着镇静和深思熟虑的美德的保护下处世时必然能够享受到的。在对正直的人的赞同中,我们同样满足地感到一种安全保障——这是所有同他有联系的人,无论是邻居、打过交道的人,还是有生意来往的人,必然能够从他步步留心切望不伤害或冒犯别人的心情中得到的安全保障。在对仁慈的人的赞同中,我们体会到所有那些受到他恩惠的人所表示的感激,同他们一起深切地理解他的优点。在我们对所有这些美德的赞同中,无论是对实践这些美德的人来说,或是对其他一些人来说,我们对这些美德的令人愉快的后果及其效用的感觉,会与我们对这些美德合宜性的感觉结合在一起,并且总是构成那种赞同的值得注意的、常常是十分重要的因素。

但是,在对自我控制的美德的赞同中,对于这种美德的后果的满意,有时并不构成那种赞同的要素,常常只构成其微不足道的要素。这些后果有时可能是令人愉快的,而有时可能是令人不快的;而且虽然我们的赞同在前一场合无疑更为强烈,但在后一场合绝不会荡然无存。不同寻常的英勇气概既可以用在正义的事业中,也同样可以用在非正义的事业中;虽然在前一场合这种英勇气概无疑会得到更大的热爱和敬佩,但即使在后一场合也能显示出一种高尚的和值得尊重的品质。在这种英勇气概中,以及在其他一切自我控制的美德中,突出的令人瞩目的品质,似乎总是所作努力中表现出来的高尚和坚定,以及为作出并坚持这种努力所必需的强烈的合宜感。其后果却经常为人们所轻视。

第 七 卷

论道德哲学的体系

（本卷共四篇）

第一篇　论应当在道德情感理论中加以考察的问题

如果我们考察一下对人类道德情感的本性和起源作出了说明的形形色色的理论中的一些最成功的和最卓越的理论，我们就会发现：几乎所有的理论都或这或那地同我一直在努力加以说明的理论相一致；而且还会发现，如果前面每件提到过的事情都已充分考察过的话，我们对于什么是引导每个作者去形成他那特定的理论体系的关于天性的观点或看法这个问题，就不会无从解释。每一种曾经在世界上享有盛誉的道德学说体系，或许最终都来自我一直在努力阐明的某个原则。由于这些道德学说在这一方面全都以天性的原则为基础，所以它们在某种程度上全都是正确的。但是，由于道德学说中有不少来自某种局部的、不完整的关于天性的观点，所以这些道德学说在某些方面也是错误的。

在关于道德原则的探讨中，有两个问题要加以考察。第一，美德存在于什么地方？或者说，何种性格和何种行为构成了成为尊重、尊敬和赞同的自然对象的那种优良和值得赞扬的品质？第二，内心的什么力量和功能，使我们认识这种品质——不管它是值得尊重的、尊敬的还是值得赞同的？换句话说，人心喜欢某种行为的意向而不喜欢另一种；把某种行为的意向说成是正确的，而把另一种说成是错误的；把某种行为中的意向看成是赞同、尊敬和报答的对象，而把另一种看成是责备、非难和惩罚的对象，所有这些，是如何并依靠什么手段来实现的？

当我们像哈奇森博士所设想的那样，考察美德是否存在于仁慈之中时；或者像克拉克博士所假定的那样，考察美德是否存在于适合于我们所处的各种不同关系的行为之中时；或者用其他人所固有的眼光来考察美德是否存在于对自己真正的和确实的幸福的明智和谨慎的追求之中时，我们就是在考察第一个问题。

当我们考察这种良好的品质，无论它存在于什么地方，是否由自爱之心——它能使我们从自己身上或他人身上领悟到这种品质，它大大有助于增进我们的个人利益——劝使我们喜爱时；或者当我们考察它是否由理性——它向我们指出一种品质和另一种品质之间的区别，也同样向我们指出正确和错误之间的区别——劝使我们喜爱时；或者当我们考察它是否由某种被称为道德意识的特殊的感知力——那种良好的品质使它感到满意和高兴，如同那种邪恶的品质相反地使它感到厌恶和不快一样——劝使我们喜爱时；或者，最后，当我们考察它是否由人类天性中的某些其他性能——诸如某种同情的限制等等——劝使我们喜爱时，我们就是在考察第二个问题。

我想先考察已经形成的有关前一个问题的体系，随后再进一步考察有关后一个问题的体系。

第二篇 论已对美德的本质作出的各种说明

引 言

对美德的本质,或者对构成良好的和值得赞扬的品质的内心的性情已经作出的各种说明,可以归纳为三种类型。按照某些人的看法,内心优良的性情并不存在于任何一种感情之中,而存在于对我们所有感情合宜的控制和支配之中。这些感情根据他们所追求的目标和他们追求这种目标时所具有的激烈程度,既可以看成是善良的,也可以看成是邪恶的。因此,按照这些作者的看法,美德存在于合宜性之中。

按照另一些人的看法,美德存在于对我们的个人利益和幸福的审慎追求之中,或者说,存在于对作为唯一追求目标的那些自私感情的合宜的控制和支配之中。因此,根据这些作者的见解,美德存在于谨慎之中。

另一些作者认为,美德只存在于以促进他人幸福为目标的那些感情之中,不存在于以促进我们自己的幸福为目标的那些感情之中。因此,按照他们的看法,无私的仁慈是唯一能给任何行为盖上美德之戳的动机。

显然,美德的性质不是必然被无差别地归结为人们的各种得到适当控制和引导的感情;就是必然被限定为这些感情中的某一类或其中的一部分。我们的感情大致分成自私的感情和仁慈的感情。因此,如果美德的性质不能无差别地归结为在合宜的控制和支配之下的所有的人类感情,它就必然被限定为以自己的私人幸福为直接目标的那些感情,或者被限定为以他人的幸福为直接目标的那些感情。因而,如果美德不存在于合宜性之中,它就必然存在于谨慎之中,或者存在于仁慈之中。除此三者,很难想象还能对美德的本质作出任何别的解说。下面,我将尽力指出,表面上和它们不同的其他一切解说,如何在本质上或这或那地和它们相一致。

第一章 论认为美德存在于合宜性之中的那些体系

根据柏拉图、亚里士多德和芝诺的观点,美德存在于行为的合宜性之中,或者存在于感情的恰如其分之中,根据这种感情,我们对激起它的对象采取行动。

I. 在柏拉图的体系*中,灵魂被看成是某种类似小小国家或团体的东西,它由三个不同的功能或等级组成。

第一种是判断功能。这不仅是一种确定什么是达到任何目的

* 见柏拉图:《言论集》第4卷。

的合适手段的功能，而且也是一种确定哪些目的是宜于追求的，并且我们应当相应地给予每个目的以何种程度的评价的功能。柏拉图把这种功能十分合宜地称为理性，并且把它看成是（也应该是）所有感情的指导原则。显然，在这个名称下，他不仅把我们借以判断真理和谬误的功能，而且把我们借以判断愿望和感情的合宜性或不合宜性的功能包括在内。

柏拉图把不同的激情和欲望，即这个主导原则的自然对象（也是很有可能反抗其主人的自然对象），归纳为两种不同的类型或等级。前一种由基于骄傲和愤恨的那些激情组成，或由基于经院学派称之为灵魂中的易怒一面的激情组成；即由野心、憎恶、对荣誉的热爱和对羞耻的害怕，对胜利、优势和报复的渴望等等组成；总之，所有这些激情都被认为来自或者表示通常用我们的语言隐喻的脾气或天生的热情。第二种由基于对快乐的热爱的那些激情组成，或由基于经院学派称之为灵魂中的多欲一面的激情组成。它包括身体上的各种欲望，对舒适和安全的热爱以及所有肉体欲望的满足感。

除了在受到这两种不同激情中的这一种或另一种的激励的时候，即在受到难于驾驭的野心和愤恨的激励，或者受到眼前的舒适和快乐缠扰不休的引诱的时候之外，我们很少中断上述指导原则所要求于我们的，在我们一切冷静的时刻被定下来作为自己最合宜的追求目标的行动计划。但是，虽然这两种激情很容易把我们引入歧途，它们仍然被认为是人类天性必要的组成部分：前一种激情一直被用来保护我们免受伤害，被用来维护我们在人世间的地位和尊严，使我们追求崇高的和受人尊敬的东西，并使我们能识别以同样方式行动的那些人。第二种激情被用来提供身体所需的给养和必需品。

在这个指导原则的力量、准确和完美之中，存在谨慎这种基本的美德。按照柏拉图的说法，谨慎存在于公正和清晰的洞察力中，以有关适于追逐的目标以及为达到这些目标所应使用的手段的全面的和科学的观念为根据。

当第一种激情，即灵魂中易怒的部分在理性的指导下，强而有力到能使人们在追求荣华富贵中藐视一切危险的程度时，它就构成坚忍不拔和宽宏大量这种美德。根据柏拉图的道德学说体系，这种激情比其他天性更为慷慨和高尚。它们在许多场合被认为是理性的补充，用于阻止和限制低级的和粗野的欲望。大家知道，当对于快乐的热爱促使我们去做我们所不赞成的事情时，我们常常对自己生气，我们常常成为自我憎恨和愤怒的对象；人类天性中的这个易怒部分就这样被呼唤来帮助有理性的激情战胜由欲望引起的激情。

当我们天性中所有那三个不同的部分彼此完全和谐一致时，当易怒的激情和由欲望引起的激情都不去追求理性所不予赞同的任何满足时，当理性除了这些激情自愿做的事情之外从不下令做什么事情时，这种幸福的平静，这种完美而又绝对和谐的灵魂，构成了用希腊语中的这样一个词来表示的美德，这个词通常被我们译为自我克制，但是，它可以更合宜地被译为好脾气，或内心的冷静和节制。

根据柏拉图的道德学说体系，当内心那三种功能各自限于恰当的职能，并不企图僭越任何其他功能的职能时；当理性占支配地位而激情处于从属地位时；当每种激情履行了它自己正当的职责，顺利地和毫不勉强地，并且所用的力量和精力之程度同它所追求的目标的代价相适合地，去尽力达到自己正当的目的时，就产生了正义，这四种基本美德中最后的也是最重要的一种美德。那种完美的美德，行为的最大的合宜性——在古代的毕达哥拉斯[1]的一些信徒之后，柏拉图把它称为正义——就存在于这个体系之中。

需要注意，在希腊语中表示正义的那个词有几个不同的含义。据我所知，所有其他语言中相对应的词也有这种情况。因此，在这几个不同的意义之间必然有一些天然的类似。一种意义是，当我们没有给予旁人任何实际伤害，不直接伤害他的人身、财产或名誉时，就说对他采取的态度是正义的。这种意义上的正义我在前面已有所论列，对它的遵守可能是迫于强力，而对它的违反则会遭到惩罚。另一种意义是，如果旁人的品质、地位以及同我们之间的关系使得我们恰当地和切实地感到他应当受到热爱、尊重和尊敬，而我们不作这样的表示，不是相应地以上述感情来对待他，就说我们对他采取的态度是不义的。虽然我们没有在任何地方伤害他，但是，如果我们不尽力为他做些好事，不尽力去把他放到那个公正的旁观者将会乐意的位置上，在这第一种意义上，就说我们对同我们有关的具有优点的那个人采取的态度也是不义的。这个词的第一种意义是同亚里士多德和经院学派所说的狭义的正义相一致的，也是同格劳秀斯[2]所说的 justitia expletrix 相一致的。它存在于

〔1〕 毕达哥拉斯(Pythagoras)，约死于公元前 497 年，古希腊哲学家。

〔2〕 格劳秀斯(1583—1645)，荷兰著名政治家、法学家、国际法始祖。

不去侵犯他人的一切，自愿地做我们按照礼节必须做的一切事情之中。这个词的第二种意义是同一些人所说的广义的正义相一致的，也是同格劳秀斯所说的 justitia attributrix 相一致的。它存在于合宜的仁慈之中，存在于对我们自己的感情的合宜运用之中，存在于把它用于那些仁慈的或者博爱的目的，用于在我们看来最适宜的那些目的之中。在这个意义上，正义包含了所有的社会美德。然而，正义这个词有时还会在比前两者更为广泛的另一种意义上被使用，虽然这种意义同第二种意义非常相似。据我所知，这第三种意义也是在各种语言中都具有的。当我们对任何特定的对象似乎并不以那种程度的敬意去加以重视，或者并不以那种程度的热情——这在公正的旁观者看来是应得的或当然宜于激励的——去追求时，在这第三种意义上，我们被说成是不义的。这样，当我们没有对一首诗或一幅画表示充分的钦佩时，就被说成不公正地对待它们，而当我们对它们的赞美言过其实时，则被说成赞美过分。同样，当我们似乎对任何同私人利益有关的特定对象没有给予充分注意的时候，我们就被说成对自己不公正。在这第三种意义上，所谓正义的含义同行为和举止的确切的和完美的合宜性无异，其中不仅包含狭义的和广义的正义所应有的职责，而且也包括一切别的美德，如谨慎、坚忍不拔和自我克制。显然，柏拉图正是在这最后一种意义上来理解他称作正义的这个词的，因此，根据他的理解，这个词包含了所有尽善尽美的美德。

以上就是柏拉图对美德的本质或者对作为称赞和赞同的合宜对象的内心性情所作的说明。按照他的说法，美德的本质在于内心世界处于这种精神状态：灵魂中的每种功能活动于自己正当的范围之内，不侵犯别种功能的活动范围，确切地以自己应有的那种力度和强度来履行各自正当的职责。显然，他的说明在每一方面都同我们前面对行为合宜性所作的说明相一致。

II. 根据亚里士多德的看法*，美德存在于正确理性所养成的那种平凡的习性之中。在他看来，每种美德，处于两个相反的邪恶之间的某种中间状态。在某种特定事物的作用下，这两个相反的邪恶中的某一个因太过分、另一个因太不足而使人感到不快。于是，坚忍不拔或勇气就处于胆小怕事和急躁冒进这两个相反的缺点之间的中间状态。这两个缺点，在引起恐惧的事物的影响下，前者因过分、后者因不足而使人感到不快。于是，节俭这种美德也处于贪财吝啬和挥霍浪费这两个恶癖之间的中间状态。这两个恶癖，前者对自身利益这个对象的关心超过了应有的程度，后者则是关心不够。同样，高尚也处于过度傲慢和缺乏胆量这两者之间的中间状态，前者对于我们自己的身份和尊严具有某种过于强烈的情感，后者则具有某种过于薄弱的情感。不用说，对于美德的这种说明，同我们前面对于行为合宜与不合宜所作的说明，是完全一致的。

根据亚里士多德的看法**，美德与其说是存在于那些适度的和恰当的感情之中，不如说是存在于这种适度的习性之中。为了理解这一点，有必要提及，美德可以看成是某一行为的品质，也可

---

* 见亚里士多德：《伦理学》第一卷第二册第五章和续集，以及第一卷第三册第五章和续集。

** 见亚里士多德：《伦理学》第二册，第1、2、3、4章。

以被看成是某一个人的品质。如果看成是某一行为的品质，即使根据亚里士多德的看法，它也存在于对某种产生上述行为的感情富有理性的节制之中，不管这种控制对这个人来说是不是一种习惯。如果看成是某一个人的品质，美德就存在于这种富有理性的节制所形成的习惯之中，就存在于这种做法日渐成为内心习以为常和常见的控制之中。因而，起因于偶然激发的慷慨情绪的那个行动无疑是一个慷慨的行动，但实施这个行动的人未必是一个慷慨的人，因为这个行动可能是他历来实施的行动中唯一的慷慨行动。完成这个行动时内心的那种动机和意向，可能是非常正当和合宜的，但是，由于这种愉快的心情似乎是偶然产生的情绪引起的，不是性格中稳定和持久的情绪引起的，所以它不会给这个行为者带来无上光荣。当我们把某一品质称为大方、仁慈或善良的时候，我们的意思是，这种名称各自表示那个人身上一种常见的并形成习惯的性情。而任何一种个别的行动，不管它如何合宜和恰当，其结果很少表明它是一种习惯。如果某一孤立的行动足以给实施这个行动的人的品质打上美德的标记，那么，人类中品质最低劣的人也可以自以为具备所有的美德，因为在某些场合，每个人都会谨慎地、公正地、有节制地和坚忍不拔地行事。虽然个别的行动，不管它如何值得称赞，几乎不会使实施这个行动的人得到赞赏，但是，由平常行动非常有规律的人实行的个别的罪恶行动，却会极大地影响、有时甚至完全破坏我们对他的美德所形成的看法。这样一种个别的行动足以表明：他的习惯是不完美的；较之我们往往根据他平常的一系列行为所作的设想，他不是那么可以信赖的人。

亚里士多德在论述美德存在于行为习惯之中的同时，大概还把这一点纳入他反对柏拉图学说的观点之中*。柏拉图似乎具有这么一个观点：只是有关什么事情适宜去做或什么事情要避免去做的正义的情感和合理的判断，就足以构成最完备的美德。根据柏拉图的学说，美德可以被看成某种科学。而且，他认为，没有一个人可以清楚地和有根据地了解什么是正确的和什么是错误的，并且采取相应的行动。激情可以使我们的行动同模棱两可的和不确定的看法相背离，但不会使我们的行动同简单明确和显而易见的论断相背离。相反，亚里士多德的观点是：没有一种令人信服的理解能够形成良好的根深蒂固的习惯，良好的道德并不来自认识而是来自行动。

III. 根据芝诺这个斯多葛派学说创始人的看法，**天性指示每个动物关心它自己，并且赋予它一种自爱之心。这种感情不仅会尽力维护它的生存，而且会尽力去把天性中各种不同的构成要素保持在它们所能达到的完美无缺的境界之中。

如果我可以这样说的话，人的自私感情攫住了他的肉体和肉体上各种不同的部位，攫住了他的内心和内心中各种不同的功能和能力，并且，要求把它们都保存和维持在其最好和最完善的状态之中。因此，天性会向人指出：任何有助于维持这种现存状态的事物，都是宜于选取的；任何倾向于破坏这种现存状态的

* 见亚里士多德：《道德论》，第 1 册，第 1 章。

** 见西塞罗：《论善与恶的界限》，第 3 册；也见第欧根尼·拉尔修（Diogenes Laertius）：《芝诺》，第 7 卷，片段 84[f]。

事物，都是宜于抛弃的。这样，身体的健康、强壮、灵活和舒适，以及能促进它们的外部环境上的便利；财产、权力、荣誉、同我们相处的人们的尊重和敬意，这一切被自然而然地作为宜于选择的东西推荐给我们，而拥有这些总比缺乏它们好。另一方面，身体上的疾病、虚弱、不灵巧和痛苦，以及倾向于引来和导致它们的外部环境上的不便利；贫困、没有权力、同我们相处的人们的轻视和憎恨，这一切同样自然而然地作为要躲开和回避的东西推荐给我们。在这两类相反事物的每一类中，有一些事物似乎比同类中其他事物更宜于选择或抛弃。例如，在第一类中，健康显然比强壮更可取，强壮比灵活更可取；名声比权力更可取，权力比富裕更可取。在第二类中，身体上的疾病同不灵巧相比、耻辱同贫穷相比、贫穷同丧失权力相比都是更要避免的。天性或多或少地使各种不同的事物和环境作为宜于选择或抛弃的对象呈现在我们面前。美德和行为的合宜性，就存在于对它的选择和抛弃之中；存在于当我们不能全部获得那些总是呈现在我们面前的各种选择对象时，从中选取最应该选择的对象；也存在于当我们不能全部避免那些总是呈现在我们面前的各种弊害时，从中选取最轻的弊害。据斯多葛派学者说，因为我们按照每个事物在天下万事万物中所占的席位，运用这种正确和精确的识别能力去作出选择和抛弃，从而对每个事物给予应有的恰如其分的重视，所以，我们保持着那种构成美德实体的行为的完全正确。这就是斯多葛派学者所说的始终如一地生活，即按照天性、按照自然或造物主给我们的行为规定的那些法则和指令去生活。

在这些方面，斯多葛派学者有关合宜性和美德的观念同亚里士多德和古代逍遥学派学者的有关思想相差不远。

在天性推荐给我们宜于关心的那些基本的对象之中，有我们家庭的、亲戚的、朋友的、国家的、人类的和整个宇宙的幸福。天性也教导我们，由于两个人的幸福比一个人的更可取，所以许多人的或者一切人的幸福必然是无限重要的。我们自己只是一个人，所以，无论什么地方我们自己的幸福与整体的或者整体中某一重大部分的幸福不相一致时，应当——甚至由我们自己来作出选择的话也是这样——使个人的幸福服从于如此广泛地为人所看重的整体的幸福。由于这个世界上一切事情都为聪颖贤明、强而有力、仁慈善良的上帝的天意所安排，所以，我们可以相信，所发生的一切都有助于整体的幸福和完美。因此，如果我们自己陷入贫穷、疾病或其他任何不幸之中，我们首先应当尽自己最大的努力，在正义和对他人的责任所能允许的范围内，把自己从这种令人不快的处境中解救出来。但是，如果在做了自己所能做的一切之后，我们发现没有办法做到这一点，就应当心安理得地满足于整个宇宙的秩序和完美所要求于我们的在此期间继续处于这种境地。而且，由于整体的幸福，甚至在我们看来，显然也比我们自己的微不足道的一分幸福重要得多，所以，如果我们要保持我们天性的尽善尽美存在于其中的情感和行为的完美的合宜性和正确性，那么，我们自己的处境，不管它是一种怎么样的处境，都应当由此成为我们所喜欢的处境。如果任何使我们解脱的机会真的出现了，抓住这个机会就成为我们自己的责任。显然，宇宙的秩序不再需要我们继续滞留在这种处境之中，而且，伟大的世界主宰明确地号召我们离开这种处境，并且清楚地指出了我们所要走的路。对于自己的亲戚们、朋友们和国家的不幸来说，情况也是这样。如果在不违背自己神圣职责的情况下，我们有能力去防止或结束他们的不幸，毫无疑问，我们就有责任这样做。行为的合宜性——丘辟特为了指导我们的行为而提供的法则——显然需要我们这样做。但是，如果这样做完全超出了我们的能力，我们就应当把这种不幸事件看成是合理地发生的，最能带来幸运的事件，因为我们应该相信，这件事极其有助于整体的幸福和秩序，而这是我们应当（如果我们明智和公正）想望的一切东西中最重要的东西。正是由于我们自己的根本利益被看成是整体利益的一部分，整体的幸福不仅应当作为一个原则，而且应当是我们所追求的唯一目标。

艾匹克蒂塔说："在什么意义上，某些事情被说成是同我们的天性相一致，另一些则是相违背的？是在这种意义上，即在我们把自己看成是同一切别的事情毫无关联、相互分离的意义上这样说的。根据这个意义，可以说脚的本性总是要保持清洁。但是，如果你把它看成一只脚，不把它看成是同整个身体有关的东西，它有时就应当去踩在污泥上，有时就应当去踏在蒺藜上，有时为了有利于整个身体而应当被锯去。如果它不愿意这样做，它就不再是一只脚。我们也应当这样来考虑自己。你是什么？一个人。如果你把自己看成是某种与世无涉和分离的东西，那么，活到高寿、拥有财富和身体健康就是使你的天性感到愉快的事情。但是，如果你把自己看成是一个人，看成是整体的一部分，为了整体的缘故，你有时应当生病、有时应当在航海时经受麻烦、有时应当生活在贫困匮乏之中,最后,或许应当在寿终正寝之前死去。那你又为什么抱怨不迭呢?你不知道由于这样做,像一只脚不再是一只脚那样,你不再是一个人吗?”*

一个明智的人对于天命从来不抱怨,当他时乖命蹇之际,也从来不认为命运的安排不公道。他并不把自己看成是整个天下、看成是同自然界的一切部分毫无关联和相互分离的东西、看成是靠自己和为了自己而加以关心的东西。他用自己所想象出来的人类天性和全世界的伟大守护神用来看待他的那种眼光来看待自己。如果我可以这样说的话,他体会到了神的情感,并把自己看成是广阔无垠的宇宙体系中的一个原子,一个微粒,必然而且应当按照整个体系的便利而接受摆布。他确信指导人类生活中一切事件的那种智慧,无论什么命运降临到他的头上,他都乐意接受,并对此感到心平气和。如果他知道宇宙的各个不同部分之间所有的相互联系和依赖关系的话,这正是他自己希望得到的命运。如果命运要他活下去,他就心满意足地生活下去;如果命运要他去死,由于自然界肯定再也没有什么必要要他继续在这个世界上存在下去,他就心甘情愿地走向另一个指定要他去的世界。一个愤世嫉俗的哲学家——在这一方面他的学说同斯多葛派学说相类似——说过,“我同样高兴和满意地接受可能落在我身上的任何命运:富裕或贫穷、愉快或痛苦、健康或疾病。一切都是一样的。我也不会渴望神祇们在什么方面改变我的命运。如果我要求这些神除她们已经给予我的那些恩惠以外还给我什么东西的话,那就是,她们肯事先通

* 阿利安,第二册,第5章。[阿利安的《爱比克泰德的演讲》]

知我,什么是她们会感到高兴的事情,这样,我才可能按自己的处境行事,并且显示出我接受她们的指派时的愉快心情。”“如果我准备航海,”爱比克泰德说:“我就选择最好的船只和最好的舵手,我就等待我的处境和职责所要考虑到的最好的天气。谨慎和合宜——这些神为了指导我的行动而给予我的原则——要我这样做。但是这些原则并不要求更多的东西。如果一场风暴在海上出现,虽然它是船的力量和舵手的技巧都无法能加以抵御的,我也不就其后果自寻烦恼。我必须做的一切事情都已做了。我那行动的指导者们从未命令我经受痛苦、焦虑、沮丧或恐惧。我们是淹死,还是平安抵港,是丘辟特的事,不是我的事。我把这事完全留给丘辟特去决定,并不心神不宁地去考虑丘辟特可能用什么方法来决定这件事,只是怀着同样的漠然之感和安然之感,去经受任何来到眼前的结果。”

斯多葛派哲人由于对统治宇宙的仁慈的贤人哲士充满信任,由于对上述贤人认为宜于建立的任何秩序完全听从,所以必然对人类生活中的一切事件漠不关心。他的全部幸福,首先存在于对宇宙这个伟大体系的幸福和完美的思索之中;存在于对神和人组成的这个伟大的共和政体的良好管理的思索之中;存在于对一切有理性和有意识的生物的思索之中。其次,存在于履行自己的职责之中;存在于合宜地完成上述贤人哲士指定他去完成这个伟大的共和政体的事务中任何微小部分的事务之中。他这种努力的合宜性或不合宜性对他来说也许是关系重大的。而这些努力是成功还是失败对他来说却可能根本没有什么关系,并不能使他非常高兴或悲伤,也不能使他产生强烈的欲望或嫌恶。如果他喜欢一些事情而不喜欢另一些事情，如果一些处境是他选择的对象而另外一些处境则是他抛弃的对象，这并不是因为他认为前一种事情本身在各方面都比后一种事情好，并不是因为他认为自己的幸福在人们称为幸运的处境中会比在人们视为不幸的处境中更加完美，而是因为行为的合宜性——这些神为了指导他的行动而给他规定的法则——需要他作出这样的取舍。他的所有感情，被并入和卷进两种伟大的感情之中，即想到如何履行自己的职责时产生的感情；想到一切有理性和有意识的生物得到最大可能的幸福时产生的感情。他怀着最大的安然之感，信赖宇宙的这个伟大主宰的智慧和力量，以满足自己的后一种感情。他唯一的焦虑是如何满足前一种感情，并不是挂虑结局，而是挂虑自己各种努力的合宜性。无论结局会是什么，他都相信那一巨大的力量和智慧在用这个结局去促进整个宇宙的大局，后者是他本人最愿意去促成的结局。

这种取舍的合宜性，虽然早已向我们指出，而且这种合宜性是由各种事情本身向我们提出而为我们所理解的，所以，我们由于这些事情本身的缘故而作出取舍。但是，当我们一旦透彻地理解了这种合宜性，我们在这种合宜行为中辨认出来的正常秩序、优雅风度和美好品质，我们在这种行为的后果中所感受到的幸福，必然在我们面前显示出更大的价值，即比选择其他一切对象实际上得到的价值更大，或者比抛弃其他一切对象实际上避免损失的价值更大。符合人类天性的幸福和光荣来自对这种合宜性的关注，人类天性中的苦恼和耻辱来自对这种合宜性的忽视。

但是对一个富有理智的人来说，对一个他的各种激情完美地置于自己天性中占统治地位的节操绝对控制下的人来说，在各种场合对这种合宜性精确无误的观察，都是同样轻而易举的。如果处在顺境之中，他答谢丘辟特把这样一种环境加到自己身上；这种环境他不费吹灰之力就可以适应，并且，在这种环境中几乎没有什么诱惑能把他引到邪路上去。如果处在逆境之中，他同样答谢这个人类生活场景的导演把这样一个强有力的竞技者放到自己身边。虽然竞争可能更加激烈，但是胜利所带来的荣誉更大，并且胜利同样是确定无疑的。在我们没有任何过错，而且我们的所作所为又完全合宜的情况下，降临到我们头上的这样一种不幸之中，难道还会有什么羞耻吗？因此，在这种情况下不可能有什么邪恶，相反，只能有最高尚和最优秀的东西。一个勇敢的人，为这样一些危险——并不是他的鲁莽招致的，而是命运使他卷入这种危险之中——而欢欣鼓舞。这些危险提供了一个锻炼英雄般的坚强无畏精神的机会。他的努力使他感到极大的喜悦。这种喜悦来自对更大的合宜性和应得的赞扬的自觉。一个可以顺利地经受各种锻炼的人不会厌恶用最严酷的办法来测试他的力量和能动性。同样，一个能控制自己所有激情的人也不会害怕宇宙的主宰认为放到他身上来是合宜的任何环境。神的恩惠已经给予他各种美德，使他能左右各种各样的环境。如果遇到愉快，他就用克制态度去约束它；如果遇到痛苦，他就用坚定的意志去忍受它；如果遇到危险或死亡，他就用高尚勇敢和坚忍不拔的精神来鄙视它。在人类生活的各种事变之中，不会发现他手足无措，或者，不会发现他茫然不知如何维持自己的情感和行为的合宜性。在他想来，这种情感和行为的合宜性直接构成他的光荣和幸福。

斯多葛学派的学者似乎把人生看成是一种需要高超技巧的游戏。然而，在这个游戏中，混杂着某种偶然性，或者说混杂着一种被粗俗地理解为运气的东西。在这种游戏中，赌注通常是微不足道的，全部乐趣来自玩得好、玩得公正和玩得富有技巧。然而，尽管用尽全部技巧，如果在偶然性的影响下，一个聪明的游戏者恰好输了，这应当看成是一种欢乐而不是伤心已极的事。他没有走错一步棋；他没有做出自己应当为之感到羞耻的事情，他充分享受着游戏所能带来的全部乐趣。相反，如果一个笨拙的参加游戏的人，尽管走错了全部棋子，在偶然性的影响下恰好赢了，他的成功也只能给他带来微不足道的满足。他想到自己所犯的全部过错就感到耻辱。甚至在游戏过程中他也不能享受到他能从中得到的一部分乐趣。因为未能掌握游戏的规律，所以担心、怀疑和踌躇这些令人不快的情感几乎在他每走一步棋之前就在他心里产生。当发现自己走了一步大错棋时的悔恨，通常使他不快到极点。在斯多葛学派的学者看来，人生以及可以随之而来的一切好处，只应当看成是一个微不足道的两便士硬币的赌注——一个渺小到不值得想望关心的东西。我们唯一应当挂虑的不是两便士的赌金，而是游戏时的恰当方式。如果我们把自己的幸福寄托在赢得这个赌金上，我们就把它寄托在我们力所不及的、不受我们支配的偶然因素上。我们必然使自己面临无休无止的担心和不安，并且常常使自己面临令人悲伤和屈辱的失望。如果我们把自己的幸福寄托在玩得好、玩得公正、玩得聪明和富有技巧之上，寄托在自己行为的合宜性之上，总之，把自己的幸福寄托在靠了适当的训练、教育和专注、自己完全有能力去控制、完全受自己支配的东西之上，我们的幸福就完全有保证，并且不受命运的影响。如果我们行为的结果，超出了我们的控制能力，同样也超出我们关心的范围，我们就不会对行为的结果感到担心或焦虑，也不会感到任何悲伤甚或严重的失望。

斯多葛学派的学者们说，人类生活本身，以及可能随之而来的种种便利或不便利，可以根据不同的情况而分别成为我们取舍的合宜对象。如果在我们的实际处境中，使天性感到愉快的情况多于使它感到不快的情况，也就是说，作为选择对象的情况多于作为抛弃对象的情况，在这种场合，从整体上说，生活是合宜的选择对象，而且行为的合宜性需要我们继续生活下去。另一方面，如果在我们的实际处境中，由于不可能有任何改善的希望，使天性感到不快的情况多于使它感到愉快的情况，也就是说，作为抛弃对象的情况多于作为选择对象的情况，在这种场合，对智者来说，生活本身成为抛弃的对象，他不仅有权摆脱这种生活，而且，行为的合宜性，即神为了指导他的行动而给他规定的法则，也需要他这样做。爱比克泰德说：我被吩咐不得住在尼科波利斯，我就不住在那里。我被吩咐不得住在雅典，我就不住在雅典。我被吩咐不得住在罗马，我就不住在罗马。我被吩咐得住在狭小而岩石多的杰尔岛，我就住在那儿。但是杰尔岛的房子受到烟熏火燎，如果烟小一些我就会忍受着住下去。如果烟太大，我就会去另一所房子，到了那儿，再也没有什么威力可以叫我离开。我总是惦记着把门开着，在我高兴时就可以走出来，还可以到另一所适宜的房子里去隐居。这所房子在一切时候都向世人敞开。因为在那儿，除贴身的衣服之外，除自己的躯体之外，没有一个活着的人有任何可以凌驾于我的权力。斯多葛学派的这个学者说，如果你的处境大体上是令人不快的；如果你的房子烟熏火燎得太厉害，你务必得走出来，但是走出来时不要发牢骚、不要嘟哝或抱怨。平静地、满意地、高高兴兴地走出来，并且答谢神祇们。这些神出于她们极大的恩惠，敞开了死亡这个安全和平静的避风港，随时可以在人类生活充满风暴的海洋上接待我们。这些神准备了这个神圣的、不受侵犯的、巨大的避难所。它总是敞开着，随时可以走进去，完全把人类生活中的狂暴和不义排除在外，并且大得足以容纳一切愿意和不愿意到这儿来隐居的人。这个避难所剥夺了一切人一切抱怨的借口，甚至消除了这样一种幻想，即：人类生活中除了诸如人由于愚蠢和软弱而遭受的不幸之外还会有什么不幸。

斯多葛学派的学者们，在他们的一些流传给我们的哲学片段中，有时谈到愉快甚至轻松地抛弃生命。我们认为，这些哲学家可能用这些段落来引诱我们相信他们的想象：无论什么时候，由于微小的厌恶和不适，人们可以带着嬉闹和任性的心情合宜地抛弃生命。爱比克泰德说："当你同这样的人一起吃晚饭时，你为他告诉你有关他在迈西恩战争中的冗长的故事发牢骚。他说：'我的朋友，在告诉了你我在这样的地方如何占领高地之后，我现在还要告诉你在另一个地方我是如何陷入包围之中的。'但是，如果你决意不再忍受他那冗长的故事的折磨，就不去领受他的晚餐。如果领受了他的晚餐，你就找不到起码的借口来抱怨他讲那冗长的故事。这种情况和你所说人类生活中的邪恶是同一回事。不要埋怨不论什么时候你都有力量去摆脱的东西。”尽管表述的口气带有愉快甚至轻松的味道，然而，在斯多葛学派的学者们看来，在抛弃生命或继续生活下去之间的抉择，是一件需要极其严肃和慎重地去考虑的事情。在我们得到早先把我们放到人类生活中来的主宰力量明确无误地要我们抛弃生命的召唤之前，我们绝不应该这样做。但是我们不仅仅在到了人生指定的和无法再延长的期限时，才认为自己受到这样的召唤。无论什么时候，主宰力量的天意已经把我们的生活条件从整体上变成合宜的抛弃对象而不是选择对象时，这个主宰力量为了指导我们的行为而给我们规定的伟大法则，就要求我们抛弃生命。那时，可以说我们听到了神明确无误地号召我们去这样做的庄严而又仁慈的声音。

在斯多葛学派的学者看来，正是因为上述理由，离开生活，对一个智者来说，虽然是十分幸福的，但是这可能是他的本分；相反，继续生活下去，对一个意志薄弱者来说，虽然必定是不幸的，但是这可能是他的本分。如果在智者的处境中，天然是抛弃对象的情况多于天然是选择对象的情况，那么，他的整个处境就成为抛弃的对象。神为了指导他的行为而给他规定的准则，要求他像在特定的情况下所能做到的那样，迅速地离开生活。然而，甚至在他可能认为继续生活下去是合适的时候，他那样做也会感到非常幸福。他没有把自己的幸福寄托于获得自己所选择的对象或是回避自己所抛弃的对象，而总是把它寄托于十分合宜地作出取舍。他不把幸福寄托于成功，而把它寄托于他所作出的各种努力的合宜性。相反，如果在意志薄弱者的处境中，天然是选择对象的情况多于天然是抛弃对象的情况，那么，他的整个处境就成为合宜的选择对象，而继续生活下去就是他的本分。然而，他是不幸的，因为他不知道如何去利用那些情况。假使他手中的牌非常好，他也不知道如何去玩这些牌。而且，在游戏过程中或终结时，不管其结果以什么方式出现，他都不能得到任何真正的满足*。

虽然斯多葛学派的学者或许比古代任何其他学派的哲学家更坚定地认为，在某些场合，心甘情愿地去死具有某种合宜性，然而，这种合宜性却是古代各派哲学家们共同的说教，甚至也是只求太平不求进取的伊壁鸠鲁学派的说教。在古代各主要哲学派别的创始人享有盛名的时期；在伯罗奔尼撒[1]战争期间和战争结束后的许多年中，希腊的各个城邦国家内部几乎总是被极其激烈的派别斗争搞得一片混乱，在国外，它们又卷入了极其残酷的战争。在这些战争中，各国不仅想占领或统治，而且想完全消灭一切敌国，或者，同样残酷地想把敌人驱入最坏的境地，即把他们贬为国内的奴隶，把他们（男人、妇女和儿童）像牲口一样出售给市场上出价最高的人。这些国家大都很小，这也很可能使它们往往陷入下述种种灾难之中。这种灾难，或许是它们实际上已经遭受的，或者起码是意欲加到自己的一些邻国头上去的。在这种风云变幻的处境中，最清白无辜而地位最高并担任最重要公职的人，也不能保障任何

---

* 见西塞罗：《论目的》，第三册，ªC. 18ª。奥利弗特编辑的版本。

〔1〕 伯罗奔尼撒，希腊南部一半岛。

人的安全，即使他家里的人，他的亲戚和同胞，也总有一天会因为某种怀有敌意的激烈的派别斗争的广泛开展而被判处最残酷和最可耻的刑罚。如果他在战争中被俘，如果他所在的那个城市被占领，他就会受到更大的伤害和侮辱。但是，每个人自然而然地，更确切地说，必然地在自己的想象中熟悉了这种他预见到在他的处境中经常会遇到的灾难。一个海员不可能不常常想到：风暴、船只损坏、沉没海中，以及他自己在这种情况下所能有的感受和行动。同样，希腊的爱国者或英雄也不可能不在自己的想象中熟悉各种各样的灾难。他意识到自己的处境常常会，更确切地说，一定会使他遇到这些灾难。像一个美洲野蛮人准备好他的丧歌，并想好他落到敌人的手中，在他们无休无止的折磨以及所有旁观者的侮辱和嘲笑中死去时，如何行动那样，一个希腊的爱国者或英雄不可避免经常地用心考虑：当他被流放、被监禁、沦为奴隶、受到折磨、送上刑场时，他会受到些什么痛苦和应当如何行动。但是，各派的哲学家们，不但非常正确地把美德，即智慧、正直、坚定和克制行为，表述成很有可能去获得幸福甚至是这一生幸福的手段，而且把美德表述成必然和肯定获得这种幸福的手段。然而，这种行为不一定使这样做的人免除各种灾难，有时甚至使他们经受这些灾难——这些灾难是伴随国家事务的风云变幻而来的。因此，他们努力表明这种幸福同命运完全无关，或者起码在很大程度上同命运无关；斯多葛学派的学者们认为它们是同命运完全无关的，学院派和逍遥学派的哲学家们认为它们在很大程度上是和命运无关的。智慧、谨慎和高尚的行为，首先是最有可能保障人们在各项事业中获得成功的行为；其次，虽然行为会遭到失败，但内心并不是没有得到什么安慰。具有美德的人仍然可能自我赞赏，自得其乐，并且不管事情是否如此糟糕，他可能还会感到一切都很平静、安宁和和谐。他也常常自信获得了每个有理智和公正的旁观者——他们肯定会对他的行为表示钦佩，对他的不幸表示遗憾——的热爱和尊敬，并以此来安慰自己。

同时，这些哲学家努力表明，人生易于遭受到的最大的不幸比通常所设想的更容易忍受。他们努力指出那种安慰，即一个人在陷入贫困、被流放、遭到不公正的舆论指责，以及在年老体衰和临近死亡时双目失明或失去听觉的情况下劳动时，他还能得到的那种安慰。他们还指出了那种需要考虑到的事情，即在极度的痛苦甚至折磨中、在疾病中、在失去孩子以及朋友和亲人等死亡时所感到的悲伤中，可能有助于保持一个人的坚定意志的那些需要考虑到的事情。古代哲学家们就这些课题撰写的著作中流传到现在的几个片段，或许是最有教益和最有吸引力的古代文化遗产。他们学说中的那种气魄和英雄气概，和当代一些理论体系中的失望、悲观、哀怨的调子形成了极好的对照。

但是，当古代的这些哲学家努力用这种方法提出各种需要考虑的事情——它们能以持久的耐心，如同弥尔顿所说的能以三倍的顽强，来充实冥顽不灵的心胸——的时候，他们同时也以极大的努力使他们的追随者们确信：死没有什么也不可能有什么罪恶；如果他们的处境在某些时候过于艰难，以致他们不能恒久地忍受，那么，办法就在身边，大门敞开着，他们可以愉快地毫无畏惧地离开。他们说，如果在这个世界之外没有另一个世界，人一死就不存在什么罪恶；如果在这个世界之外另有一个世界，神必然也在那个世界，一个正直的人不会担心在神的保护下生活是一种罪恶。总之，这些哲学家准备好了一首丧歌——如果我可以这样说的话——希腊的爱国者和英雄们在适当的场合会使用这首歌；我想必须承认，斯多葛学派各个不同的派别已经准备好更为激越和振奋人心的歌。

然而，自杀在希腊人中间并不多见，除了克莱奥梅尼之外，我现在想不起还有哪一个非常著名的希腊爱国者或英雄亲手杀死自己。阿里斯托梅尼之死和埃阿斯之死一样，发生在真实历史时期以前很久。众所周知的地米斯托克利之死的故事虽然发生在真实历史时期，但是这个故事带上了种种富有浪漫情调的特征。在其生平普卢塔克[1]已作记述的所有那些希腊英雄中，克莱奥梅尼似乎是唯一用自杀这种方式结束生命的人。塞拉门尼斯、苏格拉底和福基翁，他们当然不乏勇气去使自己遭受监禁之苦并心平气和地服从自己的同胞们不公正地宣判的死刑。勇敢的欧迈尼斯听任自己被叛变的士兵交给敌人安提柯[2]，并挨饿致死而没有任何暴力反抗的企图。被梅塞尼亚斯监禁起来的这个勇敢的哲学家，被丢入地牢，并且据说是被秘密毒死的。确实，有几个哲学家据说是用自杀这种方式结束生命的，但是有关他们生平的记述十分拙劣，因而涉及他们的大部分传说很难相信。对于斯多葛学派的学者芝诺之死有三种不同的记述。一种记述是：在身体非常健康地活了98岁之后，他在走出自己讲学的书院时忽然跌倒在地，虽然他除

---

〔1〕 普卢塔克(46？—120?)，希腊传记作家。

〔2〕 安提柯(公元前382？—公元前301?)，亚历山大麾下的大将，公元前306—前301年为马其顿国王。

了一个手指骨折或脱臼之外没有受到任何别的伤害，他还是用手捶击地面，并用欧里庇特斯[1]笔下的尼俄柏[2]的口气说道："我来了，为什么你还叫我？"然后立刻回家，上吊身死。在年事已高时，一个人会认为他只具备一丁点儿继续生活下去的耐心。另一种记述是：也是在98岁的高龄，由于同样一种偶然事件，他绝食而死。第三种记述是：他在72岁的那一年寿终。这是记述的三种死法中可能性最大的一种，也被一个同时代的权威证实，此人在当时必定有一切机会去很好地了解真情，他叫珀修斯，原来是一个奴隶，后来成为芝诺的朋友和门徒。第一种记述是泰尔的阿波罗尼奥斯作出的，他大约在奥古斯都[3]、恺撒统治时期、在芝诺死后的二三百年期间享有盛名。我不知道谁是第三种记述的作者。阿波罗尼奥斯本人是斯多葛学派的一个学者，他可能认为，这会给大谈自愿结束生命，即用自己的手自杀的派别的创立者带来荣誉。文人们，虽然在他们死后人们常常比他们同时代的那些显赫的王侯或政治家更多地谈到他们，但是，在他们活着的时候，却通常很不引人注目，无足轻重，因此同时代的历史学家们很少记述他们的奇异的经历。为了满足公众们的好奇心，也因为没有权威性的文献可以证实或推翻有关他们的叙述，后来的一些历史学家们，似乎常常按照他们自己的想象来塑造这些文人，而且几乎总是大量地夹

[1] 欧里庇特斯(公元前480？—公元前406)，希腊悲剧作家。

[2] 尼俄柏，希腊神话中底比斯王安菲昂之妻，有子女14人，后为阿波罗等所杀，悲伤不已，成为化石，仍有泪水从石中涌出。

[3] 奥古斯都(公元前63—公元14)，罗马第一任皇帝，公元前27—公元14在位。

带着一些奇迹。就芝诺的情况来说，这些奇迹虽然没有得到权威人物的证实，但是，似乎压倒了得到最好证实的那些可能发生的情况。第欧根尼·拉尔修显然认为阿波罗尼奥斯的记述更好。卢西安和拉克坦提乌斯似乎既相信老死的记述也相信自杀的记述。

自杀的风气显然在骄傲的罗马人中间比在活跃的、机灵的、应变力强的希腊人中间更为盛行。即使在罗马人中间，这种风气似乎在早期以及在那个被称为这个共和国讲究德行的时代也未形成。通常所说的雷古卢斯之死的故事虽然可能是一种传说，但也绝不会是虚构的，人们推测，某种耻辱会落到那个耐心地忍受着据说是迦太基给他的那种折磨的英雄的身上。我认为，在共和国的后期，这种耻辱会伴随着这种屈从。在共和国衰落之前的各种内战中，所有敌对政党中的许多杰出人物，宁愿亲手了结自己，而不愿落入自己的敌人之手。为西塞罗所颂扬而为恺撒所指责的加图之死，或许成为举世瞩目的这两个最伟大的倡导者之间一个非常重大的争论问题，它为自杀这种死法打上了某种光辉的印记。这种死法其后似乎延续了好几个时代。西塞罗的雄辩胜过恺撒。赞美之声完全盖住了责备之声，其后好几个时代的自由爱好者把加图看成是最可尊敬的共和党殉难者。里茨红衣主教评论说：一个政党的领袖可以做他乐意做的任何事情，只要他保持自己朋友们的信任，就绝不会做错事。加图的显赫地位使他在若干场合有机会体验这条格言的真实性。加图，除了具有其他一些美德之外，似乎是一个贪杯的人。他的敌人指责他是酒鬼。但是，塞内加说：无论谁反对加图的这个缺点，他将会发现：纵酒过度比起加图会沉湎于其中的任何其他邪恶来，更容易被证明是一种美德。

在君主的属下，这种死法似乎在很长一段时期非常流行。在普林尼[1]的书信中，我们见到这样一段记载：一些人选择这种死法，是出于虚荣和虚饰，而不是出于即使在一个冷静和明智的斯多葛派学者看来也是合宜或必然能成立的某种动机。即使是很少步这种风气之后尘的女士们，似乎也经常在完全没有必要的情况下选择这种死法。例如，孟加拉的女士们在某些场合伴随她们的丈夫进入坟墓。这种风气的盛行必定造成许多在其他情况下不会发生的死亡。然而，人类最大的虚荣心和傲慢所能引起的一切毁坏，或许都没有这样大。

自杀的原则，即在某些场合可能开导我们，把这种激烈行为看成是一种称许和赞同对象的原则，似乎完全是哲学上的某种巧妙发挥。处于健全和完好状态的天性似乎从来不驱使我们自杀。确实，有某种消沉（人类天性在其他各种灾难中不幸容易发生的一种病态）似乎会带来人们所说的那种对于自我毁灭的不可抗拒的爱好。在常常从外表看来是非常幸运的情况下，而且有时尽管当事人甚至还具有极为严肃并给人以深刻印象的宗教感情，这种病态，众所熟知，仍把它那不幸的受害者赶到这种致命的绝境。用这种悲惨的方法结束生命的那个不幸的人不是责备的合宜对象，而是同情的合宜对象。试图在他们不应得到人间的一切惩罚时惩罚他们同不义一样荒谬。惩罚只能落在他们幸存在人间的朋友们和亲戚们身上，这些朋友和亲戚总是完全无罪的，而且，对他们来说，他们的亲友这样不光彩地死去必然只是一个非常重大的灾难。处在

---

〔1〕 普林尼(23—79)，罗马学者。

健全和完好状态中的天性,促使我们在一切场合回避这种不幸,在许多场合保护自己对抗这种不幸,虽然自己在这种保护中会遭到危险,甚或一定会丧生。但是,当我们既无能力保护自己免遭不幸,也没有在这种保护中丧生时,没有哪种天性中的原则,没有哪种对想象中的那个公正的旁观者的赞同的关注、对我们心中的那个审判员的判断的关注,似乎会号召我们用毁灭自己的方法去逃避这种不幸。只不过是我们自己脆弱的意识,我们无法以适当的勇气和坚定去忍受这种灾难的意识,促使我们去下这种自杀的决心。我不记得读到过或听说过,一个美洲野蛮人,在被某个敌对部落抓住并准备关押起来时就自杀身死,以免其后在折磨中,在敌人的侮辱和嘲笑中死去。他勇敢地忍受折磨,并且以十倍的轻视和嘲笑来回击敌人给予他的那些侮辱。他把这些引以为荣。

然而,对于生和死的轻视,同时,对于天命的极端顺从;对于眼前的人类生活中所能出现的每一件事表示十分满足,可以看成是斯多葛学派的整个道德学说体系赖以建立的两个基本学说。那个放荡不羁和精神饱满,但常常是待人苛刻的爱比克泰德,可以看成是上述前一个学说的真正创导者;而那个温和的、富有人性的、仁慈的安东尼努斯,是后一个学说的真正倡导者。

厄帕法雷狄托斯的这个解放了的奴隶,在年轻时曾遭受某个残暴的主人的侮辱,在年老时,因为图密善[1]的猜疑和反复无常而被逐出罗马和雅典,被迫住在尼科波利斯,并且无论何时都可以被同一暴君送去杰尔岛,或者处死,只是靠他抱有对人生的最大的

---

〔1〕 图密善(51—96),罗马皇帝,在位期为公元81—96年。

轻视心情，才能保持自己内心的平静。他从来不过于兴奋，相应地，他的言辞也不过于激昂。他声称人生的一切快乐和痛苦都无关紧要和无所谓。

性情善良的皇帝，世界上全部开化地区的权力至高无上的君主，当然没有什么特殊的理由去抱怨自己所得到的统治地位，他喜欢对事物的正常进程表示满意，甚至喜欢指出一般观察者通常看不出的一些优美之处。他说：在老年和青年这两种处境中，存在某种合宜的甚至是迷人的美妙之处；前者的虚弱和衰老同后者的风华正茂和精神饱满一样，都是适合于自然本性的。像青年是儿童的结局，成年是青年的结局一样，死亡对老年人来说也正是一种恰当的结局。他在另一场合说：像我们平常说医生吩咐这样一个人去骑马，或去洗冷水浴，或去赤脚走路那样，我们应当说，神这个宇宙伟大的主宰和医生，吩咐这样一个人生病，截去一部分肢体、或者失去一个孩子。根据日常生活中医生的处方，病人吞咽了一服又一服苦涩的药剂，经受了一次又一次痛苦的手术。然而，正是由于抱着可以康复这个很渺茫的希望，病人乐意地忍受着一切。同样，病人希望神这个伟大的医生的最苛刻的处方有助于自己的健康和自己最终的幸运和幸福。他可能充分相信：对全人类的健康、繁荣和幸福来说，对推行和完成丘比特伟大的计划来说，这些处方不仅是有益的，而且是必不可少的。如果不是这样，宇宙之主就不会开出这些处方。这个无所不知的造物主和指导者就不会容忍这些事情发生。像宇宙中所有的甚至是最小的相辅相成的事物彼此非常相称一样，像它们都有助于组成一个巨大的、互相联系的体系一样，一切事件，甚至表面看来毫无意义的一系列接踵而来的事件，组成了各种因果关系的大锁链中的一部分，并且是必要的一部分。这些因果关系无始无终，并且由于它们都必然地来自整个宇宙原来的安排和设计，因此，它们不仅对宇宙的繁荣昌盛来说，而且对它的延续和保存来说，都是必需的。无论谁不真诚地接受落到他身上的任何事情，无论谁对落到自己身上的任何事情感到遗憾，无论谁希望这种事情不要落到自己身上来，谁就希望在延续和保存整个宇宙有机体的情况下，去阻止宇宙这架机器的运转，去粉碎这条连续的大锁链；谁就希望为了自己的一些微小的便利，去扰乱和破坏整个世界这部机器的运转。他在另一个地方说："啊！世界！对你来说是相宜的一切事情对我来说也是相宜的。没有什么对你来说是及时的事情，对我来说是太早了或太迟了。四季更迭带来的一切对我来说都是自然的果实。听凭你的摆布就是一切，投身于你那整体之中就是一切，为了你的正常运转就是一切。有个人说，啊！可爱的塞克罗普斯城。为什么你不说，啊！可爱的天堂？"

根据这些非常卓越的学说，斯多葛学派的学者，或者起码是斯多葛学派的某些学者，企图演绎出他们的全部怪论。

斯多葛学派的智者尽力去理解宇宙这个伟大主宰的观点，并且尽力用这位神所用的那种眼光来看待各种事情。但是，按照宇宙这个伟大主宰的安排顺序出现的各种各样的事件，在我们看来是无关紧要的或者事关重大的事情，对这个伟大的主宰本人来说，则如同蒲柏先生所说的那样，像肥皂泡破灭一样寻常；并且，打个比方说，一个世界的毁灭也是这样，它们同样是他从开天辟地起就已安排好的大锁链中的一些组成部分，都是同一种准确的智慧、同一种普施天下的和无边无际的仁慈的结果。同样,对斯多葛学派的智者来说,所有这些不同的事件都是完全一样的。确实,在这些事件的进程中,有一小部分是指定由他自己略加控制和支配的。在这一部分事件中,他尽其所能地做出合宜的行动,并且按照他所了解的向他发出的那些指令行事。但是,他对自己极其真诚的努力是得到成功还是失败,并不挂虑或深切关注。那一小部分事件,他承担一定责任的那一小部分体系,是进展得非常顺利还是完全遭到失败,对他来说是完全无关紧要的。如果这些事件完全听凭他来安排,那么,他就会从中选择一些并抛弃一些;但是,由于这些事件并不是由他来安排的,所以,他信任一个卓越的智者,并且对下述情况感到十分满意,即,所发生的事件(无论它可能是什么),正是那种如果他知道了事情的一切联系和因果关系后,就会极其真挚和热诚地希望它发生的事件。在这些原则的影响和指导下,他做的任何事情都是一样完美的。当他伸出自己的手指来表示这些手指通常用来做的什么事情时,他所完成的一个行动,在各方面都同他为报效自己的祖国而献出生命这个行动一样具有价值,一样值得称赞和夸奖。像对于宇宙的这个伟大主宰来说,最大限度地行使他的权力和些微行使他的权力,一个世界的缔造和毁灭以及一个肥皂泡的形成或破灭,都同样轻而易举、同样值得称赞、同样是同一种非凡的智慧和仁慈的结果那样,对斯多葛学派的智者来说,我们所说的高尚行为,同微不足道的举动相比,并不需要作更大的努力,前者和后者同样轻而易举,完全是从同一些原则出发,并没有什么地方具有较大的价值,也不该受到较多的称赞和夸奖。

由于所有那些达到了这种尽善尽美的境界的人都是同样幸福的，所以，所有那些稍有不足的人，不管他们如何接近这种完美的境界，都是同样不幸的。斯多葛学派的学者说，因为那个仅仅在水下一英寸的人同那个在水下一百码的人一样不能进行呼吸，所以，那个并没有完全克制自己个人的、局部的和自私的激情的人，那个除了追求一般的幸福之外还有别的急切的欲望的人，那个由于切望满足个人的、局部的和自私的激情而陷入不幸和混乱之中，而未能完全跨出这种深渊的人，同那个远离这种深渊的人一样不能呼吸那种自由自在的空气，不能享受智者的那种安全和幸福。由于这个智者的所有行动都是尽善尽美的，而且是同样完美，所以，所有那些并没有达到这种大智大慧境界的人都是有缺陷的，并且像斯多葛学派的学者们所自称的那样，有着同样的缺陷。他们说，因为某一真理不会比别的什么真理具有更大的正确性，某种谬误不会比别的什么谬误具有更大的错误，所以，一种光荣的行为不会比别的光荣行为具有更大的荣誉，一种可耻的行为也不会比别的可耻行为具有更大的耻辱。因为打靶时打歪一英寸的人同打歪一百码的人一样都没有打中靶子，所以，在我们面前不合宜地并没有充分理由地作出了对我们来说是毫无意义的行为的人，和在我们面前不合宜地并没有充分理由地作出了对我们来说是意义重大的行为的人，具有同样的错误。例如，不合宜地并没有充分理由地杀死了一只公鸡的人，和不合宜地并没有充分理由地杀害了自己父亲的人，具有同样的过错。

如果这两个怪论中的前一个似乎全然是一种曲解，那么，第二个怪论显然过于荒唐，不值得对它作认真的考察。它确实十分荒唐，因而人们无法不怀疑是否在某种程度上被误解或误传了。无论如何，我不能使自己相信：像芝诺或克莱安西斯这样据说是极为朴实和具有卓越辩才的人，会是斯多葛学派的这些或其他大部分怪论的创造者。这些怪论通常只是离题的诡辩，几乎不能给他们的理论体系带来什么荣誉，因而我不准备进一步加以阐述。我倾向于把这些怪论归在克里西波斯名下，的确，他是芝诺和克莱安西斯的门徒和追随者，但是，从所有流传到现在的有关他的著作看来，他似乎只是一个辩证法的空谈家，缺乏任何情趣和风采。他可能是第一个把他们的学说改编成具有矫揉造作的定义的学院式的或技术性体系的人，他的这种做法对于灭绝可能存在于任何道德学说或形而上学学说中的良知，或许是一种最好的权宜之计。这样一个人，很可能被人认为是过于刻板地曲解了他的老师们在描述具有完善美德的人的幸福以及任何缺乏这种品质的人的不幸时所作的那些生动表述。

一般地说，斯多葛学派的学者似乎已经承认，在未能具有完美的德行和幸福的人中，有一些可能有一定程度的成就。他们根据这些人所取得成就的大小把他们分成不同的类型；他们不把一些有缺陷的德行——他们设想这些人是能够实行的——称为正直的行为，而称为规矩、适当、正派和相称的行为，对这些行为可以加上一个似乎合理的或很可能合理的理性名称，西塞罗用拉丁文 *officia* 来表达，而塞内加则（我认为更加正确地）用拉丁文 *convenientia* 来表达。有关那些不完美的但是可以做到的德行的学说，似乎构成了我们可以称之为斯多葛学派的实用道德学的学说。这是西塞罗写的《论责任》一书的主题。据说，另外有一本马库斯·布鲁图所写的有关这个主题的书，但是该书今天已经失传。

造物主为了引导我们的行动而勾画出来的方案和次序，似乎和斯多葛派哲学所说的完全不同。

造物主认为，那些直接影响到多少由我们自己操纵和指导的那一小部分范围的事件，那些直接影响到我们自己、我们的朋友或我们国家的事件，是我们最关心的事件，是极大地激起我们的欲望和厌恶、希望和恐惧、高兴和悲伤的事件。如果这些激情过于强烈——它们很容易达到这样的程度——造物主就会适当地给予补救和纠正。真正的、甚或是想象的那个公正的旁观者，自己心中的那个伟大的法官，总是出现在我们面前，威慑这些激情，使它们回到那种有节制的合宜的心情和情绪中去。

如果尽管我们竭尽全力，所有那些能影响我们所管理的那一小部分范围的事件仍然产生出极为不幸的、具有灾难性的结果，造物主就绝不会不给我们一点安慰。不仅是自己心中那个人充分的赞赏会给我们带来安慰，而且，如果可能的话，一种更加崇高和慷慨的原则，一种对仁慈的智慧的坚定信任和虔诚服从，也能给我们带来安慰，这种仁慈的智慧指导着人世间的一切事件，而且，我们可以相信，如果这些不幸对整体的利益不是必不可少的话，这种仁慈的智慧就绝不会容忍这些不幸发生。

造物主并没有要求我们把这种卓越的沉思当作人生伟大的事业和工作。她只是向我们指出要把它当作我们在不幸中所能得到的安慰。而斯多葛派哲学则把这种沉思看成是人生伟大的事业和工作。这种哲学教导我们，在自己非常平静的心情之外，在自己内心所作的那些取舍的合宜性之外，没有什么事件（除非是同下述范围有关的事件)会引起我们诚挚而又急切的热情,这个范围就是我们既没有也不应去进行任何管理或支配的、由宇宙这个伟大主宰管辖的范围。斯多葛派哲学要求我们绝对保持冷淡态度,要我们努力节制以至根除我们个人的、局部的和自私的一切感情,不许我们同情任何可能落在我们、我们的朋友和我们的国家身上的不幸,甚至不许我们同情那个公正的旁观者的富有同情心而又减弱的激情,试图以此使我们对于神指定给我们作为一生中合宜的事业和工作的一切事情的成功或失败满不在乎和漠不关心。

可以说,这些哲学论断虽然可以使人们的认识更加混乱和困惑,但是,它们绝不能打断造物主所建立的原因和它们的结果之间的必然联系。那些自然而然地激起我们的欲望和厌恶、希望和恐惧、高兴和悲伤的原因,不顾斯多葛学派的一切论断,按照每个人对这些原因的实际感受程度,肯定会在每个人身上产生其合宜的和必然的结果。然而,内心这个人的判断可能在很大程度上受到这些论断的影响,我们内心的这个伟大的居住者可能在这些推断的教导下试图压抑我们个人的、局部的和自私的一切感情,使它们减弱到大体平静的程度。指导居住在我们内心这个人作出的判断,是一切道德学说体系的重大目的。毋庸置疑,斯多葛派哲学对它的追随者们的品质和行为具有重大的影响;虽然这种哲学有时可能促使他们不必要地行使暴力,但这种哲学的一般倾向是鼓励他们作出超人的高尚行为和极其广泛的善行。

IV. 除了这些古代的哲学体系之外,还有一些现代的哲学体系,后者认为美德存在于合宜性之中,或存在于感情的恰当之中。

我们正是根据这种感情对激起这种感情的原因或对象采取行动的。克拉克博士的哲学体系认为,美德存在于按照事物的联系采取的行动之中,存在于按照我们的行为是否合乎情理进行调整,使之适合于特定的事物或特定的联系之中。沃拉斯顿先生的哲学体系认为,美德存在于按照事物的真谛、按照它们合宜的本性和本质而做出的行为之中,或者说存在于按其真实情况而不是虚假情况来对待各种事物之中。沙夫茨伯里伯爵的哲学体系认为,美德存在于维持各种感情的恰当平衡之中,存在于不允许任何激情超越它们所应有的范围之中。所有这些哲学体系在描述同一个基本概念时都或多或少地存在错误。

这些哲学体系都没有提出,甚至也没有自称提出过任何能借以弄清或判断感情的恰当或合宜的明确的或清楚的衡量标准。这种明确的或清楚的衡量标准在其他任何地方都找不到,只能在没有偏见的见闻广博的旁观者的同情感中找到。

此外,上述各种哲学体系对美德的描述,或起码是打算和准备作出的描述——现代的一些作家并不是非常有幸能用自己的方法来进行这种描述的——就这些描述本身来说,无疑是非常公正的。没有合宜性就没有美德。哪里有合宜性,一定程度的赞赏就是应当的。但是,对美德的这种描述还不完善。因为,虽然合宜性是每一种具有美德的行为中的基本成分,但它并不总是唯一的成分。在各种仁慈行为中还存在另外一种性质,这些行为因而似乎不仅应当得到赞同,而且应当得到报答。现代任何哲学体系都没有成功地或充分地说明那种似乎应当给予这种仁慈行为的高度尊敬,或这种行动自然会激发出来的不同情感。对罪恶的描述更不完善。这同样是由于，虽然不合宜是每一种罪恶行为中必然会有的成分，但它并不总是唯一的成分。在各种没有伤害性和没有什么意义的行为之中，常常存在极其荒唐和不合宜的东西。某些对于同我们相处的那些人具有有害倾向的经过深思熟虑的行为，除不合宜之外还有其特定的性质，这些行为因而似乎不仅应该受到责备，而且应该受到惩罚；而且，这些行为不只是讨厌的对象，也是愤恨和报复的对象。现代任何哲学体系也都没有成功地和充分地说明我们对这样的行为所感受到的高度憎恶。

第二章　论认为美德存在于谨慎之中的那些体系

在那些认为美德存在于谨慎之中并基本流传下来的体系中，最古老的是伊壁鸠鲁学说的体系。然而，据说他那哲学的主要原则是从在他之前的一些哲学家，尤其是从亚里斯提卜那儿抄袭来的。虽然很有这种可能，尽管他的敌人作了这样的断言，但起码他阐述那些原则的方法完全是他自己的。

按照伊壁鸠鲁的说法，* 只有肉体的快乐和痛苦才是天然欲望和厌恶的首要对象。他认为它们总是欲望和厌恶这些激情的天然对象，这是用不着去证明的。确实，快乐有时似乎会成为回避的对象，然而，这不是因为它是快乐，而是因为享受了这种快乐，我们或者会丧失更大的快乐，或者会遭受一些痛苦。人们与其得到其

---

* 见西塞罗：《论善与恶的界限》第 1 册，狄欧根尼·拉尔修，I. X。

所渴望得到的愉快，不如避免这种痛苦。同样，痛苦有时似乎可以成为选择的对象，然而，这不是因为它是痛苦，而是因为忍受了这种痛苦我们可以避免某种更大的痛苦，或者获得某种更加重要的快乐。因此，伊壁鸠鲁认为，肉体的痛苦和快乐总是欲望和厌恶的天然对象，这是得到了充分证明的。不仅如此，他还认为，它们还是这些激情之唯一重要的对象。据他说，无论别的什么东西成了这种渴望或回避的对象，那是因为它具有产生上述快乐和痛苦感觉中的前者或后者的倾向。引起愉快的倾向把权力和财富变成人们所渴望的对象，相反，产生痛苦的倾向使得贫穷和低微变成人们讨厌的对象。荣誉和名声之所以值得重视，是因为同我们相处的人们的尊敬和爱戴是使我们愉快和免受痛苦的最重要的事情。相反，无耻行为和坏的名声之所以是回避的对象，是因为同我们相处的人的敌意、轻视和愤恨破坏了一切安全保障，并且必然使得我们受到最大的肉体上的苦痛。

按照伊壁鸠鲁的说法，内心的快乐和痛苦，最终还是来自肉体上的快乐和痛苦。想到过去在肉体上的一些快乐内心就感到愉快，并且希望得到另一些快乐；而想到过去在肉体上忍受过的痛苦，内心就感到难受，并且害怕今后遭受同样的或是更大的痛苦。

虽然内心的快乐和痛苦最终来自肉体上的快乐和痛苦，但是，它们比肉体上原来的感觉广泛得多。肉体只感受到眼前一时的感觉，而内心还感受到过去的和将来的感觉。用记忆来感受过去的感觉，用预期来感受将来的感觉，其结果，受到的痛苦和享受的快乐都比原来肉体的感觉广泛得多。伊壁鸠鲁说，在我们受到最大的肉体上的痛苦时，如果我们注意，总是能发现：我们所遭受到的不是眼前首先折磨自己的痛苦，而是极其苦恼地回想起过去的痛苦，或者更恐惧地害怕将来的痛苦。每种眼前的痛苦，只考虑其本身，割断同过去的和将来的一切痛苦之间的联系，只是小事一桩，不值得重视。然而，这正是人们所说的肉体上尚能忍受的一切痛苦。同样，当我们享受到最大的快乐时，我们总是能发现：这种肉体上的感觉，眼前一时的感受，只是我们愉快之中的微小的组成部分；我们的乐趣主要来自对过去的欢乐的愉快回忆，或者来自对将来的欢乐的更加使人喜悦的期望；并且，内心总是提供这种乐趣的最大份额。

因此，由于我们的愉快和痛苦主要由内心的感觉来决定，如果我们身上的这一部分天性处于良好的倾向之中，如果我们的想法和看法没有受到什么影响，那么，我们的肉体不论受到何种影响，都是次要的事情。如果我们的理智和判断力能保持它们的统治地位，那么，虽然我们遭受到巨大的肉体上的痛苦，我们仍然可以享受到一份很大的愉快。我们可以回想过去的快乐和展望将来的快乐，以使自己感到愉快；我们可以通过回想这种快乐曾经是一种什么样子，甚至在我们必须忍受某种苦难的情况下去作这样的回想，来减轻自己痛苦的剧烈程度。这仅仅是肉体上的感觉，仅仅是眼前一时的痛苦，就其本身来说不会是十分强烈的。我们由于害怕痛苦持续不断而遭受到的任何巨大的痛苦，都是内心某种想法的结果。这种内心的想法可以受到某些比较恰当的情感的修正，受到下面这些考虑的修正，即：如果我们的痛苦是巨大的，那么这种痛苦持续的时间可能很短；如果它们持续的时间很长，那么这种痛苦可能是适度的，并且其间有许多时间可能减轻；总而言之，死亡总是在身边，并且招之即来。按照伊壁鸠鲁的说法，死亡是所有的感觉、无论是痛苦还是快乐的终止，不能看成是一种罪恶。他说，如果我们活着，死亡就不来；如果死亡来了，我们就不再活着。因此，死亡对我们来说算不了什么。

如果眼前痛苦的实际感觉就其本身来说小得无须害怕，那么眼前快乐的实际感觉就更不值得追求。快乐感觉的刺激性自然比痛苦感觉的刺激性少得多。因此，如果痛苦的感觉只能稍许减少良好心情的愉快，那么，快乐的感觉就几乎不能给良好心情的愉快增加什么东西。如果肉体没有受到痛苦，内心也不害怕和担心，肉体上所增加的愉快感觉可能是非常不重要的事情，虽然情况可能不一样，但不能恰当地把这种情况说成是增加了上述处境中的幸福。

因此，按照伊壁鸠鲁的说法，人性最理想的状态，人所能享受到的最完美的幸福，就存在于肉体上所感到的舒适之中，存在于内心所感到的安定或平静之中。达到人类天性追求的这个伟大目标，是所有美德的唯一目的。据伊壁鸠鲁说，一切美德并不是因为本身的缘故而被人追求，而是因为它们具有达到这种境界的倾向。

例如谨慎，根据这种哲学，虽然它是一切美德的根源和基本要素，但并不是因为谨慎本身而被人追求。内心的那种小心、勤奋和慎重的状态，即始终注意和关切每一行为最深远的影响，它成为使人感到愉快和高兴的事情，并不是因为本身的缘故，而是因为，它具有促成最大的善行和消除最大的邪恶的倾向。

回避快乐，抑制和限制我们对于享乐的天然激情——这是自我克制的职责——也绝不可能是因为其自身的缘故而被人追求。

这种美德的全部价值来自它的效用，来自它能使我们为了将来更大的享乐而推迟眼前的享乐，或者能使我们避免受到有可能跟随眼前的享乐而来的某种更大的痛苦。总之，自我克制只不过是同快乐有关的一种谨慎。

勤劳不懈、忍受痛苦、勇敢面对危险或死亡，这些我们经常坚忍不拔地去经历的处境，确实是人类天性更不愿追求的目标。选择这些处境只是为了避免更大的不幸。我们不辞辛劳是为了避免贫穷所带来的更大的羞耻和痛苦。我们勇敢面对危险和死亡是为了保护自己的自由和财产，保护取得快乐和幸福的方法和手段；或者是为了保护自己的国家。我们自己的安全必然包含在国家的安全之中。坚忍不拔能使我们心甘情愿地做所有这一切，做出我们当前处境中所能做出的最好的行为。坚忍不拔实际上不外是在恰当地评价痛苦、劳动和危险——总是为了避免更加剧烈的痛苦、劳动和危险，而选择比较轻微的痛苦、辛劳和危险——的时候表现出来的那种谨慎、良好的判断和镇定自若。

正义也是如此。放弃属于他人的东西，不是因为这样做而成为人们所追求的事情。对你来说，我占有我自己的东西肯定不会比你占有它更好。不管怎样，你应当放弃任何属于我的东西，因为不这样做的话，将会激起人们的憎恨和愤怒。你内心的安定和平静就会荡然无存。你一想到你会想象到的、人们总是准备给你的惩罚，而且在你自己的想象中永远不会有什么力量、技艺和隐蔽处足以保护你自己免受这种惩罚，你就会满怀忧虑和惊恐。另一种正义，即存在于按照邻居、亲属、朋友、恩人、上司或同级这些同我们相处的人的种种关系来对他们做出相应好事之中的这种正义，是由于同样的理由而受到我们喜爱的。我们在所有这些不同的关系中所做出的合宜行为，会引起同我们相处的人们的尊敬和爱戴；如果不这样做，就会激起他们的轻视和憎恨。通过前一种行为，我们必然获得自己的舒适和平静这些我们一切欲望中最大的和最根本的目标，后一种行为则必然危及这种舒适和平静。因此，正义的全部美德，即所有美德之中最重要的美德，不外是对我们自己周围的人的那种慎重和谨慎的行为。

这就是伊壁鸠鲁有关美德本质的学说。似乎有点离奇的是，这个哲学家，这个被描述为态度极为和蔼的人，竟然没有注意到：无论这些美德或者与其相反的罪恶对于我们肉体上的舒适和安全具有何种倾向，它们在他人身上自然而然地激发出来的感情，比起其他的结果来，是更加强烈的欲望或厌恶的对象；成为一个和蔼可亲的人、成为被人尊重的人、成为尊敬的合宜对象，比之所有这些爱戴、尊重和尊敬所能导致的我们肉体上的舒适和安全来，是每一个善良的心灵更为重视的事情；相反，成为被人憎恶的人、成为被人藐视的人、成为愤恨的合宜对象，比起我们的肉体因为被人憎恶、藐视和愤恨而遭受到的全部痛苦来，是更可怕的事情；结果是，我们对某种品质的渴望和对另一种品质的厌恶，不会来自任何一种这样的考虑，即对这些品质对我们的肉体所能产生的后果的考虑。

毫无疑问，这种体系同我一直在努力建立的体系是完全不一致的。然而，恕我直言，我们不难发现这种体系产生于哪一方面，产生于对天性的何种看法或观点。根据造物主的聪明安排，在一切通常的场合，甚至对于尘世来说，美德就是实际的智慧，就是获得安全和利益的最可靠和最机灵的手段。我们事业的成功或失败,在很大程度上取决于平时对我们的看法的好坏,取决于同我们相处的那些人支持或反对我们的一般倾向。但是,获得利益和避免他人对我们不利的评判的最好的、最可靠的、最容易的和最机灵的办法,无疑是使自己成为前者而不是后者的合宜对象。苏格拉底说:"你想要得到一个优秀音乐家的名声吗?获得这个名声的唯一可靠的办法是成为一个优秀的音乐家。同样,你想被人认为有能力像一个将军或一个政治家那样去为国尽力吗?在这种情况下,最好的办法实在也是去获得指挥战争和治理国家的艺术和经验,并成为一个真正称职的将军或政治家。同样,如果你要人们把你看成是一个有理智的、能自我克制的、坚持正义的和公平待人的人,获得这些名声最好的办法是成为一个有理智的、能自我克制的、坚持正义的和公平待人的人。如果你能真正使自己成为一个和蔼可亲的、受人尊重的和令人敬爱的合宜对象,那就不必担心你不会很快获得同你相处的人们的爱戴、尊重和敬意。"由于美德的身体力行通常能带来如此多的利益,而为非作歹则如此有损于我们的利益,所以,对这两种相反趋势的考虑,无疑为前者打上了某种附加的美和合宜性的印记,为后者打上了某种新的丑恶的和不合宜的印记。自我克制、宽宏大量、坚持正义和仁慈善良,就这样不仅因为它们固有的品质、而且因为它们具有最高程度的智慧和最实在的谨慎这种附加的品质而得到人们的赞同。同样,与此相反的各种罪恶,即没有节制、卑怯胆小、行为不义以及用心狠毒的行为或卑鄙的自私自利,不仅因为它们固有的品质、而且因为它们最缺乏远见的愚蠢和虚弱这种附加的品质而为人们所非难。伊壁鸠鲁似乎只注意到全部美德中的这一种合宜性。这是正在努力说服他人用美德指导自己行动的那些人最容易想到的合宜性。如果人们通过他们的实践，或者通过流传在他们中间的格言，明确地证明美德所具有的天然优点不可能对自己产生重大的影响，又如何可能只用说明他们的行为愚蠢来打动他们的心呢？又有多少人到头来有可能为自己的愚蠢行为而吃到苦头呢？

通过把各种美德都归结为一种合宜性，伊壁鸠鲁放纵了一种癖好，这是一切人都会有的天然癖好，但是，尤其是某些哲学家特别喜欢养成这种癖好，作为显示自己的聪明才智的重要手段，也就是根据尽可能少的原则来说明一切表面现象的一种癖好。毫无疑问，当伊壁鸠鲁把各种天然欲望和厌恶的基本对象都归结为肉体的快乐和痛苦时，他已更深地沉溺于这种癖好之中。这个原子论哲学的伟大支持者，即在从最明显的和最常见的物质细小部分的形状、运动和排列中推导出人体的一切力量和技能时感到如此快乐的人，当他用相同的方法根据上述最明显和最常见的东西来说明内心的一切情感和激情时，无疑也感到了一种同样的愉快。

伊壁鸠鲁的体系与柏拉图、亚里士多德和芝诺的体系在如下方面是相同的，即，认为美德存在于以最合适的方法去获得*天然欲望的各种基本对象这样一种行动之中。它和其他一些体系的区别在于另外两个方面：首先，在于对那些天然欲望的基本对象所作的说明之中；其次，在于对美德的优点，或者对这种品质应当得到尊敬的原因所作的说明之中。

* prima naturae.

按照伊壁鸠鲁的说法，天然欲望的基本对象就是肉体上的快乐和痛苦，不会是别的什么东西；而按照其他三位哲学家的说法，还有许多其他的对象，例如知识，例如我们的亲人、朋友、国家的幸福等等，这些东西是因为其自身的缘故而成为人们的基本需要的。

伊壁鸠鲁还认为，不值得为了美德本身而去追求它，美德本身也不是天然欲望的根本目标，只是因为它具有防止痛苦和促进舒适和快乐这种倾向才成为适宜追求的东西。相反，在其他三位哲学家看来，美德之所以成为值得追求的东西，不仅是因为它是实现天然欲望的其他一些基本目标的手段，而且是因为就其本身来说它是比其他所有目标更重要的东西。他们认为，由于人为了行动而生，所以，人的幸福必然不仅存在于他那些被动感觉的愉快之中，而且也存在于他那些积极努力的合宜性之中。

第三章　论认为美德存在于仁慈之中的那些体系

认为美德存在于仁慈之中的体系，虽然我以为不如我已有所论列的其他一切体系那样古老，然而，它也是一种非常古老的体系。它似乎是奥古斯都时代以及其后的大部分哲学家的体系。这些哲学家们自命为折衷派，他们自称主要信奉柏拉图和毕达哥拉斯的观点，并且因此而以晚期柏拉图主义者的称号闻名。

根据这些作者们的看法，在神的天性中，仁慈或仁爱是行为的唯一规则，并且指导着所有其他品质的运用。神用她的智慧来发现达到她的善良本性所提出的那些目的的手段，以便用她那无限的力量来实现这些目的。可是，仁慈还是一种至高无上的和支配一切的品质，所有其他的品质都处于从属的地位，神的行为所表现的全部美德或全部道德——如果我可以作这样的表述的话——最终来自这种品质。人类内心的至善至美和各种美德，都存在于同神的美德的某些相似或部分相同之中，因而，都存在于充满着影响神的一切行为的那种仁慈和仁爱的相同原则之中。人类出于这种动机的行为，确实是独一无二的值得称赞的行为，或者，由神看来也可以称之为某种优点。只有做出充满博爱和仁慈的行为，我们才能模仿神的行为，并且模仿得像我们自己的行为一样；我们才能对神的种种美德表达我们恭顺和虔诚的赞美；才能通过在我们心中培植同样神圣的原则，把自己的感情熏陶得同至善的品质更为相像，从而成为神所喜爱和看重的较合宜的对象；我们最终才可以达到同上帝直接交谈和交流思想的地步，这就是这种哲学要唤起我们去达到的主要目标。

这种体系，如同受到古代基督教会的许多神父的高度尊敬一样，在宗教改革之后，也为一些极其虔诚和博学的以及态度极为和蔼的神学家，特别是拉尔夫·卡德沃思[1]博士、亨利·莫尔[2]博士、剑桥的约翰·史密斯先生所接受。但是，在这种哲学体系所有古代的和当代的支持者中，已故的哈奇森博士，无疑是无与伦比

〔1〕 卡德沃思(1617—1688)，英国哲学家。

〔2〕 莫尔(1614—1687)，英国哲学家。

的，他是一个观察力最敏锐的、最突出的、最富有哲理性的人，而最重要的是，他是一个最富有理智和最有见识的人。

美德存在于仁慈之中，这是一个被人类天性的许多表面现象所证实的观点。前已提及：合宜的仁慈是一切感情中最优雅和最令人愉快的感情；某种双重的同情促使我们欢迎这种感情；由于它必然倾向于行善，所以它是感激和报答的合宜对象；由于以上这些原因，仁慈似乎在我们的各种天然感情中占据了比其他各种感情更高尚的地位。我们也曾说过：即使仁慈的癖好在我们看来也不是非常令人不快的，而其他各种激情的癖好，总是使我们感到极大的憎恶。谁不憎恨过分的狠毒、过分的自私或过分的憎恨呢？但是最过分的溺爱，甚至带有偏心的友爱，并不如此令人讨厌。只有仁慈这种激情，可以尽量发泄而无须关心或注意其合宜性，并且仍然保持着一些迷人之处。甚至在某种本能的善意之中也存在一些令人感到高兴的东西，这种本能的善意不断地做好事，而从来不去理会这种行为是责备还是赞同的合宜对象。而其他的一些激情并不是这样，它们一为人所弃，一离开合宜感，就不再是令人感到愉快的激情了。

由于仁慈的感情给由它产生的那些行为以一种高于其他行为的美，所以，仁慈感情的缺乏，而更多的是同这种感情相反的倾向，常常会具有类似倾向的任何迹象带上一种特殊的道德上的缺陷。有害的行为之所以常常受到惩罚，只是因为这些行为表明对自己邻人的幸福缺乏足够的关注。

除了以上这些论述之外，哈奇森博士*还说，在被认为出自仁慈感情的任何行为中一发现其他的动机，我们对这种行为的优点的感觉，就会按人们认为这种动机影响这种行为的程度减弱。例如，如果一个被认为出自感激之心的行动，被人发现它是出自一种想得到某种新的恩惠的期望；或者，如果一个被认为出自公益精神的行动，被人发现它的根本动机是希望得到金钱报酬，这样一种发现，就会完全打消这些行动具有优点或值得称赞的全部想法。因此，由于混有任何自私的动机，像混有不纯的合金一样，减削了或完全消除了在不混有自私动机的情况下属于任何一种行动的那种优点。所以，哈奇森认为：很清楚，美德一定只存在于纯粹而又无私的仁慈之中。

相反，如果发现这些通常被认为出自某种自私动机的行为是出自某种仁慈的动机时，就会大大增强我们对这些行为的优点的认识。如果我们相信任何这样一个努力去增进自己幸福的人，他不是出于别的什么意图，而是想做一些有益的事情和对自己的恩人作适当的报答，我们就只会更加热爱和尊重这个人。这种考察似乎更加充分地证实了这个结论：只有仁慈才能为任何一种行为打上美德这种品质的印记。

最后，他想到了：在决疑者们就行为的正当性所展开的全部争论中，什么是能合理地说明美德的那种明白无疑的证据呢？他说，公众的利益是参加争辩的各家都不断提到的标准。因此，他们普

---

* 见《美德之研究》第1、2篇〔这里所提及的大概是在该书II. iii中；拉斐尔：《1650—1800年英国的道德学家》，第318—319节〕。

遍地承认，任何有助于促进人类幸福的行为，是正确的、值得称赞的和具有美德的；而相反的行为，就是错误的、应当责备的和邪恶的。在后来发生的关于消极的顺从和抵抗的正确性的争论中，人们看法大相径庭的唯一的一点是：在特殊利益受到侵犯的情况下，常见的屈服是否有可能带来比短暂的抵抗更大的罪恶？总的说来，最有利于人类幸福的行为是否不会在道德上也是善良的，他认为，这从未成为一个问题。

因此，由于仁慈是唯一能使任何行为具有美德品质的动机，所以，某种行为所显示的仁慈感情越是浓厚，这种行为必然能得到的赞扬就越多。

旨在谋求某个大团体的幸福的那些行为，由于它们表明比旨在谋求某个较小组织的幸福的那些行为具有更大的仁慈，所以，它们相应地具有更多的美德。因此，一切感情中具有最大美德的，是以一切有理智生物的幸福为自己奋斗目标的感情。相反，在某一方面可能属于美德这种品质的那些感情中具有极少美德的，是仅以个人的幸福，如一个儿子、一个兄弟或一个朋友的幸福为目标的那种感情。

完美的品德，存在于指导我们的全部行动以增进最大可能的利益的过程中，存在于使所有较低级的感情服从于对人类普遍幸福的追求这种做法之中，存在于只把个人看成是芸芸众生之一，认为个人的幸福只有在不违反或有助于全体的幸福时才能去追求的看法之中。

自爱是一种从来不会在某种程度上或某一方面成为美德的节操。它一妨害众人的利益，就成为一种罪恶。当它除了使个人关心自己的幸福之外并没有别的什么后果时，它只是一种无害的品质，虽然它不应该得到称赞，但也不应该受到责备。人们所做的那些仁慈行为，虽然具有根源于自私自利的强烈动机，但因此而更具美德。这些行为表明了仁慈原则的力量和活力。

哈奇森博士*不仅不承认自爱好歹是一种能促成具有美德行为的动机，而且，在他看来，甚至是对自我赞赏的愉快的一种关注，是使自己的良心得到安慰的一种喝彩，它减削了仁慈行为的优点。他认为这是一种自私自利的动机，就它对任何行为所起的作用而论，显示出那种纯粹而又无私的仁慈的弱点。只有纯粹而又无私的仁慈的感情，才能给人的行为打上美德品质的印记。然而，按照人们通常的看法，这种对自己内心赞赏的关注远未被看成是会在什么地方削弱某种行为所具美德的东西，它更多地被看成是应该得到美德这个名称的唯一动机。

这就是在这个温和的体系中对美德的本质所作的说明，这种体系具有一个特殊的倾向，那就是通过把自爱描述成绝不会给那些受它影响的人带来任何荣誉，在人们的心中培养和助长一切感情中最高尚的和最令人愉快的感情，从而不仅控制非正义的自爱，而且在一定程度上消除这种性情的影响。

正如我已给予说明的其他一些体系未能充分解释仁慈这种最高尚的品质的特殊优点是从什么地方产生出来的那样，这个学说体系似乎具有相反的缺陷：它没有充分解释我们对谨慎、警惕、慎

* 《美德之研究》第 2 篇，第 4 篇论文。也参看《关于道德感的若干说明》，第 5 篇，最后一段。

重、自我克制、坚持不懈、坚定不移等较低级的美德的赞同从何而起。我们各种感情的意图和目的，它们倾向于产生的有益或有害的结果，是这种体系所最关心的唯一要点。激起这些感情的原因是合宜还是不合宜，是相称还是不相称，则完全被忽略。

对我们自己个人幸福和利益的关心，在许多场合也表现为一种非常值得称赞的行为原则。节俭、勤劳、专心致志和思想集中的习惯，通常被认为是根据自私自利的动机养成的，同时也被认为是一种非常值得赞扬的品质，应该得到每个人的尊敬和赞同。确实，混有自私自利的动机，似乎常常会损害本当产生于某种仁慈感情的那些行为的美感。然而，发生这种情况的原因，并不在于自爱之情从来不是某种具有美德的行为动机，而是仁慈的原则在这种特殊的场合显得缺乏它应有的强烈程度，而且同它的对象完全不相称。因此，这种品质显然是有缺陷的，总的说来是应该受到责备而不应得到称赞的。在某种本来只是自爱之情就足以使我们去做的行动中，混有仁慈的动机，确实不会这样容易削弱我们对这种行为的合宜性的感觉，或者削弱我们对做出这种行动来的人所具有的美德的感觉。我们并不动辄猜疑某人存在自私自利这种缺陷。它绝不是人类天性中的弱点或我们易于猜疑的缺点。然而，如果我们真的相信某个人并不关心自己的家庭和朋友们，并不由此恰当地爱护自己的健康、生命或财产这些本来只是自我保护的本能就足以使他去做的事，这无疑是一个缺点，虽然是某种可爱的缺点，它把一个人变成与其说是轻视或憎恨的对象不如说是可怜的对象。但是，这种缺点还是多少有损于他的尊严和他那品质中令人尊重的地方。满不在乎和不节俭，一般不为人所赞成，但这不是由于缺乏仁慈，而是由于缺乏对自己利益的恰当关心。

虽然一些诡辩家常常用来判断人类行为正确或错误的标准是这种行为具有增进社会的福利还是促成社会混乱的倾向，但并不能由此推断，对社会福利的关心应当是行为的唯一具有美德的动机，而只能说，在任何竞争中，它应当寻求同所有其他动机的平衡。

仁慈或许是神的行为的唯一原则。而且，在神的行为中，有一些并不是站不住脚的理由有助于说服我们去相信这一点。不能想象，一个神通广大、无所不能的神——她一切都无求于外界，她的幸福完全可以由自己争取——其行动还会出于别的什么动机。但是，尽管上帝的情况是这样，对于人这种不完美的生物来说，维持自己的生存却需要在很大的程度上求助于外界，必然常常根据许多别的动机行事。如果由于人类的天性应当常常影响我们行动的那些感情，不表现为一种美德，或不应当得到任何人的尊敬和称赞，那么，人类天性的外界环境就特别艰难了。

那三种体系——把美德置于合宜性之中的体系，把美德置于谨慎之中的体系，以及认为美德存在于仁慈之中的体系——是迄今为止对美德的本质所作的主要说明。其他一切有关美德的描述，不管它们看上去是如何不同，都不难把它们归纳为三者中的这一个或那一个。

把美德置于对神的意志的服从之中的体系，既可以归入把美德置于谨慎之中的那个体系，也可以归入把美德置于合宜性之中的那个体系。假如有人提问：为什么我们要服从神的意志——如果因为怀疑我们是否应当服从神而提出这个问题，这就是一个对神极为不敬和极其荒唐的问题——这只能有两种不同的回答。或是这样回答：我们应当服从神的意志，因为她是一个法力无边的神，如果我们服从她，她将无休无止地报答我们，如果我们不服从她，她将无休无止地惩罚我们；或者是：姑且不谈对于我们自己的幸福或对于任何一种报酬、惩罚的考虑，一个生灵应当服从它的创造者，一个力量有限的和不完善的人，应当顺从力量无限和至善至美的神，这中间有着某种和谐性和合宜性。除了这两种回答中的这一个或另一个之外，不能想象，还能对这个问题作出任何别的回答。如果前一种回答是恰当的，那么，美德就存在于谨慎之中，或存在于对自己的根本利益和幸福的合宜的追逐之中，其原因就在于我们是被迫服从神的意志的。如果第二种回答是恰当的，那么美德就存在于合宜性之中，因为我们有义务服从的根本原因，是人类情感中的恰当性或和谐性，是对激起这些感情的客体的优势的顺从。

把美德置于效用之中的那个体系，也同认为美德存在于合宜性之中的那个体系相一致。按照这个体系，对自己本人或他人来说是愉快的或有益的一切品质，作为美德为人们所赞赏，而与此相反的一切品质，则作为邪恶为人们所反对。但是，任何感情的合宜性或效用，取决于人们允许这种感情存在下去的程度。每种感情如果受到一定程度的抑制，就是有用的；每种感情如果超过了这个合宜的界限，就是有害的。因此，根据这个体系，美德并不存在于任何一种感情之中，而是存在于所有感情的合宜程度之中。这个体系同我一直在努力建立的学说体系之间的唯一区别是：它把效用，而不是旁观者的同情或相应的感情，作为这种合宜程度的自然的和根本的尺度。

第四章 论放荡不羁的体系

到现在为止，我所阐述的所有那些体系，都认为，不管美德和罪恶可能存在于什么东西之中，在这些品质之间都存在着一种真正的和本质上的区别。在某种感情的合宜和不合宜之间、在仁慈和其他的行为原则之间、在真正的谨慎和目光短浅的愚蠢或鲁莽草率之间，存在着一种真正的和本质上的区别。还有，它们大体上都致力鼓励值得称赞的倾向和劝阻该受责备的倾向。

或许，上述体系中的某一些确实有几分倾向于打破各种感情之间的平衡，确实有几分倾向于使得人的内心偏重于某些行为原则并使其超过应有的比例。把美德置于合宜性之中的那些古代的道德学说体系，似乎主要在介绍那些高尚的、庄重的和令人尊敬的美德，自我控制和自我克制的美德：坚忍不拔、宽宏大量、不为钱财所左右、轻视痛苦、贫穷、流放和死亡这些肉体上的不幸。行为中最高尚的合宜性就在这些伟大的努力中展示出来。相形之下，这些古代的学说体系则很少强调那些和蔼的、亲切的、温和的美德，以及所有那些宽容仁爱的美德。相反，特别是斯多葛学派的学者常常只是把这些美德看成缺点，认为对一个富有理智的人来说，在自己的心中不应该容纳这些缺点。

另一方面，看重仁慈的体系，当它以最大的热忱来培育和鼓励所有那些较温和的美德时，似乎完全忽视了心灵中那些更为庄重的和更值得尊重的品质。它甚至不把它们称为美德。它把它们叫做道德能力，并认为它们本应该得到同被恰当地叫做美德的品质一样的尊重和赞赏。如果可能的话，它把所有那些只以自己个人利益为目的的行为原则看成是更坏的东西。它声称，它们本身绝不是具有优良品质的东西，当它们同仁慈这种感情一起发生作用时，它们会削弱后者。它还断言，当谨慎只是用来增进个人利益时，甚至绝不能看成是一种美德。

再者，认为美德只存在于谨慎之中的那个体系，在它以最大的热忱去鼓励慎重、警觉、冷静和明智的克制这些习性时，似乎在相同的程度上贬低了上述温和的和值得尊重的美德，并否定了前者的一切优美之处和后者的一切崇高之处。

尽管有着这些缺陷，那三个体系中的每一个，其基本倾向都是鼓励人类心中最高尚的和最值得称赞的习性。如果人类普遍地，甚或只有少数自称按照某种道德哲学的规则来生活的人，想要根据任何一种上述体系中的训诫来指导自己的行动的话，那么，这个体系就是对社会有用的。我们可以从每个体系中学到一些既有价值又有特点的东西。如果用训诫和规劝可以激励心灵中的坚忍不拔和宽宏大量的精神，那么，古代强调合宜性的体系似乎就足以做到这一点。或者，如果用同样的方法可以使人心变得富有人性，可以激发我们对同自己相处的那些人的仁慈感情和博爱精神，那么，强调仁慈感情的体系向我们展示的一些情景似乎就能产生这种效果。我们也能从伊壁鸠鲁的体系中知道——虽然它无疑是上述三种体系中最不完美的一种——躬行温和的美德和令人尊敬的美德，是如何有助于增进我们的，甚至是我们今世的利益、舒适、安全和清静。由于伊壁鸠鲁把幸福置于舒适和安定的获得之中，所以，他努力用某种特殊的方法表明，美德不只是最高尚的和最可靠的品质，而且是获得这些无法估价的占有物的唯一手段。美德给我们内心的平静和安定带来的良好效果，是其他一些哲学家着重称赞过的东西。伊壁鸠鲁没有忽视这个问题，他曾经极力强调那种温和的品质对我们外部处境的顺利和安全所产生的影响。正是因为这个原因，古代世界各种不同的哲学派别的人们才研究他的著作。西塞罗这个伊壁鸠鲁学说体系的最大敌人，也正是从他那儿引用了最为人所赞赏的论证：只有美德才足以保证你获得幸福。塞内加虽然是一个斯多葛学派（该派是最反对伊壁鸠鲁的学说体系的）的哲学家，但是，他也比任何人更经常地引用这个哲学家的论述。

然而，还有另外一个似乎要完全抹杀罪恶和美德之间区别的道德学说体系，这个学说体系的倾向因此就十分有害。我指的是孟德维尔[1]博士的学说体系。虽然这位作者的见解几乎在每一方面都是错误的，然而，以一定的方式观察到的人类天性的某些表现，乍看起来似乎有利于他的这些见解。这些表现被孟德维尔博士以虽则粗鲁和朴素然而却是活泼和诙谐的那种辩才加以描述和夸张之后，给他的学说加上了某种真理或可能是真理的外观，这种外观非常容易欺骗那些不老练的人。

孟德维尔博士把任何根据某种合宜感、根据对于什么是值得表扬和值得称赞的这个问题的某种考虑所做出来的行为，看成是出自对称赞和表彰的爱好，或者出自像他所说的那种爱好虚荣的行为。他说，人更加关心的自然是自己的幸福而不是他人的幸福，

〔1〕 孟德维尔（1670—1733），荷兰著作家和经济学家。

他不可能在自己的心中真正地把他人的成功看得比自己更重。他一显示出自己是在这样做，我们就可以确信他是在欺骗我们，也可以确信，他接下去就会同在其他一切时候一样，根据同一种自私自利的动机行事。在他身上的其他一些自私自利的激情中，虚荣心是最强有力的一种，因而他动辄对在他周围的那些人的赞赏感到荣幸和极大的振奋。当他看来是为了同伴的利益而牺牲自己的利益时，他知道，这种行为将大大地满足同伴们的自爱之心，而且，同伴们肯定会通过给予他绝非寻常的称赞来表示他们的满足。在他看来，他预期从这种行为中得到的快乐，将超过他为得到这种快乐而放弃的利益。因此，他的行为实际上正是一种自私自利的行为，恰如在其他任何场合那样，出自某种自私的动机。可是，他感到满意，而且他以这种信念来使自己感到高兴，那就是，自己的这种行为完全是无私的，因为，如果不是这样想的话，在他自己或他人看来，这种行为似乎就不值得提倡。因此，根据他的体系，一切公益精神，所有把公众利益放在个人利益前面的做法，只是一种对人类的欺诈和哄骗，因而，这种被大肆夸耀的人类美德，这种被人们争相仿效的人类美德，只是自尊心和奉承的产物。

我现在不准备考察，最慷慨大方和富有公益精神的那些行为是否有可能在某种意义上不被看成是来自自爱之心。我认为，这个问题的回答对于确定美德的实质并不具有重大的意义，因为，自爱之心常常会成为具有美德这种品质的行为的动机。我只准备努力说明，那种想做出光荣和崇高行为的欲望，那种想使自己成为尊敬和赞同的合宜对象的欲望，不能恰当地叫做虚荣。甚至那种对于名副其实的声望和名誉的爱好，那种想获得人们对于自己身上真正可贵的品质的尊敬的欲望，也不应该称为虚荣。前一种是对于美德的爱好，是人类天性中最高尚的和最美好的激情。后一种是对真实的荣誉的爱好，这无疑是一种比前者低一级的激情，但它的高尚程度似乎次于前者。渴望自己身上的那些既不配获得任何程度的称赞，本人也并不期待会获得某种程度称赞的品质，能够获得人们的称赞；想用服装和饰物的浮华装饰，或用平时行为中的那种同样轻浮的做作，来表现自己的品质，这样的人，才说得上是犯有虚荣毛病的人。渴望得到某种品质真正应该得到的称赞，但完全知道自己的品质不配得到这种称赞，这样的人，才说得上是犯有虚荣毛病的人。那种经常摆出一副自己根本配不上的那种显赫气派的腹中空空的纨绔子弟；那种经常假装自己具有实际上并不存在的惊险活动的功绩的无聊的说谎者；那种经常把自己打扮成实际上没有权利去染指的某一作品的作者的愚蠢的抄袭者，对这样的人，才能恰当地指责为具有这种激情。据说，这样的人也犯有虚荣毛病：他不满足于那些未明言的尊敬和赞赏的感情；他更喜欢的似乎是人们那种喧闹的表示和喝彩，而不是人们无声的尊敬和赞赏的情感；他除了亲耳听到对自己的赞赏之外从不感到满足，他迫不及待地强求硬讨在他周围的人们的一切尊敬的表示；他喜欢头衔、赞美、被人拜访、有人伴随、在公共场合受到带着敬意和关注表情的人们的注意。虚荣这种轻浮的激情完全不同于前面两种激情，前两种是人类最高尚和最伟大的激情，而它却是人类最浅薄和最低级的激情。

但是，虽然这三种激情——使自己成为荣誉和尊敬的合宜对象的欲望，或使自己成为有资格得到这些荣誉和尊敬的那种人的欲望；凭借真正应该得到这种荣誉和尊敬的感情，去博得这些感情的欲望；至少是想得到称赞的轻浮的欲望——是大不相同的；虽然前两种激情总是为人们所赞成，而后一种激情总是为人们所藐视，然而，它们之间有着某种细微的雷同之处，这种雷同被那个灵活的作者以幽默而又迷人的口才加以夸大后，已使他能够欺骗他的读者。当虚荣心和对于名副其实的荣誉的爱好这两种激情都旨在获得尊敬和赞美时，它们之间有着某种雷同。但是，两者之间存在这样一些区别：前者是一种正义的、合理的和公正的激情，而后者则是一种不义的、荒唐的和可笑的激情。渴望以某种真正值得尊敬的品质获得尊敬的人，只不过是在渴望他当然有资格获得的东西，以及那种不做出某种伤害公理的事情就不能拒绝给他的东西。相反，在任何别的条件下渴望获得尊敬的人，是在要求他没有正当权利去要求的东西。前者很容易得到满足，不太会猜疑或怀疑我们是不是没有给予它足够的尊敬，也并不那么渴望看到我们表示重视的许多外部迹象。相反，后者则从来不会感到满足，它充满着这样一种猜疑和怀疑，即，我们并没有给予他自己所希望的那么多的尊敬，因为他内心有这样一种意识：他所渴望得到的尊敬大于他应该得到的尊敬。对于礼仪的最小疏忽，他认为是一种不能宽恕的当众侮辱，是一种极其轻视的表现。他焦躁而又不耐烦，并且始终在害怕失去我们对他的一切敬意。为此他总是急切地想得到一些新的尊敬的表示，并且只有不断地得到奉承和谄媚，才能保持自己正常的性情。

在使自己成为应当得到荣誉和尊敬的人的欲望和只是想得到荣誉和尊敬的欲望之间、在对美德的热爱和对真正荣誉的热爱之间，也有某种雷同之处。不仅在它们都旨在真正成为光荣的和高尚的人这个方面彼此相像，甚至还在以下方面彼此相像，即两者对真正荣誉的热爱都类似那种被恰当地叫做虚荣心的品质，即某些涉及他人感情的品质。然而，即使是最宽宏大量的人，即使是因美德本身而渴望具有美德的人，即使是漠不关心世人对自己的实际看法的人，也仍会高兴地想到世人应对他抱有什么看法，高兴地意识到虽然他可能既没有真的得到荣誉也没有真的得到赞赏，但是，他仍然是荣誉和赞赏的合宜对象；并意识到如果人们冷静、公正、切实和恰当地了解他那行为的动机和详情，他们肯定会给予他荣誉和赞赏。虽然他藐视人们实际上对他抱有的看法，但他高度重视人们对他所应当持有的看法。他的行为中最崇高和最高尚的动机是：他可能认为，不管别人对他的品质会抱有什么想法，自己应该具有那些高尚的情感；如果他把自己放到他人的地位上，并且不是考虑他人的看法是什么，而是考虑他人的看法应当是什么的话，他总是会获得有关自己的最高的评价。因此，由于在对美德的热爱中，也多少要考虑他人的观点，虽然不是考虑这种观点是什么而是考虑在理智和合宜性看来这种观点应当是什么，所以，即使在这一方面，对美德的热爱和对真正荣誉的热爱之间也有某些雷同之处。但是，两者之间同时也存在某种非常重大的区别。那个只是根据什么是正确的和适宜去做的这种考虑、根据什么是尊敬和赞赏（虽然他绝不会得到这些感情）的合宜对象这种考虑行事的人，总是在根据人类天性所能想象的那种最崇高的和最神圣的动机采取行动。另一方面，一个人如果在要求得到自己应该得到的赞赏的同时，还急切地想获得这种赞赏，虽然他基本上也是一个值得称赞的人,但他的动机中较多地混杂着人类天性中的弱点。他有可能由于人们的无知和不义感到屈辱,他自己的幸福有可能由于对手们的妒忌和公众的愚蠢而遭到破坏。相反,另外一种人的幸福却相当有保障,不受命运的摆布,不受同他相处的那些人的古怪想法的影响。在他看来,因为人们无知而有可能落到他身上来的那些轻视和仇恨,并不适合于他,他一点也不为此感到屈辱。人们是根据有关他的品质和行为的一种错误观念来轻视和仇恨他的。如果他们更好地了解了他,他们就会尊敬和热爱他。确切地说,他们所仇恨和轻视的不是他,而是另一个被他们误认为是他的人。他们在化装舞会上遇到装扮成我们敌人的那个友人,如果我们因为他的乔装打扮而真的对他发泄愤恨之情,他所感到的是高兴而不是屈辱。这就是一个真正宽宏大量的人在受到不正确的责备时产生的一种感情。然而,人类天性很少达到这种坚定的地步。虽然除了意志最薄弱的和最卑劣的人之外,人类之中没有什么人会对虚假的荣誉感到很高兴,但与此相矛盾而叫人感到奇怪的是,虚假的屈辱却常常会使那些表面看来是最坚定和最有主见的人感到屈辱。

孟德维尔博士并不满足于把虚荣心这种肤浅的动机说成是所有那些被公认为具有美德的行为的根源。他尽力从其他许多方面指出人类美德的不完善。他声称,在一切场合,美德总是没有达到它自称达到的那种完全无私的地步,并且,不是征服了我们的激情,通常只不过是暗中纵容了我们的激情。无论什么地方我们对于快乐的节制没有达到那种极端苦行那样的节制程度,他就把它看成是严重的奢侈和淫荡。在他看来,每件东西都豪华到超出了人类天性认为绝对必需的正常程度，所以，即使在一件干净衬衫或一座合宜的住宅的使用中，也有罪恶。他认为，在最为合法的结合之中，对于性交这种欲望的纵容，也是以最有害的方式来满足这种激情，因而同样也是淫荡。他还嘲笑那种很容易做到的自我克制和贞洁。像在其他许多场合一样，他那巧妙的似是而非的推理，在这里也是被模棱两可的语言掩盖着的。有些人类激情，除了表示令人不快的或令人作呕的程度的那些名称之外，没有别的什么名称。旁观者更容易在这种程度上而不是在别的什么程度上注意到那些激情。如果这些激情震动了旁观者自己的感情，如果它们使他产生某种反感和不舒服，他就必然身不由已地注意到它们，因此也必然会给它们一个名称。如果它们符合他那心情的自然状态，他就容易完全忽略它们，或者根本不给它们以名称，或者，如果给了它们什么名称的话，由于它们处在这样一种受到限制和约束的情况中，所以，这些名称与其说是表示它们还能被允许存在的程度，不如说是表示这种激情的征服和抑制。于是，关于喜欢快乐和喜欢性交的普通名称*，标志着这些激情的邪恶和令人作呕的程度。另一方面，自我克制和贞节这两个词似乎表示的，与其说是这些激情还能被允许存在的程度，不如说是它们受到的抑制和征服。所以，当他能显示出这些激情还在若干程度上存在时，他就认为自己已经完全否定了那些自我克制和贞节的美德的真实性，已经完全揭示出这些美德仅仅是对人类的疏忽和天真的欺骗。然而，对于美德试图抑制的那些激情的对象来说，这些美德并不要求它们

* 《奢侈与色欲》。

处于完全麻木不仁的状态。美德只是旨在限制这些激情的狂热性,使其保持在不伤害个人,既不扰乱也不冒犯社会的范围内。

把每种激情,不管其程度如何以及作用对象是什么,统统说成是邪恶的,这是孟德维尔那本书*的大谬所在。他就这样把每样东西都说成是虚荣心,即关系到他人的情感是什么或者他人的情感应当是什么的那种虚荣心;依靠这种诡辩,他作出了自己最喜爱的结论:个人劣行即公共利益。如果对于富丽豪华的喜欢,对于优雅的艺术和人类生活中一切先进东西的爱好,对于衣服、家具或设施中一切令人感到愉快的东西的爱好,对建筑物、雕塑、图画和音乐的爱好,都被说成是奢侈、淫荡和出风头,甚至对情况许可他们无所不便地纵容上述激情的那些人来说也是如此,那么,这种奢侈、淫荡和出风头必然是对公众有利的。因为,如果没有这些品质——他认为可以适当地给这些品质套上这种可耻的名称——优雅的艺术就绝不会得到鼓励,并必然因为没有用处可派而枯萎凋零。在他的时代之前流行的、认为美德是人们全部激情的彻底根绝和消除这样一些流传于民间的制欲学说,是这种放荡不羁的体系的真正基础。孟德维尔博士很容易地论证了:第一,实际上人们从未完全征服自己的激情;第二,如果人们普遍地做到了这一点,那么,这对社会是有害的,因为这将葬送一切产业和商业,并且在某种意义上会葬送人类生活中的一切行业。通过这两个命题中的第一个,他似乎证明了真正的美德并不存在,而且也证明了,自以为是美德的东西,只是一种对于人类的欺诈和哄骗;通过第二个命

* 《蜜蜂寓言》。

题，他似乎证明了，个人劣行即公共利益，因为，如果没有这种个人劣行，就没有一个社会能够繁荣或兴旺。

这就是孟德维尔博士的体系。它一度在世界上引起很大的反响。虽然同没有这种体系时相比，它或许并未引起更多的罪恶，但是，它起码唆使那种因为别的什么原因而产生的罪恶，表现得更加厚颜无耻，并且抱着过去闻所未闻的肆无忌惮的态度公开承认它那动机的腐坏。

但是，无论这个体系显得如何有害，如果它不在某些方面接近真理，它就绝不能欺骗那么多的人，也绝不会在信奉更好的体系的人们中间引起那么普遍的惊慌。某个自然哲学体系，表面看来也许非常有理，可以在好长一段时期为世人所普遍接受，但实际上却没有什么基础，同真理也毫无相似之处。笛卡尔[1]旋风就被一个富有智慧的民族在总共将近一个世纪的时间内看成是天体演化的一个最成功的说明。但是，有人已证明——这种证明为一切人所信服——有关那些奇妙结果的这些虚假的原因，不仅实际上不存在，而且根本不可能有，如果它们存在的话，也不可能产生这种归结于它们的结果。但是对道德哲学体系来说却不是这样。一个声称要解释人类道德情感起源的作者，不可能如此严重地欺骗我们，也不可能如此严重地背离真理以致毫无相似之处。当一个旅行者叙述某一遥远国度的情况时，他可能利用我们轻信别人的心理，把毫无根据的、极其荒唐的虚构说成是非常可靠的事实。但是，当一个人自称要告诉我们邻居那儿发生了什么事情，告诉我们正是在

〔1〕 笛卡尔(1596—1650)，法国哲学家和数学家。

我们居住的这一教区发生的一些事情时，虽然我们住在这里，如果我们过于粗心而不用自己的眼睛去察看一下事情的真相，他就可能从许多方面欺骗我们，然而，他的最大谎言必须同真情有些相像，甚至其中必须有相当多的事实。一个研究自然哲学的作者——他声称要指出宇宙间许多重大现象的起因——声称要对一个相隔很远的国家里所发生的一些事情作出说明，对于这些问题，他可以随心所欲地告诉我们一些事，而且只要他的叙述保持在似乎有可能这个界限之内，他就必然会赢得我们的信任。但是，当他打算解释我们感情和欲望产生的原因，我们赞同和不赞同的情感产生的原因时，他自称不仅要说明我们居住的这个教区中的事情，而且要说明我们自己内部的各种事情。虽然我们在这里也像把一切托付给某个欺骗他们的佣人的那些懒惰的主人一样，很可能受骗，然而，我们不可能忽略任何同事实完全不沾边的说明。一些文章起码必须是有充分根据的，甚至那些夸张过度的文章也必须以某些事实为依据。否则，欺骗会被识破，甚至会被我们粗枝大叶的察看所识破。在最无判断力和最无经验的读者看来，一个作者，如果想把某种本性作为任何天然情感产生的原因，而这种本性既同这个原因没有任何联系，也不同有这种联系的别的本性相类似，那么，他就像是一个荒唐和可笑的人。

第三篇　论已经形成的有关赞同本能的各种体系

引　言

继有关美德本质的探究之后，道德哲学中的下一个重要问题是有关赞同本能；有关使某种品质为我们所喜爱或讨厌的内心的力量或能力。它使我们喜欢某一行为而不喜欢另一行为，把某种行为说成是正确的而把其余的说成是错误的；并且把某种行为看作赞同、尊敬和报答的对象，而把其余的看作责备、非难和惩罚的对象。

对赞同本能有三种不同的解释。按照某些人的说法，我们只是根据自爱，或根据别人对我们自己的幸福或损失的某些倾向性看法来赞同和反对我们自己的行为以及别人的行为；按照另一些人的说法，理智，即我们据此区别真理和谬误的同样的能力，能使我们在行为和感情中区分什么是恰当的，什么是不恰当的；按照其余人的说法，这种区分全然是直接情感和感情的一种作用，产生于对某种行为或感情的看法所激起的满意或憎恶情绪之中。因此，自爱、理智和情感便被认为是赞同本能的三种不同的根源。

在我开始说明那三种不同的体系之前，我必须指出，讨论这第二个问题，虽然在思辨中极为重要，但在实践中却不重要。讨论美德本质的问题必定在许多特殊场合对我们有关正确和错误的见解具有一定的影响。讨论赞同本能这个问题可能不具有这样的影响。考察那些不同见解或情感产生于何种内部设计或结构，只是引起哲学家好奇心的一个问题。

第一章　论从自爱推断出赞同本能的那些体系

以自爱来解释赞同本能的那些人，所采用的解释方式不尽相同，因而在他们各种不同的体系中存在大量的混乱和错误。按照霍布斯先生及其众多的追随者*的观点，人不得不处于社会的庇护之中，不是由于他对自己的同类怀有自然的热爱，而是因为，如果没有别人的帮助，他就不可能舒适地或安全地生存下去。由于这一原因，社会对他来说是必不可少的，并且任何有助于维护社会和增进社会幸福的东西，他都认为具有间接增进自己利益的倾向；相反，任何可能妨害和破坏社会的东西，他都认为对自己具有一定程度的伤害和危害作用。美德是人类社会最大的维护者，而罪恶则是最大的扰乱者。因此，前者令人愉快，而后者则令人不快；如同他从前者预见到繁荣那样，他从后者预见到对他生活的舒适和安全来说是不可或缺的东西的破坏和骚扰。

---

* 普芬道夫、孟德维尔。

当我们冷静和明达地考虑那种促进社会秩序的美德的倾向，以及扰乱社会秩序的罪恶的倾向时，给予前者一种极其伟大的美，而使后者显示出一种极其巨大的丑恶，这正如我在前一场合说过的那样，是不成问题的。当我们以某种抽象的和哲学的眼光来凝视人类社会时，她看来就像一架绝妙的、巨大的机器，她那有规则而又协调的运转产生了数以千计的令人愉快的结果。因为在所有其他作为人类艺术产品的美妙和宏伟的机器中，任何有助于使它的运转更为平稳和更为轻快的东西，都将从这种结果中获得某种美，相反，任何阻碍它的运转的东西，都因那一原因而令人不快；所以，对社会的车轮来说，作为优良光滑剂的美德，似乎必然使人愉快；当罪恶如同毫无价值的铁锈那样，使社会的车轮互相冲撞和摩擦时，必然引起反感。因此，有关赞同和不赞同的起源的这种说明，就其从对社会秩序的尊重推断赞同和不赞同而言，离不开那个赋予效用以美的原则，这一点我在前一场合已经作了解释；并且正是从那里，这个体系所具有的可能性完全显示出来。当那些作家描绘一种有教养而又喜欢交际的生活的无数好处，胜于一种粗野而又孤独的生活时；当他们详述美德和良好的秩序为维持前者所必需，并证实罪恶盛行和违犯法律如何肯定无疑地会促使后者恢复时，读者便陶醉于他们向他说明的那些新颖而又宏伟的见解之中：他清楚地在美德之中看到一种崭新的美，在罪恶之中看到一种新的丑恶，他以前从未注意过这一切；并且对这一发现通常是非常高兴，因而很少花时间思考在他以前的生活里从来没有想到过的这种政治见解，它不可能成为赞同或不赞同——他总是习惯于据此研究各种不同品质——的根据。

另一方面，当那些作家从自爱推断出我们在社会福利中所享有的利益，以及我们因那一原因而赋予美德的尊重时，他们并不是说，当我们在这个时代称赞加图的美德而嫌弃喀提林的邪恶时，我们的情感会因认为自己从前者获得利益，或者因为从后者受到伤害而受到影响。根据那些哲学家的说法，我们尊重美德而谴责目无法纪的品质，并不是因为在那遥远的年代和国家里社会的繁荣或颠覆，会对我们现在的幸福或不幸具有某种影响。他们从来没有认为，我们的情感会受我们实际所设想的它们带来的利益或损害的影响；而是认为，如果我们生活在那遥远的年代和国家里，我们的情感就会因为它们可能带来的利益或损失而受到影响；或者是，在我们自己生活的年代里，如果我们接触同类品质的人，我们的情感也会因为它们可能带来的利益或损失而受到影响。简言之，那些作家正在探索的、而且绝不可能清楚地揭示的那种思想，是我们对从两种正相反的品质中得到利益或受到损害的那些人的感激或愤恨产生的间接同情；并且当他们说，促使我们称赞或愤怒的，不是我们已经获益或受害的想法，而是如果我们处于有那种人的社会，我们可能获益或受害的设想，此时，他们含糊地指明的正是这种间接同情。

然而，同情在任何意义上都不可能看成一种自私的本性。确实，当我同情你的痛苦或愤怒时，它可能被误认为我的情绪源于自爱，因为它产生于我了解你的情况，产生于设身处地地考虑问题，并由此怀有在相同的环境中应该产生的情绪。但是，虽然同情被极为恰当地说成是产生于同主要当事人有关的某种设想的处境变化之中，然而这种设想的变化并不假定偶然发生在我们自己的身上，而是发生在我们所同情的那个人身上。当我为你失去独生子而表示哀悼时，为了同情你的悲伤，我不必考虑，如果我有一个儿子，并且这个儿子不幸去世，我——一个具有这种品质和职位的人——就会遭受什么；而是考虑，如果我真是你（我不仅跟你调换了环境，而且也改变了自己的身份和地位），我会遭受什么。因此，我的悲伤完全是因你而起，丝毫不是因我自己而起。所以，这根本不是自私。以我自己本来的身份和地位感受到的这种悲伤，甚至并不产生于对那种已经落到我自己的头上，或者同我自己有关的任何事情的想象之中，而完全产生于同你有关的事情之中，这怎么能看成是一种自私的激情呢？一个男人可能同情一位正在分娩的妇女，即使他不可能想象自己承受那妇女所受的痛苦。然而，据我所知，从自爱推断出一切情感和感情，即耸人听闻的有关人性的全部阐述，从来没有得到充分和明白的解释，在我看来，这似乎是源于对同情体系的某种混乱的误解。

第二章 论把理性视为赞同本能的根源的那些体系

众所周知，霍布斯先生的学说认为，自然状态就是战争状态；在建立起市民政府之前，人们中间不可能有安全或和平的社会。因此，按照他的说法，保护社会就是支持市民政府，而推翻市民政府就是使社会崩溃。但是，市民政府的存在依靠对最高行政长官的服从。一旦他失去自己的权威，所有的政府都会完结。因此，由于自卫教人称赞任何有助于增进社会福利的事物，而谴责任何可能有害于社会的事物；所以，如果他们能始终一贯地考虑问题和作出表述，同样的原则就应该教会他们在一切场合称赞对政府官员的服从，并谴责所有的不服从和反抗。有关何者可称赞和何者该谴责的这种观念与服从和不服从的观念应当是相同的。因此，政府官员的法律应该看作是有关什么是正义的和不义的，什么是正确的和错误的之唯一根本的标准。

通过宣传这些见解，霍布斯先生的公开意图，是使人们的良心直接服从于市民政府，而不服从于基督教会的权力，他所处时代的事例使他知道，应把基督教徒的骚乱和野心看作社会动乱的根本原因。由于这一缘故，他的学说尤其触犯了神学家们——他们当然不会忘记极其严厉和痛恨地对他发泄自己的愤怒。同样，他的学说也冒犯了所有正统的道德学家们，因为这个学说认为在正确与错误之间不存在天生的区别；也因为它认为正确与错误是不确定的和可以改变的，并且全然取决于行政长官的专横意志。所以，对事物的这种描述受到来自四面八方的各种武器、严肃的理智以及激烈的雄辩的攻击。

为了驳倒如此可憎的一种学说，必须证明，在出现一切法律或者现实制度之前，人的头脑便被自然地赋予某种功能，据此它在某些行为和感情中区别出正确的、值得称赞的和有道德的品质，而在另一些行为和感情中区别出错误的、该谴责的和邪恶的品质。

卡德沃思博士公正地说，* 法律不可能是那些区别的根源，因为根据法律的假定，要么服从它必定是正确的，违背它必定是错误

* 《不变的道德》I. I。

的，要么我们是否服从它都是无关紧要的。我们服从与否都无关紧要的那种法律，显然不能成为那些区别的原因；服从是对的、不服从是错的，也不能成为那些区别的原因，因为这仍然以在此之前有关正确和错误的看法或观念为前提，服从法律是同正确的观念一致的，违犯法律是同错误的观念一致的。

因此，由于内心先于一切法律而具有关于那些区别的看法，所以似乎必然会由此推论出，它从理性得到这种看法，理性指出正确和错误之间的不同，就像它指出真理和谬误之间的不同那样；这一论断虽然在某些方面是正确的，在另一些方面则是颇为草率的，但是它很容易在有关人性的深奥科学只是处于初创时期之时，并且在人类内心不同官能的独特作用和能力得到仔细考察和相互区别之前为人们所接受。当同霍布斯先生的争论极其热烈和激烈地进行时，人们没有想到，任何其他官能会产生是非观念。所以当时流行的学说是，美德和罪恶的实质不存在于人们的行为同某一高人一等的法律一致或不一致之中，而是存在于同理性一致或不一致之中，这样，理性就被看作赞同或不赞同的原始根源和本原。

美德存在于同理性一致之中，在某些方面是正确的；并且在某种意义上，这种官能被正确地看作赞同和不赞同的原因和根源，看作一切有关正确和错误的可靠判断的原因和根源。凭借理性我们发现了应该据以约束自己行为的有关正义的那些一般准则；凭借理性，我们也形成了有关什么是谨慎，什么是公平，什么是慷慨或崇高的较为含糊和不确定的观念，即我们总是随时随地带有的那些观念，并根据这些观念尽己所能地努力设计我们行为的一般趋势。道德的一般格言同其他的一般格言一样，从经验和归纳推理中形成。在变化多端的一些特殊场合，我们观察到什么东西使我们的道德官能感到愉快或不快，这些官能赞同什么或反对什么；并通过对这种经验的归纳推理，我们建立了那些一般准则。但是归纳推理总被认为是理性的某种作用。因此，人们很恰当地对我们说，要从理性来推论所有那些一般格言和观念。然而，我们正是通过这些来调整自己的极大部分的道德判断，这种判断可能是极其不确定和根据不足的，如果它们全然依靠容易像直接情感和感情那样发生众多变化的东西，有关健康和情绪的各种状况就都可能从根本上改变这种判断。因此，当我们关于正确和错误的最可靠的判断为产生于对理性的归纳推理的格言和观念所调整时，就可以很恰当地说美德存在于同理性一致之中；在此程度上可把这种官能看作赞同和不赞同的原因和根源。

不过，虽然理性无疑是道德一般准则的根源，也是我们借以形成所有道德判断的根源，但是认为有关正确和错误的最初感觉可能来自理性，甚至在那些特殊情况下会来自形成一般准则的经验，则是十分可笑和费解的。如同形成各种一般准则的其他经验一样，这些最初感觉不可能成为理性的对象，而是直接官感和感觉的对象。正是通过在一些变化很大的情况中发现某种行动的趋势始终以一定的方式令人愉快，而另一种行动的趋势则始终令人不快，我们才形成有关道德的一般准则。但是，理性不可能使任何特殊对象因为自身的缘故而为内心所赞同或反对。理性可以表明这种对象是获得自然令人愉快或令人不快的某些其他东西的手段，并且可以这一方式使这种对象因为某些其他事情的缘故而得到赞同或反对。但是任何东西若不直接受到感官或感觉的影响，都不能因为自己的缘故而得到赞同或反对。因此,在各种特殊情况下,如果美德必然因为自身的缘故使人们的心情愉快,而罪恶肯定使人们心情不舒畅,那么,就不是理性而是直接的感官和感觉,使我们同前者相一致而同后者不协调。

愉快和痛苦都是渴望和嫌恶的主要对象,但是这些都不是由理性,而是由直接的感官和感觉来区别。因此,如果美德因为自身的缘故而为人所期望;而邪恶以同样的方式成为嫌恶的对象,那么,最初区别这些不同品质的不可能是理性,而是感官和感觉。

然而,因为理性在某种意义上可以正确地看作赞同和不赞同本性的根源,所以由于疏忽,人们长久认为这些情感最初是来自这种官能的作用。哈奇森博士的功绩是最先相当精确地识别了一切道德差别在哪一方面可以说是来自理性,在哪一方面它们是以直接的感官和感觉为依据。他对道德情感所作的说明充分地解释了这一点,并且,他的解释是无可辩驳的,因而,如果人们还在继续争论这个主题,那么,我只能把这归因于人们未注意到哈奇森先生所写的东西,归因于对某些表达形式的迷信般的依恋,这一缺点在学者当中,特别是在讨论像现在这个引起人们浓厚兴趣的主题时,是很常见的,在讨论这样的主题时,有品德的人连他所习惯的某一合宜的简单用语也往往不愿意放弃。

第三章 论把情感视为赞同本能的根源的那些体系

把情感视为赞同本能的根源的那些体系可以分为两种不同

的类型。

I. 按照某些人的说法，赞同本能建立在一特殊情感之上，建立在内心对某些行为或感情的特殊感觉能力之上；其中一些以赞同的方式影响这种官能，而另一些则以反对的方式影响这种官能，前者被称为正确的、值得称赞的和有道德的品质，后者被称为错误的、该受谴责的和邪恶的品质。这种情感具有区别于所有其他情感的特殊性质，是特殊感觉能力作用的结果，他们给它起了个特殊名称，称其为道德情感。

II. 按照另一些人的说法，要说明赞同本能，并不需要假定某种新的，前所未闻的感觉能力；他们设想，造物主如同在其他一切场合一样，在这儿以极为精确的法理行动，并且从完全相同的原因中产生大量的结果；他们认为，同情，即一种老是引人瞩目的、并明显地赋予内心的能力，便足以说明这种特殊官能所起的一切作用。

I. 哈奇森博士*作了极大的努力来证明赞同本能并非建立在自爱的基础上。他也论证了这个原则不可能产生于任何理性的作用。他认为，因而只能把它想象成一种特殊官能，造物主赋予了人心以这种官能，用以产生这种特殊而又重要的作用。如果自爱和理性都被排除，他想不出还有什么别的已知的内心官能能起这种作用。

* 《美德之研究》。

他把这一新的感觉能力称为道德情感，并且认为它同外在感官有几分相似。正像我们周围的物体以一定的方式影响这些外在感官，似乎具有了不同质的声音、味道、气味和颜色一样，人心的各种感情，以一定的方式触动这一特殊官能，似乎具有了亲切和可憎、美德和罪恶、正确和错误等不同的品质。

根据这一体系，人心赖以获得全部简单观念的各种感官或感觉能力*可分为两种不同的类型，一种被称为直接的或先行的感官，另一种被称为反射的或后天的感官。直接感官是这样一些官能，内心据此获得的对事物的感觉，不需要以先对另一些事物有感觉为前提条件。例如，声音和颜色就是直接感官的对象。听见某种声音或看见某种颜色并不需要以先感觉到任何其他性质或对象为前提条件。另一方面，反射性或后天感官则是这样一些官能，内心据此获得的对事物的感觉，必须以先对另一些事物有感觉为前提条件。例如，和谐和美就是反射性感官的对象。为了觉察某一声音的和谐，或某一颜色的美，我们一定得首先觉察这种声音或这种颜色。道德情感便被看作这样一种官能。根据哈奇森博士的看法，洛克先生称为反射，并从中得到有关人心不同激情和情绪的简单观念的那种官能，是一种直接的内在感官。我们由此而再次察觉那些不同激情和情绪中的美或丑、美德或罪恶的那种官能，是一种反射的、内在的感官。

哈奇森博士努力通过说明这种学说适合于天性的类推，以及说明赋予内心种种其他确实同道德情感相类似的反射感觉——例

---

* 《论激情》。

如在外在对象中的某种关于美和丑的感觉，又如我们用于对自己同胞的幸福或不幸表示同情的热心公益的感觉，再如某种对羞耻和荣誉的感觉，以及某种对嘲弄的感觉——来更进一步证实这种学说。

尽管这位天才的哲学家倾注心力来证明赞同的本能基于某种特殊的感觉能力，即某种与外在感官相类似的东西，但他承认从他的学说中会得出某些矛盾的结论，而许多人或许认为这些结论足以驳倒他的学说。他承认*若把属于任何一种感觉对象的那些特性归于这种感觉本身，那是极其荒谬的。有谁想过把视觉称为黑色或白色？有谁想过把听觉称为声音高或低？又有谁想过把味觉称为味道甜或苦呢？而且，按照他的说法，这同把我们的道德官能称为美德或邪恶，即道德上的善或恶，是同样荒唐的事情。属于那些官能对象的这些特性并不属于官能本身。因此，如果某人的性格如此荒诞以致他把残忍和不义作为最高的美德来加以赞同，并且把公正和人道作为最可鄙的罪恶来加以反对，那么，我们确实可以把这种心灵结构看成是对个人或社会不利的，并把它本身看成是不可思议的、令人惊奇的、非天性的东西；但是，若把它称为邪恶的东西或道德上的罪恶，则是极其荒谬的。

然而，确实，如果我们看见有人抱着钦佩和赞赏的心情为某个蛮横暴君下令干的某桩暴虐和不当的事情大声叫好，我们就不会认为，我们把这种行为称做非常邪恶的行为和道德上的罪恶，是极

---

* 《关于道德情感的若干说明》，第一篇，第 237 页，以及续篇；第三版〔拉斐尔：《1650—1800 年英国的道德学家》，第 364 节〕。

其荒谬的,尽管我们的意思只是此种人的道德官能堕落了,荒谬地赞同这种可怕的行为,似乎把其看作是崇高的、宽宏大量的和伟大的行为。我想,看到这样的旁观者,我们有时会忘掉对受害者表示同情,并且在想到如此可恶的一个卑鄙家伙时,除了感到恐怖和憎恶之外感觉不到其他任何东西。我们厌恶他的程度甚至会超过对那个暴君的厌恶,那个暴君可能是受了妒忌、恐惧和愤怒等强烈激情的驱使,因而是较可宽宥的。可是,那个旁观者的情感却显得毫无道理,因此而显得极其可憎。这种乖张的情感是我们的心灵最不愿意予以谅解,最为憎恨和最为气愤不过的;而且我们不把这样一种心灵结构仅仅看作某种奇怪或不便的东西,也不认为它在各方面都邪恶或具有道德上的罪恶,而宁愿把它看作道德败坏的最终和最可怕的阶段。

相反,正确的道德情感在某种程度上自然表现为值得称赞的、道德上的善行。如果一个人所作的责难和赞扬在所有情况下都极其精确地符合评价对象的优缺点,那么他甚至似乎应获得某种程度的道德上的赞同。我们钦佩他的道德情感灵敏精确;它们指导着我们自己的判断;并且,由于它们非凡的、不可思议的正确性,甚至引起我们的惊奇和称赞。确实,我们不能总是相信,这样一个人的行为会在各方面同别人的行为所作判断的精确性相一致。美德需要内心的习惯和决心,同样需要情感的精确性;而令人遗憾的是,在后者极为完美之处,有时却缺乏前一种品质。然而,内心的这种倾向,虽然有时不尽完美,但是同任何粗野的犯罪不相容,并且是完善的美德这种上层建筑得以建立的最恰当的基础。另有许多人是用心良好,想认真做好他们认为属于他们职责范围的事情,却因其道德情感粗俗而令人不快。

或许可以说,虽然赞同本能不是建立在各方面同外在感官相类似的各种感觉能力之上,但是它仍然可以建立在一种特殊的情感,即适合这一特殊目的而不适合其他目的的情感之上。根据对不同的品质和行为的观察,赞同和不赞同可以称为某种产生于内心的感情或情绪;并且因为愤恨可以称为某种有关伤害的感觉,或者感激可以称为某种有关恩惠的感觉,所以赞同和不赞同也可以很合宜地称为是非感,或称做道德感。

但是,这种叫法,虽然不会受到前述反对意见的指摘,却会受到其他一些同样不可辩驳的反对意见的指摘。

首先,无论某一情绪可能经历什么变化,它仍然保持把自己区分为这样一种情绪的一般特征,而且这些一般特征总是比它在特殊情况下经历的各种变化更为显著和引人瞩目。例如,愤怒是一种特殊的情绪;而且它的一般特征总是相应地比它在特殊情况下经历的一切变化更为突出。对男人发怒,毫无疑问有点不同于对女子发怒,也不同于对孩子发怒。在这三种情况中的每一种之中,正如也许容易被留心的人看到的那样,一般的愤怒激情都会因其对象的特殊性质而发生不同的变化。但是,在所有这些场合,这种激情的一般特征仍然属支配地位。辨认出这些特征无须做仔细的观察;相反,发现它们的变化却必须具有一种非常精确的注意力。人人都注意前者;几乎无人看到后者。因此,如果赞同和不赞同,同感激和愤恨一样,是区别于其他任何情绪的一种特殊情绪,我们就会希望在它们两者可能经历的一切变化之中,它仍能保留使它成为这种特殊情绪的一般特征,即清楚、明白和容易被人识别的特征。但是,事实上它完全不是这样。如果在不同的场合,当我们表示赞成或反对时,注意到自己的实际感受,我们就会发现自己在某种场合的情绪经常全然不同于在另一种场合的情绪,而且不可能在它们之间发现共同的特征。例如,我们观察温和、优雅和人道的情感时所怀有的赞同、全然不同于我们由于为显得伟大、亲切和高尚的情感所打动而怀有的赞同。我们对两者的赞同,在不同的情况下,可能是完美而又纯粹的;但是前者使我们温和,后者使我们变得高尚,在我们身上激起的情绪毫无相似之处。不过,根据我一直在努力建立的那一体系,这必定是事实。因为为我们所赞成的那个人的情绪,在那两种情况下是全然相互对立的,并且因为我们的赞同都来自对那些对立情绪的同情,所以我们在某一情况下所感觉到的东西同我们在另一情况下所感觉到的东西不可能具有某种相似之处。然而,如果赞同存在于某一特殊情绪之中,这种情绪与我们赞同的情感并无共同之处,但是,如同各种其他在观察其合宜对象时的激情一样,产生于对那些情感的观察之中,这种情况就不可能出现。对于不赞同也可以这样说。我们对残忍行为的恐惧与对卑劣行为的蔑视并不具有相似之处。在我们自己的心情与其情感和行为我们正在研究的那些人的心情之间,观察那两种不同的罪恶时我们所感觉到的正是极度的不一致。

其次,前已提及,对我们天生的情感来说,不仅人们赞成或不赞成的人类内心的各种激情或感情表现为道德上的善或恶,而且那种合宜的和不合宜的赞同也打上了性质相同的印记。因此,我要问,根据这一体系,我们是如何赞成或不赞成合宜或不合宜的赞同的呢?我认为,对于这个问题仅仅存在一个可能给予的合理的答案。必须说，当我们的邻人对某一第三者的行为所表示的赞同与我们自己的赞同相一致时，我们赞成他的赞同，并且在某种程度上把它看作道德上的善行；相反，当它同我们自己的情感不一致时，我们不赞成它，并且在某种程度上把它看作道德上的罪恶。所以，必须承认，至少在这一情况下，观察者同被观察者之间情感的一致或对立，构成了道德上的赞同或不赞同。而且，我要问，如果在这一情况下它是这样的，为什么在任何其他情况下它就不是这样呢？为了什么目的要设想一种新的感觉能力来说明那些情感呢？

对于认为赞同本能建立在区别于其他情感的某种特殊情感的基础上的各种说明，我将提出反对的理由；这种情感，即肯定想使它成为人性指导原则的情感，迄今为止如同没有以任何专门用语给它命名那样很少受人注意，是奇怪的。道德感这个词是最近创造的，并且还不能看作英国语言的构成部分。赞同这个词只是在近几年内才被用来特指某种这一类的事物。我们以贴切的专门用语称许自己全然满意的东西，称许一座建筑物的形状，称许一架机器的设计，称许一碟肉食的风味。良心这个词并不直接用来表示我们据以表示赞成或不赞成的某种道德官能。的确，良心意味着某种这样的官能存在，并且合宜地表明我们对已经做过的行为同它的倾向相一致或相对立的知觉。当热爱、憎恨、快乐、悲痛、感激、愤恨，连同其他许多被当作这一本能主体的激情，已使它们自己的重要性达到足以得到各种名称来区分它们的程度时，它们之中占统治地位的感情迄今为止却很少受人注意，因而除少数哲学家之外，没有人再认为值得花工夫给它命名，那不是令人奇怪的吗？

当我们赞成某种品质或行为时，根据前述的体系，我们感觉到的情感都来自四个方面的原因，这些原因在某些方面都互不相同。首先，我们同情行为者的动机；其次，我们理解从其行为中得到好处的那些人所怀有的感激心情；再次，我们注意到他的行为符合那两种同情据以表现的一般准则；最后，当我们把这类行为看作有助于促进个人或社会幸福的某一行为体系的组成部分时，它们似乎就从这种效用中得到一种美，一种并非不同于我们归于各种设计良好的机器的美。在任何一种特殊情况中，在排除所有必定被认为出自这四个本能中的某一本能的行为之后，我们很想知道，什么东西余留了下来；而且，假如什么人想确切地了解这余留的东西是什么，我就会直率地把这余留的东西归于某种道德感，或归于其他特殊的官能。有人也许认为，如果有这种道德感或这样的特殊本能的话，我们就应该能在某些情况下感觉到它，感觉到它是与其他各种本能相区别和分离的，一如我们常常能感觉到喜悦、悲伤、希望和恐惧，感觉到它们是纯粹的，是不掺杂任何其他感情的那样。但是，我认为，这连想也不敢想。我从未听说过有谁举出这样的例子，在这种例子中，这一本能可以说成是尽力使自己超脱和不杂有同情或厌恶，不杂有感激或愤恨，不杂有对某一行为同某一既定准则相一致或不一致的感觉，或者，最后，不杂有对由无生命的和有生命的对象激发出来的美或秩序的感受。

II. 另外还有一种试图从同情来说明我们的道德情感起源的体系，它有别于我至此一直在努力建立的那一体系。它把美德置于效用之中，并说明旁观者从同情受某一性质的效用影响的人们的幸福，来审视这一效用所怀有的快乐的理由。这种同情既不同于我们据以理解行为者的动机的那种同情，也不同于我们据以赞同因其行为而受益的人们的感激的那种同情。这正是我们据以赞许某一设计良好的机器的同一原则。但是，任何一架机器都不可能成为最后提及的那两种同情的对象。在本书第四卷，我已经对这一体系作了某些说明。

第四篇　论不同的作者据以论述道德实践准则的方式

在本书第三卷中，我曾提及：正义准则是唯一明确和准确的道德准则；其他一切美德都是不明确的、模糊的和不确定的。前者可以比作语法规则；后者可以比作批评家们为写作的美妙和优雅规定的准则，这种准则只是使我们对应该努力达到的完美状态有一个泛泛的了解，而没有为如何做到这一点提供任何明确无误的指导。

因为不同的道德准则的准确程度可能有很大的不同，所以尽力把它们收集和整理在体系中的作者们以两种不同的方式行事。一种人始终坚持有关某种美德的考虑自然地引导他们采用的那种不明确的方式；而另一种人则普遍地尽力采用其中只有某些可能具有确定性的戒律。前者像批评家那样写作，后者像语法学家那样写作。

I. 关于前一种人，我们可以把古代一切道德学家计算在内，他们自我满足于以一般的方式描写各种罪恶和美德，并且既指出某种倾向的缺陷和不幸，也指出其他倾向的正当和幸福，但是不喜欢规定许多无可指摘地适用于一切特殊情况的明确的准则。他们仅按语言可能说清的程度，首先努力确定在哪一方面存在内心的情感，即每一种美德据以树立的内心情感；确定哪一种内心的感情或情绪构成了友谊、人道、慷慨、正义、高尚以及其他一切美德的本质，也构成了与之对立的各种罪恶的本质；其次，努力确定什么是行动的一般方法；什么是那每一种情感都可能导致我们达到的普通的行为的常态和一般趋向，确定一个友好的人、一个慷慨的人、一个勇敢的人、一个正直的人以及一个通情达理的人，在普通的场合想怎样做。

为了表示每种特殊美德据以树立的内心情感的特征，虽然需要一支精巧和准确的笔，然而，这是一桩可以相当正确地完成的任务。的确，根据各种环境可能发生的变化，来表述每种情感经历或应该经历的一切变化，是不可能的。它们是无穷无尽的，也无法用语言来表示。例如，我们对老人怀有的友好情感，不同于我们对年轻人怀有的那种情感；我们对严肃的人怀有的友好情感，不同于我们对具有温文尔雅风度的人怀有的那种情感，也不同于我们对愉快活泼和兴高采烈的人怀有的那种情感。我们对一个男人怀有的友谊不同于一个女人给予我们的友谊，即使那里并不掺杂任何肉欲的激情也是如此。哪一个作者能够列举和说清楚这种情感可能经历的这些和其他一切无穷无尽的变化呢？但是，一般的友好情感和对它们来说是平常的亲切依恋之情仍可十分精确地确定。描绘这种情感的图画虽然在许多方面总是不完整的，但是当我们碰到它时，它可能具有很多相似之处，因而我们能够知道它的根源，并且甚至可能把它同诸如善意、关心、尊敬、钦佩之类跟它有很大相似之处的其他情感区别开来。

以一般的方式来描绘什么是各种美德可能促使我们采取行动

的普通方法,更为容易。的确,没有做过这类事情,而要描绘各种美德所据以树立的内在情感或情绪,几乎是不可能的。如果我可以这样说的话,由于它们在心中自我表现,用语言来表达所有不同激情变化的不可见的特征,是不可能的。如果没有它们所引起的面部变化,没有它们所引起的态度和行为的变化,没有它们所暗示的决心,没有它们所导致的行动,那么,除了通过描述它们所产生的结果,没有任何其他方法可以划定它们的界限并把它们相互区别开来。因此,西塞罗在《论责任》第一册中,努力引导我们去实践四种基本美德;亚里士多德在《伦理学》的实践部分,给我们指明了他想要我们据以调整自己行为的各种习性,如慷慨、高尚、宽宏大量甚至幽默和善意的嘲弄——那位放任的哲学家在美德的序列中应该占有一定地位的一些品质,虽然我们自然给予它们的赞同的荣光似乎不应该使它们具有如此令人起敬的名称。

这类著作向我们作了适意而生动的图画似的叙述。通过它们生动活泼的描述,它们激起了我们对美德的自然热爱,并增强了我们对罪恶的憎恶;通过它们公正和细致的评述,它们往往有助于纠正和明确我们对于行为合宜性的自然情感,并通过提供慎重而周到的考虑,使我们作出比缺少这种指导时可能想到的更为正确的行为。在对道德准则的探讨中,以这种方式构成了被人们恰当地称为伦理学的科学,它虽然像有人批评的那样没有高度的精确性,但仍不失为一种具有很大的效用和令人愉快的科学。尤其是,伦理学很容易用雄辩来装饰,由此如果可能的话,便可赋予极琐细的责任准则以新的重要性。其训导经过这样的修饰,就能对具有很大可塑性的年轻人产生十分崇高和持久的影响;由于这些训导与风华正茂年龄的天生高尚之情相一致，它们至少会暂时激发很大的决心，从而帮助确立和巩固最好和最有益的、人们易于接受的习惯。无论戒律和规劝如何能激励我们去实践美德，都是通过这种科学完成的，都是以这种方式表达的。

II. 关于第二种道德学家，我们可以把中期和晚期的基督教教会的一切雄辩家计算在内，也可以把在本世纪和前一世纪探讨过所谓自然法学的所有那些人计算在内，他们不满足于自己以这种一般方式来表述他们可能介绍给我们的那种行为一般趋向的特征，而努力为我们指出各种行为的方向，规定正确而精细的准则。因为正义是人们可以合宜地为其制定正确准则的唯一美德，所以它主要得到那两种作家的考虑。然而，他们是以两种截然不同的方式加以探讨的。

撰述法学原则的那些人，仅仅考虑权利人应认为自己有权使用暴力强求什么；每一个公正的旁观者会赞同他强求什么，或者他提请公断而同意为他伸张正义的法官或仲裁人，应该迫使另一方承受或履行什么。另一方面，雄辩家们思考较多的，不是使用暴力可以强求什么，而是义务人应认为自己必须履行什么义务，义务人之所以认为自己必须履行某些义务，一方面是出于对一般正义准则的极为神圣而严格的尊重，另一方面是由于从内心深处害怕损害邻人，害怕给自己的品格抹黑。给法官和仲裁人规定作出决断的准则正是法学的目的。给某个善良的人规定行为的准则正是雄辩学的目的。通过遵守所有的法学准则，假定它们从来都是如此完美，其结果就只是避免外在的惩罚。通过遵守雄辩学的那些准则，假定它们应该如此，我们可能由于自己的行为正确和一本正经而值得人们高度赞扬。

可能经常发生这样的情况：一个善良的人，虔诚和认真地尊重一般正义准则，会想到自己有义务做许多可能是极其不义地强迫他做的，或者是法官或仲裁人用暴力逼迫他做的事情。举一个平凡的例子。一个拦路抢劫的强盗，以杀害相威胁强迫一个旅行者允诺给他一笔钱。这样一种在非正义的暴力强迫下所作的允诺，是否应该看作必须做到的事情，是一个争议颇多的问题。

如果我们把它看作法学问题，结论就可能是不容怀疑的。认为那个拦路强盗有权用暴力强迫别人履行诺言，那或许是荒唐的。强迫别人作出承诺是一种该受高度惩罚的罪恶，而强迫别人履行诺言则是罪上加罪。拦路强盗并不能抱怨受到了什么伤害，他只是被那个本来可以正当地把他杀死的人骗了。认为法官应该强制实施这一允诺，或者认为地方官应该承认它们是法律上认可的行为，那或许是所有荒唐事件中最大的笑柄。因此，如果我们把这个问题看作法学问题，我们就能毫无困惑地作出决断。

但是，如果我们把它看作雄辩学的问题，就不能这样容易地作出决断。一个善良的人，由于真心诚意地尊重神圣的正义准则（这种准则要求遵守一切严肃的诺言），是否不会想到自己有义务履行诺言，至少是很可怀疑的。不容置辩的是，不应尊重那个使他陷入这种处境的坏蛋的失望情绪。不履行诺言并不会给那个强盗造成任何损害，从而用暴力不能勒索到任何东西。但很可能成为问题的是，在这种情况下是否不应尊重他自己的尊严和荣誉，是否不应尊重他品质中那不可亵渎的神圣部分（这部分品质使他尊重真理的法则而憎恶每一种近于背叛和欺骗的东西)。关于这一点,雄辩学家们当然存在极大的分歧。在一派中,我们可以把古代作家西塞罗计算在内,把现代作家普芬道夫和其注释者巴比莱克计算在内,尤其是把后来的哈奇森博士,一个在大多数情况下绝不是无所拘束的雄辩家计算在内,这一派毫不犹豫地断定,绝不应尊重这样的允诺,并且断定不这样想就是十足的软弱和迷信。在另一派中,我们可以把某些教会的古代神父们计算在内,* 也可以把某些著名的现代雄辩学家计算在内,这一派具有另一种观点,断定必须履行所有这类允诺。

如果我们按照人类的普通情感来考虑问题,就会发现人们认为甚至对这类允诺也应有所尊重;但会发现,无法根据任何一般准则来确定这在多大程度上毫无例外地适用于一切场合。我们不应当选择十分直率而又轻易地作出这类允诺的人和随便违背诺言的人,作为自己的朋友和伙伴,某个允诺拦路抢劫者五镑钱而未履行该诺言的绅士,会招致某种指责。然而,如果允诺的这笔金额相当大,就很可怀疑怎么做是合宜的,例如,如果支付这笔钱会彻底毁灭作出诺言的人的家庭;如果这笔金额大到足以促使最有益的目的实现,那么,为了拘泥小节而把这笔钱扔进如此卑鄙之手,就似乎在某种程度上犯了罪,至少是极其不合宜的。若某人为了遵守对盗贼的诺言而使自己沦为乞丐,或阔气得给盗贼 10 万英镑,那么,就人类的常识来说,这个人会显得极其荒唐和过分。这种慷慨似乎违背了他的责任,即他对自己和对别人负有的责任,因此,如

* 圣·奥古斯丁,拉普拉斯特。

此尊重被迫作出的许诺，绝不能得到人们的认可。然而，凭借某种明确的准则，来确定对此应给予何种程度的尊重；或由此可能给予的最大金额是多少，显然是不可能的。这要随同那些人的品质，随同他们的境况，随同那种诺言的严肃性，甚至随同那种冲突的各种情节而变化；如果人们以那种极度豪爽的态度——这种豪爽有时可以在具有极其放荡的品质的人们中间看到——来对待这个作出诺言的人，它就似乎比在其他情况下更为正当。总之。可以说，正确的合宜性需要遵守一切诺言，只要这不违反某些其他更为神圣的责任，例如对公众利益负有的责任，对那些我们出于感激、亲情或善心而要赡养和抚养的人负有的责任。但是，如前所述，我们没有任何明确的准则来确定哪些外在的行动是出于对这种动机的尊重，因而也不能确定什么时候那些美德同遵守这种诺言相矛盾。

然而，可以说，不管什么时候，即使为了最必要的理由而违背了这类诺言，对作出这类诺言的那个人来说，也总是某种程度的不光彩行为。在作出这类诺言之后，我们可以确信遵守它们是不合宜的。但是，在作出这类诺言的时候，仍然存在某种错误。至少这是违背了有关宽宏和荣誉的最重要和最高尚的格言。一个勇敢的人应该宁死不作他既不可能毫不愚蠢地保持，也不可能恬不知耻地违反的某种诺言。因为这种处境总是伴随着某种程度的羞耻之心。背信弃义和欺骗是极为危险、极为可怕的罪行，同时也是人们非常容易、在许多情况下也是非常稳当地沉湎的罪行，因而我们对它们比对几乎所有其他东西更为戒备。所以，在各种情况和各种处境中，我们的想象就带有羞于违反一切誓约的观念。在这一方面，它们类似于破坏女性的贞节，女性的贞节是一种因为同样的理由而为我们极其注重的美德；而且我们对前者的情感并不比对后者更为敏感。背信弃义将无可挽回地蒙受耻辱。任何情况任何恳求都不能使其得到宽宥；任何悲痛和任何悔改都无法弥补这种耻辱。在这一方面，我们十分谨慎，因而在我们的想象中，即使一次强奸也使我们蒙受耻辱，而且连内心的清白也不能够洗刷掉肉体上的玷污。如果人们曾经一本正经地对此发过誓，甚至对人类中最微不足道的人来说，它也与违背诺言的情况相同。忠诚是一种亟须具备的美德，因而我们普遍认为它甚至是除此之外一无所有的人们也当然具有的，也是我们以为杀死和毁灭他们是合法的人们当然具有的。犯有违背忠诚美德之罪的那个人为了拯救他的生命，而强烈要求履行诺言，是不合适的；因其诺言同保持其他某种可尊重的责任相矛盾而予以背弃，也是不合宜的。这些情况可以减轻而不能全部洗刷自己的耻辱。在人们的想象中，他看来已经犯了某种罪行，它同某种程度的耻辱不可分割地联系着。他已经背弃了他曾经庄严地断言他要坚持的某种诺言；而且，即使他的品质并非无可挽回地蜕变和败坏，至少有一种附加在他的品质上的嘲弄是极难抹去的；我认为，没有一个经受过这类冒险的人会喜欢诉说这种经历。

这一例子可以用来说明，甚至当雄辩学和法学都研究一般正义准则的义务时，它们之间在什么地方存在差异。

不过，虽然这种差异是真实和基本的，虽然这两种科学提出了十分不同的目的，但是相同的主题在它们之间产生了很多相似之处，因而宣称研讨法学的大部分作者，有时根据法学的原则，有时根据诡辩学的原则，毫无区别地，或许当他们这样和那样做的时候没有意识到自己毫无区别地确定了他们所考察的不同问题。

然而,雄辩家们的学说绝不限于考察对一般正义准则的真诚的尊重会向我们提出什么要求。它包含基督教和道德上的其他许多方面的责任。看来导致人们研究这种科学的,主要是在野蛮和蒙昧时代由于罗马天主教的迷信而引入的秘密忏悔的习惯,由于那种习俗,人们会把最秘密的行为,甚至会把每一个可能被怀疑为稍许有损于基督教纯洁准则的人的思想,告诉忏悔神父。那个忏悔神父告诉他的忏悔者是否以及在哪一方面违背了自己的责任,并告诉他们在他能够以被冒犯的神的名义宽宥他们之前应该经受什么样的苦行。

犯了错误的意识,甚或是猜疑,都是每个人内心的负担,都是并没有由于长期从事不义行为的习惯而变得冷酷的所有那些人所伴有的忧虑和恐惧。在这种苦恼之中,如同在其他一切苦恼之中一样,人们都自然地渴望通过向自己相信不会泄露秘密的、谨慎的人表露内心的极度痛苦,来解除自己在思想上感到的压力。他们由于这种供认而蒙受的耻辱,会因他们自信必定引起同情、减轻不安而得到充分的补偿。发现自己并非完全不值得尊重,并发现虽然自己过去的行为会受到指责,但是自己目前的做法至少会得到赞同,而且或许足以补偿所受到的指责,至少仍会得到朋友的某种程度的尊重,这都会解除他的痛苦。在那些迷信的时代里,为数众多而又狡猾的牧师渐渐得到差不多每一个私人家庭的信任。他们拥有那些时代可能提供的浅薄的学问,而他们的方式,虽然在许多方面是拙劣而又杂乱无章的,但是与他们所处年代的那些方式相比,却是完美而有规则的。因此,他们不仅被视为一切宗教信徒的伟大指导者,而且被视为一切道德责任的伟大指导者。什么人若幸好与他们相亲近,则会获得好名声,什么人若不幸受到他们的指责,则将蒙受奇耻大辱。由于被看作正确和错误的最伟大的评判者,人们都自然地向他们请教其所存在的一切疑惑;对任何人来说,可尊敬的是让人们知道他已使献身于神的那些人了解了所有这样的秘密;并且在他的行为中,如果不得到他们的劝告和赞同,他就不走出重要而困难的一步。因此,对牧师来说,把它确立为一般准则,即应该据此信任他们,已经变成上流社会所欢迎的事,而且虽然没有确立此类准则,他们一般也会得到信任,这是不困难的。使他们自己有资格成为牧师,就这样成为基督教徒和神职人员的学业的必要部分,从那时候起,他们也被引导去收集有关所谓良心、美好和困难境况例证,在这些例证中,很难断定在哪里可能存在行为的合宜性。他们认为,这些著作对于良心的指导者们和被指导的那些人可能有用;由此开始出现有关雄辩学的书籍。

雄辩学家思考的道德责任,主要是至少在一定程度上能够限制在一般准则之内的那些道德责任,而且违反它们自然伴随着某种程度的悔恨和对受惩罚的某种恐惧。雄辩家撰写这类书籍的意图,是缓和因违反这种责任而产生的内心恐惧。但是,并不是缺少每种美德都会受到这种极其严重的良心责备;没有人因为没有实行极为慷慨、友善或宽宏大量的、处于他的情况有可能实行的行动,而请求他的牧师赦免。由于存在着这种不足,被违反的准则通常是很不明确的,而且一般也具有这样一种性质,即:虽然遵守它可能得到荣誉和报答,但是违反它似乎也不会受到实际的责备、非难和惩罚。雄辩家们似乎把这类美德的实践看作是一种多余的工作，是不能非常严格地强求的，因此，对它们的探讨是毫无必要的。

所以，被交付牧师制裁，以及由此归入雄辩家们观察范围的对道德责任的违反，主要有三种不同的类型。

第一种，也是首要的一种，是对正义准则的违反。在这里，各种准则是全然明确和确定的；对它们的违反也自然伴有应该从神和人那里得到惩罚和害怕受到惩罚的意识。

第二种，是对雄辩学准则的违反。在一切很明显的例证中，都存在着对正义准则的实际违反，而人们不对别人作出最不可原谅的伤害，就不可能犯下这种罪行。在较小的事例中，当它仅仅相当于违反在男女交往中应该遵守的那些严格的礼节时，的确不能够被恰当地看作是对正义准则的违反。然而，他们一般是违反了某种相当清楚的准则，至少是其中的某一个人倾向于使违反了它们的那个人蒙受耻辱，严肃的人当然也倾向于使其内心产生某种程度的羞耻和悔恨。

第三种，是对诚实准则的违反。违反事实，可以说，并不总是违背正义，虽然在许多场合是如此，因而往往不会受到任何外来的惩罚。普遍存在的罪行，即使是一种非常卑劣的行为，也往往可能没有伤害任何人；在这种情况下，受骗的人或其他人都不应提出报复或赔偿的要求。不过，虽然违反事实并不总是违背正义，但是它总是对某一明确准则的违反，也是自然地倾向于以使其羞愧来包庇犯有这种错误的那个人的东西。

在年幼的孩子中，似乎存在对人们告诉他们的什么都相信的一种本能意向。造物主为了保护他们似乎认为（至少在某些时候）他们应该绝对相信关心他们的童年，以及受托关心他们幼小时候不可或缺的一部分教育的那些人。因而，他们过分相信；要使他们在某种合理的程度上产生疑惑和猜疑，需要他们长期体验人类的许多虚妄的东西。在成人之中，毫无疑问，轻信的程度是十分不同的。最聪明和最富有阅历的人一般是最不轻信的人。但是，其轻信程度不比应有的程度高的人，以及在许多情况下都不相信流言蜚语——这些流言飞语不仅原来是假的，而且很普通的思考和关注便可以使他知道它们不可能完全是真实——的人，几乎不存在。天性的倾向总是相信。使人学会怀疑仅仅是为了获得智慧和经验，它们也极难使人学会怀疑。我们之中最聪明和最谨慎的人全都经常相信他后来为自己竟一直认为可信而感到羞耻和惊讶的传说。

如果在一些事情上我们信任某人，那么，我们所信任的那个人必然是我们的领袖和指导者，我们也以一定程度的尊重和敬意对他表示敬重。但是，正如由于钦佩别人，我们开始希望别人钦佩自己一样，由于受别人领导和指导，我们才懂得要使自己成为领袖和指导者。并且，正如我们不能老是单纯地满足于受人钦佩，除非我们同时相信自己是真正值得钦佩的一样，我们不能老是单纯地满足于被人信任，除非我们同时意识到自己是真正值得信任的。正如受人赞扬的愿望和值得赞扬的愿望，虽然极其相似，但仍然是有区别和分开的愿望一样，受人信任的愿望和值得信任的愿望，虽然也极其相似，但也同样是有区别和分开的愿望。

受人信任的愿望，使人相信的愿望、领导和指导别人的愿望，似乎是我们所有天生愿望中最强烈的愿望。或许它是言语能力这种人类特有的能力据以产生的一种本能。其他动物都不具有这种能力，我们也不能在其他任何动物中发现领导和指导其同类的判断和行动的愿望。领导和指导的巨大野心，即取得真正优势的愿望，看来完全是人所特有的，并且语言是实现野心的重要手段，是取得真正优势的重要手段，是领导和指导其他人的判断和行动的重要手段。

不为人所信任总是使人感到屈辱，当我们怀疑这是因为人们认为我们不值得信任，并可能严重而又故意骗人时，更是如此。告诉某人他在说谎，是最不可饶恕的当众侮辱。但是，任何人严重而又故意骗人，他必然意识到自己应该受到这种侮辱，必然意识到自己不该受人信任，也必然意识到自己丧失得到那种信任的权利，根据这种权利，他能够在同和他地位相等的人的交际中获得各种安逸、安慰或满足。那个不幸认为无人相信他说的某一真话的人，会感到自己被人类社会遗弃，会怕想到自己处于这种状态，或怕想到在此之前暴露自己，我也认为，他几乎不可避免地会因绝望而死。然而，也许从来没有人有正当理由接受这种使自己丢脸的看法。我倾向于相信，那个极为恶劣的说谎者，为了严重而又故意地撒一次谎，至少说了二十次真话；并且，如同在极为谨慎的人中，信任的倾向容易克服怀疑和不信任的倾向一样，在大多数情况下，在那些最不尊重事实的人中，说真话的天然倾向将克服那种欺骗的倾向或在某一方面改变或隐瞒事实的倾向。

即使在我们偶然无意地欺骗别人的时候，自己也会感到耻辱，并且因为自己曾经骗人而感到耻辱。虽然这种不自觉的错误并不经常表示不诚实，也并不经常表示缺乏对真理的绝对热爱，但是它在某种程度上总是表示缺乏判断力，缺乏记忆力，表示不合宜的轻信，表示某种程度的鲁莽和急躁。它总是减少我们劝说开导别人的威信，也总是使我们领导和指导别人的资格受到某种程度的怀疑。然而，那个有时由于想错而领错路的人，完全不同于可能存心欺骗的人。前者在许多情况下必定会受人信任；后者则在任何情况下都几乎不会受人信任。

真诚和坦率赢得信任。我们信任看来愿意信任我们的人。我们认为，我们清楚地看到他想带领我们走的道路，也乐意听从他的领导和指导。相反，保留和隐瞒引起不和。我们害怕跟随我们不知道他往何处走的人。而且，交谈和社交的最大乐趣来自情感和看法的某种一致，来自内心的某种和谐，这一切正如众多的乐器相互保持一致和合拍一样。但是除非情感和看法能自由交流，否则这种令人愉快的和谐是不可能得到的。由于这一原因，我们都想知道彼此之间是如何受影响的，都想看透对方的内心，都想看到那里真正存在的情感和感情。那个使我们沉湎于这种天生激情中的人，那个使我们深入其心的人，那个似乎向我们敞开心灵大门的人，看来都在发挥一种比任何别的东西更使人愉快的殷切之情。那个一般性情良好的人，如果他有勇气一如自己所感到的，也因为他感到它们，表达自己真实的情感，就不会令人不快。正是这种毫无保留的真诚，甚至使孩子般颠三倒四的话也变得令人高兴。无论坦率的看法怎样地浅薄和不完善，我们都乐意对它们表示谅解，并且尽可能努力把我们自己的理解力降到他们的智能水平，同时以他们似乎曾经用来考察各种问题的特殊眼光来看待这类问题。这种想看出别人真实情感的激情，自然十分强烈，因而经常堕落为一种讨厌的和不恰当的探听我们邻居的那些秘密——它们是他们有极为正当的理由来保守的——的好奇心;在许多情况下,这就需要谨慎和一种控制这种激情、也控制人类的其他一切天生激情的强烈的合宜感情,并把它降低到任何公正的旁观者都能赞同的程度。然而,若好奇心保持在适当的范围以内,不去针对有正当理由隐瞒的事情,则不满足人们的这种好奇心,也同样是令人不快的。那个回避我们所提最简单问题的人,那个对我们毫无恶意的询问表示不满的人,那个把自己掩蔽在不可测知的偏僻处的人,似乎在他的心中筑起了一堵高墙。我们满怀着急切而没有恶意的好奇心想叩开他的心扉,但却立即感到自己被极其粗暴无礼地推了回来。

那个有所保留和隐瞒的人,虽然缺乏一种和蔼可亲的品质,但是人们并没有不尊重或鄙视他。他似乎对我们感到冷漠,我们也同样对他感到冷漠;他得不到人们的赞扬和热爱,但是也很少被人憎恨或谴责。不管怎样,他几乎没有理由悔恨自己谨慎,并且一般更容易自夸他对自己所作的保留采取谨慎态度。所以,尽管他的行动可能很不正确,有时甚至是有害的,但是他几乎不会愿意在雄辩家们面前作什么陈述,或者认为自己有什么必要去请求他们宣判无罪或得到他们的赞同。

对由于错误的消息,由于疏忽,由于鲁莽和急躁而偶然欺骗了别人的人来说,情况并非总是如此。例如告诉别人一条普通的消息,虽然这件事情几乎不会产生什么后果,但是如果他是一个真正热爱真理的人,就会对自己的粗心大意感到羞愧,也绝不会不抓住第一次机会充分地承认错误。如果这件事情具有某种后果,他的悔恨就会更加强烈,并且,如果由于他提供不正确消息而产生某种不幸的或致命的后果,他就几乎不能够原谅自己。虽然他没有犯罪，他还是极其深切地感到自己成了古人所说的有罪的人。同时在他力所能及的范围内焦急和急切地作出各种赎罪之举。这样一个人常常会愿意在雄辩家们面前陈述情况，他们对他一般是非常喜爱的，并且虽然他们有时也因其急躁而恰当地加以谴责，但是一般总是宣称他无须因其错误而蒙受耻辱。

但是，经常请教雄辩家的人，是态度暧昧而内心悔恨的人，是当真蓄意欺骗别人的人，但是他同时却自认为真实地说出了事情的真相。雄辩家以各种不同方式对待这样的人。当他们非常赞成他欺骗的动机时，他们有时为他开脱罪责。但说句公道话，他们一般总是谴责他。

因此，雄辩家著作的主题是：对正义准则的真心实意的尊重；我们应该如何尊重自己邻居的生命和财产；赔偿的责任；贞洁和贤淑之道，什么是他们所谓的色欲罪；诚实的准则，以及誓言、许诺和各种契约的责任。

一般可以说，雄辩家们的著作徒劳地试图用明确的准则指导只能用感情和情感判断的事情。在各种情况下，怎么能用准则来确定微妙的正义感究竟在哪一点上开始变为无意义和无力的良心顾虑呢？在什么时候保密和保留开始变为掩饰呢？令人愉快的佯作无知可以进行到什么程度呢？它又究竟在哪一点上开始蜕变为讨嫌的欺骗呢？行为上的自由自在可最大到什么程度而仍被看作得体和适度的行为？什么时候它开始变为不检点的和轻率的放荡行为呢？关于这一切问题，在某种情况下适用的东西，在其他任何情况下恰恰几乎不适用，而且在各种情况下使行为获得成功和幸运的东西都随同处境极其微小的变化而变化。因此，雄辩家的著作像它们通常是令人厌倦的那样，一般也是无用的。它们对于某个间或向其请教，甚至认为雄辩家们所作的决断是正确的人，几乎不会有用处；因为尽管这些书中收集了大量事例，然而，由于情况千变万化，要从所有这些事例中找到与自己完全相同的事例，那是极其偶然的。一个真正渴望尽到自己责任的人，如果他会认为自己有很多理由去向它们请教，他就必定是一个非常软弱的人；而对一个忽视这一点的人来说，那些著述的写作风格不可能引起他的注意。其中没有一本能激发我们慷慨和高尚之心。其中没有一本能使我们的心地温和，产生和善而仁慈的感情。相反，许多这类著作能使我们学会欺骗自己的良心，用它们所作的那些无益的精细区分，来为自己推脱最基本的责任找出无数精巧的理由。那种毫无意义的精确——他们试图把它用在不可能加以采用的一些论题上——几乎必然会诱引他们犯那些危险的错误，同时也必然使他们的著作变得枯燥乏味，具有费解和玄奥等许多特点，不可能在人们内心激起道德学书籍主要应激发的那些感情。

因此，道德哲学的两个有用部分，是伦理学和法学。雄辩学应该被完全否定；古代的道德学家们看来也作出了较好的评判，他们在研究同样的论题时，并不喜爱任何这种微妙的精确，而满足于以某种一般的方法，描述什么是正义、节制和诚实得以产生的情感，以及什么是那些美德通常会指点我们采取的一般行为方式。

确实，有些哲学家似乎曾经试图考察同雄辩学家的学说相似的东西。在西塞罗所著《论责任》第三册中就载有这类内容，同雄辩家一样，他在那里尽力以许多精巧的例证为我们提供行动的准则，在这些例证中要确定合宜之点在什么地方是困难的。同一本书的许多段落也表明，其他一些哲学家曾经在他之前试图考察同类内容。然而，他和他们似乎都不指望提供一种完整的体系，只是想说明为什么在各种各样的具体情况下，最大的行为合宜性是否存在于遵守或背弃在一般情况下作为责任准则的东西之中，是有疑问的。

每个成文法体系都可以看作试图建立自然法学体系或试图列举各条正义准则的一种颇不完善的尝试。当对正义的违反成为人们相互之间绝不会容忍的事情时，地方行政官就会运用国家的权力来强行实践这种美德。没有这种预防措施，市民社会就会变成杀戮和骚乱的舞台，任何人一认为自己受到伤害，就会亲手为自己复仇。为了防止可能随同每个人为自己伸张正义而产生的混乱，在具有相当权力的一切政府中，地方行政长官同意为所有的人主持正义，并保证听取和处理有关伤害的一切控告。在所有治理良好的国家里，不仅指定法官来了结个人之间的争论，而且规定一些准则来调整那些法官的判决，并通常力图使这些准则同天然的正义准则相一致。当然，它们并非在一切情况下都同天然的正义准则相一致。有时所谓国家的体制，即政府的利益，有时左右政府的特殊阶层的利益，会使国家的成文法偏离自然的正义准则。在某些国家里，人民的粗野和野蛮妨碍天然的正义情感达到在比较文明的国家里它们自然达到的那种准确和精确的程度。他们的法律像他们的生活方式一样，是粗俗、粗野和紊乱的。在其他一些国家里，虽然人民的已改善的生活方式或许会使他们承认精确的法律，但是他们不恰当的法院制度总是妨碍一切正式的法律体系得以确立。在任何国家中，根据成文法所作的判决，都不会个个完全同天然的正义感所要求的准则相一致。因此，成文法体系，虽然作为对不同时代和国家人类情感的记录，应当具有极大的权威性，但是绝不能看作天然的正义准则的精确体系。

人们或许以为，法学家就不同国家法律的缺点和改进所作的论证，会促使人们探讨同一切实际法律无关的天然的正义准则。人们或许认为，这些论证会使他们努力建立一个可以合宜地称为自然法学的体系，或建立一种应该贯串所有国家的法律，或成为所有国家法律的基础的一般准则的理论。不过，虽然法学家的论证确实产生了某种这类东西，虽然无论谁系统论述某一国家的法律时，都会在其著作的许多地方谈到天然的正义法则，但是，人们一直到很晚才想到要建立有关天然正义准则的一般体系，才开始单独讨论法律哲学，而不牵涉任何国家的具体法律制度。我们没有在古代的道德学家中看到有人试图对正义准则进行特别详细的论述。西塞罗在他的《论责任》中，亚里士多德在他的《伦理学》中，都像探讨所有其他美德那样探讨正义。在西塞罗和柏拉图的法学中，我们自然而然地期望看到他们详细论述应由每一个国家的成文法推行的那些天然平等准则，然而，却没有看到这类论述。他们的法学是警察的法学，而不是正义的法学。格劳秀斯似乎是第一个试图向世人提供某种这类体系的人，这种体系应该贯串所有国家的法律，并成为所有国家法律的基础；他那带有各种不足的关于战争与和平法则的论文，或许是现今描述这一论题的最全面的著作。我将在另一篇论文中，不仅就有关正义的问题，而且就有关警察、国家岁入和军备以及其他成为法律对象的各种问题，努力阐明法律和政府的一般原理，以及它们在不同的年代和不同的社会时期经历过的各种剧烈变革。因此，现在就不进一步对法学史作详细的叙述。

人名译名对照表

三画

马里沃　Marivaux
马西隆　Massillon
马拉纳　Marana
马基雅维利　Machiavel
马尔巴勒公爵　Duke of Marlborough
马尔塞鲁斯　Marcellus

四画

厄帕拉雷狄托斯　Epaphriditus
内西卡,西皮阿　Nasica,Scipio
贝克莱　Berkeley
韦斯巴芗　Vespasian
韦德伯恩,亚历山大　Wedderburn,Alexander
尤金　Eugène
尤利西斯　Ulysses
牛顿　Newton
孔代　Conde
比隆,巴隆　Biron, Baron
比隆公爵　Duke of Biron
比菲埃　Buffier
巴门尼德　Parmenides
巴肯第十一代伯爵　the eleventh Earl of Buchan
巴克勒公爵　Duke of Buccleugh
巴克尔　Buckle
巴特勒,约瑟夫　Butler,Joseph
巴多罗买　Bartholomew
巴比莱克,琼　Barbeyrac, Jean

五画

卢梭　Rousseau
卢奇安　Lucian
卢库卢斯　Lucullus
卡迈克尔,格尔绍姆　Carmichael, Gerschom
卡斯塔里埃　Castalia
卡米卢斯　Camillus
卡伦,威廉　Cullen, William
卡修斯,阿维狄乌斯　Cassius,Avidius
卡德尔,托马斯　Cadcll,Thomas
卡德沃思,拉尔夫　Cudworth,Ralph
卡利斯塞纳斯　Calisthenes
史密斯,约翰　Smith,John
艾迪生,约瑟夫　Addison,Joseph
艾达姆　Idame
艾德奥斯,马克-安托万　Eidous, Marc-Antoine
布里森登　Brissenden
布里斯托尔　Bristol
布拉韦　Blavet
布朗,托马斯　Brown,Thomas
布鲁图,马库斯　Brutus, Marcus
古斯塔夫斯　Gustavus
汉尼拔　Hannibal
皮洛士　Pyrrhus
丘辟特　Jupiter
尼克　Necker

尼禄 Nero
尼俄柏 Niobe
弗图 Vertue
加图，马尔库斯 Cato,Marcus

六 画

安东尼 Anthony
安提柯 Antigonus
安提马科斯 Antimachus
安堤帕特 Antipater
安东尼努斯，马库斯 Antoninus,Marcus
安妮女王 Queen Anne
亚里士多德 Aristotle
亚里斯提卜 Aristippus
亚历山大 Alexander
成吉思汗 Genghis Khan
西庇阿 Scipio
西塞罗 Cicero
西德尼 Sidney
西奥博尔德，刘易斯 Theobald,Lewis
芝诺 Zeno
地米斯托克利 Themistocles
考利 Cowley
达朗贝 D'Alembert
达尔基思 Dalkeith
达维拉 Davila
米克，罗纳德 Meek,Ronald
米勒，约翰 Miller,John
米勒，埃德鲁 Millar,Andrew
休谟 Hume
色诺芬 Xenophon
伏尔泰 Voltaire
伍德罗，詹姆斯 Wodrow, James
伊莎贝拉 Isabella
伊阿古 Iago
伊壁鸠鲁 Epicurus
约克 Yorke
约翰逊 Johnson
约翰娜 Johanna
毕达哥拉斯 Pythagoras

七 画

克里西波斯 Chrysippus
克拉克 Clerke
克拉克，塞缪尔 Clarke,Samuel
克拉苏，L. Crassus, L.
克拉伦登 Clarendon
克莱特斯 Clytus
克莱安西斯 Cleanthes
克莱奥梅尼 Cleomenes
克劳迪厄斯 Claudius
克雷吉，托马斯 Craigie,Thomas
麦肯齐，乔治 Mackenzie,George
麦克菲，亚历克 Macfie,Alec
麦克洛 Mckerrow
麦克斯韦 Maxwell
苏格拉底 Socrates
苏尔托尼乌斯 Suetonius
苏埃皮西乌斯 Sulpicius
忒拉蒙 Telamon
劳埃德，罗伯特 Lloyd,Robert
劳滕贝格 Rautenberg
坎贝尔，托马斯 Campbell
坎南 Cannan
来山得 Lysander
李维 Livy
沃 Avaux
沃拉斯顿，威廉 Wollaston,William
沃波尔，贺拉斯 Walpole,Horace
汤申德，查尔斯 Townsend,Charles
汤姆逊 Thomson
库柏，安东尼 Cooper, Anthony
库尔提乌斯，昆图斯 Curtius,Quintus
沙夫茨伯里 Sheftesbury
辛普森，罗伯特 Simpson, Robert
亨利埃特 Henriade

伯克,埃德蒙　Burke, Edmund
伯顿　Burton
希波吕托斯　Hippolytus
希尔德布兰德,布鲁诺　Hildèbrand, Bruno
狄摩西尼　Demosthenes
利特尔顿勋爵　Lord Lyttleton
阿里斯托梅尼　Aristomenes
阿里斯托得摩　Aristodemus
阿里斯提得斯　Aristides
阿提拉　Attila
阿波罗尼奥斯　Apollonius
阿盖尔公爵　Duke of Argyle
阿利亚　Arria
阿利安　Arrian
阿特纳奥斯　Athenaeus
阿伦德尔　Arundel
阿巴思诺特　Arbuthnot

八　画

凯,F.　Kaye, F.
凯瑟琳　Catharine
凯克洛普斯　Cecrops
凯姆斯勋爵　Lord Kames
昂肯,奥古斯特　Oncken, August
罗斯,威廉　Rose, William
罗斯福哥　Rochefoucauld
罗伯逊,威廉　Robertson, William
明托　Minto
帖木儿　Tamerlane
迪格比　Digby
帕斯卡　Pascal
帕尔米拉　Palmire
帕尔梅尼奥　Parmenio
图密善　Domitian
昆体良　Quintilian
拉斐尔　Raphael
拉克坦提乌斯　Lactantius
拉莫特　La Motte
拉封丹　La Fontaine
拉辛　Racine
拉普拉斯特　La Placette
拉尔修,第欧根尼　Laertius, Diogenes
欧里庇得斯　Euripides
欧迈尼斯　Eumenes
庞培　Pombey
法兰特,A.　Feillet, A.
法雷尔,詹姆斯　Farrer, James
波斯,达　Bos, Dû
波切斯特　Porchester
佩罗　Perrault
金斯利　Kinsley
金纳斯　Knies
彼得大帝　Peter the Great
彼得伯勒主教　Bishop of Peterborough
彼特拉克　Petrarca
孟德斯鸠　Montesquieu
孟德维尔　Mandeville
弥尔顿,约翰　Milton, John

九　画

恺撒　Caesar
哈奇森,弗朗西斯　Hutchson, Francis
哈姆莱特　Hamlet
查里兹厄斯　Charisius
查士丁尼　Justinian
查理一世　Charles I
柏拉图　Plato
南格尔　Nangle
威廉一世　William I
威尔逊,托马斯　Wilson, Thomas
珀修斯　Perseaus
封特奈尔　Fontenlle
洛克　Locke
洛赞　Lauzun
洛锡安　Lothian

科达斯科，弗朗切斯科　Condasco, Francesco
科泽尔，赖因霍尔德　Koser, Reinhold
科尔曼，乔治　Colman, George
修昔底德　Thucydides
保萨尼阿斯　Pausanias
俄狄浦斯　Oedipus
贺拉斯　Horace

十　画

莫罗，格伦　Morrow, Glen
莫里哀　Molière
莫斯纳，埃内斯特　Mossner, Ernest
莫尔，亨利　More, Henry
莫尼弥埃　Monimia
格里菲思，拉尔夫　Griffithe, Ralph
格雷，托马斯　Gary, Thomas
格雷格，沃尔特　Greg, Walter
格拉古　Gracchus
格劳秀斯　Grotius
索思韦尔，爱德华　Southwell, Edward
索福克勒斯　Sophocles
埃克斯坦，瓦尔特　Eckstein, Walther
埃克斯皮利，阿贝　Expilly, Abbé
埃米利乌斯，保卢斯　Aemilius, Paulus
埃利奥特，吉尔伯特　Elliot, Gilbert
埃阿斯　Ajax
莱列阿斯　Laelius
莱辛　Lessing
泰奥弗拉斯托斯　Theophrastus
泰特勒　Tytler
宾，阿德默勒尔　Byng, Admiral
诺克　Nauck
海格立斯　Hercules
海德，爱德华　Hyde, Edward
高乃依　Corneille
爱比克泰德　Epictetus
桑托伊尔　Santeul

十一画

菲罗克忒忒斯　Philoctetes
菲莱　Feillet
菲茨莫里斯勋爵　Lord Fitz-Maurice
菲洛塔斯　Philotas
菲利普　Philip
萨卢斯特　Sallust
萨瑟恩，托马斯　Southerne, Thomas
萨拉米斯　Salamis
萨利公爵　Duke of Sully
龚图特，查理　Gontaut, Charles
勒默里　Lemery
梅森，威廉　Mason, William
理查森，塞缪尔　Richardson, Samuel
基诺　Quinault
基尼阿斯　Cineas
梭伦　Solon
盖尤斯　Gaius
笛卡尔　Des Cartes

十二画

喀提林　Catiline
斯图尔特，杜格尔德　Stewart, Dugald
斯图尔特，马修　Stewart, Mathew
斯卡尔钦斯基，维托尔特　Skerzyński, Witold
斯坦，彼得　Steim, Peter
斯莫尔，阿尔比恩　Small, Albion
斯威夫特　Swift
斯特拉恩，威廉　Strahan, William
斯金纳，安德鲁　Skinner, Andrew
斯科特　Scott
提布卢斯　Tibullus
提莫莱昂　Timoleon
提莫修斯　Timotheus
蒂克尔，托马斯　Tickell, Thomas
蒂雷纳　Turrenne

塔西佗 Tacitus
博尔吉亚,恺撒 Borgia,CaeSan
博纳,詹姆斯 Bonar,James
普卢塔克 Plutarch
普里西安诺斯 Priscianus
普拉顿,尼古拉斯 Pradon,Nicolas
普赖斯,理查德 Price,Richard
普林尼 Pliny
普芬道夫 Pufendorf
普勒阿得 Pléiade
奥古斯丁 Augustine
奥林匹娅 Olympia
奥斯瓦尔德 Oswald
奥勒利乌斯,马可 Aurelius,Marcus
奥赛罗 Othello
奥特韦,托马斯 Otway,Thomas
奥利金 Origen
奥维德 Ovid
富兰克林,伯特 Franklin,Burt
腓特烈 Frederick
腓力二世 Philip II
鲁弗斯 Rufus

十三画

路易十四 Louis XIV
裘卡斯塔 Jocasta
雷斯,卡迪纳尔 Retz,Cardinal
雷克托 Rector
雷古卢斯 Regulus
蒲柏 Pope
塞内加 Seneca
塞拉门尼斯 Theramines
塞尔比-比格 Selby-Bigge
塞尔苏斯,艾根斯脱 Celsus,Against
福基翁 Phocion
詹宁斯,索姆 Jenyns,Soame
詹姆斯一世 James the First
詹姆斯二世 James II
鲍尔 Bower
鲍尔杰,约翰 Balguy,John

十四画

赫兹,马科斯 Herz,Markus
赫尔德 Herder
赫伯特,亨利 Herbert,Henry
赛伊德 Seid
缪尔,艾特尔 Muir,Ethel

十五画

德莱顿,约翰 Dryden,John
德米特里 Demetrius
德彼雷奥斯 Despreaux
黎塞留 Richelieu

十六画

霍布斯 Hobbes
霍布雷肯 Howbraken
霍尔斯本特 Halsband
霍尔巴赫男爵 Baron d'Holbac
霍姆,约翰 Home,John
赞姆蒂 Zamti

十七画

戴维森,阿奇博尔德 Davidson,Archibald

译 后 记

亚当·斯密的名著《道德情操论》，创作于18世纪50年代，1759年初版后，又经过31年五次修订再版而“定型”，它是作者长期深思熟虑、仔细琢磨的一部作品。翻译这样一部作品的困难是可想而知的，当时我们之所以敢于接受这一任务，主要是由于得到了我国著名经济学家、翻译家陈彪如教授的鼓励、支持和帮助。从1979年冬至1985年春的整个翻译过程中，都是在陈老的指导下进行的，凡遇到困难，均及时得到了他的指教而释疑。陈老还亲自审阅了部分译稿。全书校订工作由胡企林同志承担。

我们在翻译此书的过程中，还得到了吴衡康同志、王涌泉同志和朱泱同志的支持和帮助，在此，均表示深切的谢意。

本书译事由蒋自强主持，其中第一卷和第二卷由钦北愚译，第三卷和第四卷由朱钟棣译，第五卷和第六卷由沈凯璋译，第七卷由蒋自强译。全部译文由钦北愚、蒋自强统一修改定稿。

图书在版编目(CIP)数据

道德情操论/(英)斯密(Smith.A.)著;蒋自强等译.—北京:商务印书馆,1997.10(2025.4 重印)
(汉译世界学术名著丛书)
ISBN 978-7-100-02826-4

Ⅰ.①道… Ⅱ.①斯… ②蒋… Ⅲ.①伦理学—思想史—英国 Ⅳ.①B82-095.61

中国版本图书馆 CIP 数据核字(2011)第 129993 号

汉译世界学术名著丛书
道德情操论
〔英〕亚当·斯密 著
蒋自强 钦北愚 朱钟棣 沈凯璋 译
胡企林 校

商 务 印 书 馆 出 版
(北京王府井大街 36 号 邮政编码 100710)
商 务 印 书 馆 发 行
北京市艺辉印刷有限公司印刷
ISBN 978-7-100-02826-4

1997 年 10 月第 1 版　　开本 850×1168 1/32
2025 年 4 月北京第 23 次印刷　　印张 15¼
定价:60.00 元